JN041448

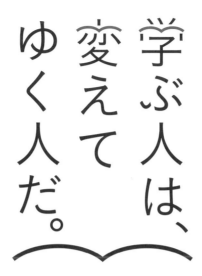

学ぶ人は、
変えて
ゆく人だ。

目の前にある問題はもちろん、

人生の問いや、

社会の課題を自ら見つけ、

挑み続けるために、人は学ぶ。

「学び」で、

少しずつ世界は変えてゆける。

いつでも、どこでも、誰でも、

学ぶことができる世の中へ。

旺文社

旺文社
中学
総合的研究

三訂版

数学

問題集

旺文社

はじめに

　「もっと知りたくなる気持ち」を湧き立たせる参考書として、旺文社は2006年に『中学総合的研究』の初版を刊行しました。たくさんのかたに使っていただき、お役に立てていることを心からうれしく思っています。

　学習意欲を高めて、みなさんの中にあるさまざまな可能性を引き出すきっかけになることが『中学総合的研究』の役割の1つですが、得た知識を定着させ、活用できるようになるには、問題を多く解いてみることが重要です。そのお手伝いをするために『中学総合的研究』に準拠した『中学総合的研究問題集』をここに刊行するものです。

　この問題集は、身につけた基礎学力をきちんと使いこなせるようになるために、易しい問題から無理なく発展問題に進んでいける段階的な構成になっています。得意な単元は発展問題から、苦手な単元は易しい問題から、というように、自分の学習レベルに応じて効率的な問題演習をすることができます。

　また、近年では中学校の定期テストで知識理解、思考・判断、資料読解・活用などの観点別の問題を取り上げる学校が増えています。この問題集ではそれぞれの問題がどの観点に分類されるかがわかるようになっていますので、その問題を解くことでどのような力が身につくのかを意識しながら取り組むことができます。

　ただ、問題を解いているうちに、知識不足で解けない問題が出てくるかもしれません。知識が足りないときはいつでも、『中学総合的研究』を開いてみましょう。知識が足りないと気づくこと、それを調べようとする姿勢は重要な学習の基盤です。

　総合的研究本冊とこの問題集をともに使っていただければ、知識を蓄積し、その知識を駆使する力がきっと身につきます。みなさんが、その力を使って、学校の勉強だけではなく、さまざまなことに挑戦をし、みなさんの中にある可能性を広げることを願っています。

株式会社　旺文社　代表取締役社長
生駒大壱

も　く　じ

図形 編

 ## データの活用 編

 ## 総合問題 編

入試予想問題

監修者紹介
静岡大学教育学部教授　柗元新一郎
東京大学教育学部附属中等教育学校教諭　石橋太加志
　　　　　　　　　　　　　　　　　　細矢和博
東京学芸大学附属国際中等教育学校教諭　本田千春

スタッフ一覧
編集協力／波多野祐二，橋爪洋介（有限会社マイプラン）
校正／山下聡，株式会社ぷれす
本文デザイン／平川ひとみ（及川真咲デザイン事務所）　装丁デザイン／内津剛（及川真咲デザイン事務所）

本書の特長と使い方

STEP1 単元の基礎知識を整理

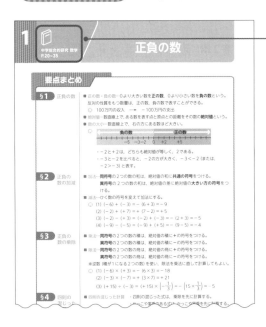

「要点まとめ」で，それぞれの章において重要な項目を整理します。

中学総合的研究
数学　P.○○

各章が「中学総合的研究
数学」のどの部分に該当す
るかを示しています。

STEP2 基本的な問題で確認

基本的な問題を集めた「標準問題」で，
「要点まとめ」の内容が理解できてい
るかを確認します。

解答は，別冊の解答解説に
掲載されています。

問題の出題頻度を示します。

でる！…▶ 定期テストで問われやすい，重要問
題につきます。

「中学総合的研究問題集　数学　三訂版」は，中学3年間の数学の学習内容を網羅できる問題集です。問題がステップ別になっているので，自分の学習進度に応じて使用することができます。単元ごとに「中学総合的研究　数学　四訂版」の該当ページが掲載されており，あわせて学習することで，より理解を深めることができます。

STEP3 実践的な問題で実力アップ

「発展問題」は，いろいろな知識を活用する問題です。

それぞれの問題で必要な力を示します。

理解 …定義を正しく理解する力。

表現 …数学ならではの表現を用いて，読み取ったり表現したりする力。

思考 …数学的な考え方を使って思考する力。

活用問題

より実生活に則した問題を掲載しています。

STEP4 入試に向けて力試し

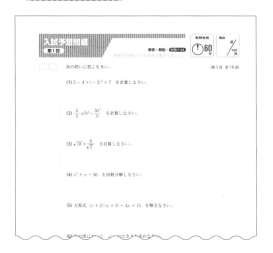

「総合問題」はあらゆる内容が融合した問題，「入試予想問題」は実際の入試問題を想定したオリジナル問題です。入試本番に向けて，力試しをしてみましょう。

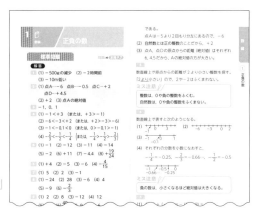

「標準問題」「発展問題」「総合問題」「入試予想問題」の解答・解説は別冊を確認しましょう。

正負の数

§1 正負の数

■ 正の数・負の数…0より大きい数を**正の数**，0より小さい数を**負の数**という。
反対の性質をもつ数量は，正の数，負の数で表すことができる。

例 100万円の収入 → −100万円の支出

■ 絶対値…数直線上で，ある数を表す点と原点との距離をその数の**絶対値**という。

■ 数の大小…数直線上で，右の方にある数ほど大きい。

例
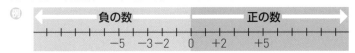

・ −2と+2は，どちらも絶対値が等しく，2である。

・ −3と−2を比べると，−2の方が大きく，−3<−2 (または，
−2>−3) と表す。

§2 正負の数の加減

■ 加法…**同符号**の2つの数の和は，絶対値の和に**共通の符号**をつける。
異符号の2つの数の和は，絶対値の差に絶対値の**大きい方の符号**をつける。

■ 減法…ひく数の符号を変えて加法にする。

例 (1) $(-6) + (-3) = -(6+3) = -9$
(2) $(-2) + (+7) = +(7-2) = +5$
(3) $(-2) - (+3) = (-2) + (-3) = -(2+3) = -5$
(4) $(-9) - (-5) = (-9) + (+5) = -(9-5) = -4$

§3 正負の数の乗除

■ 乗法…**同符号**の2つの数の積は，絶対値の積に+の符号をつける。
異符号の2つの数の積は，絶対値の積に−の符号をつける。

■ 除法…**同符号**の2つの数の商は，絶対値の商に+の符号をつける。
異符号の2つの数の商は，絶対値の商に−の符号をつける。

※逆数 (積が1になる2つの数) を使い，除法を乗法に直して計算してもよい。

例 (1) $(-6) \times (+3) = -(6 \times 3) = -18$
(2) $(-3) \times (-7) = +(3 \times 7) = +21$
(3) $(+15) \div (-3) = (+15) \times \left(-\frac{1}{3}\right) = -\left(15 \times \frac{1}{3}\right) = -5$

§4 四則の混じった計算

■ 四則の混じった計算　・四則の混じった式は，乗除を先に計算する。
・かっこや累乗のある式は，かっこや累乗を先に計算する。
・分配法則を利用すると，簡単に計算できることがある。

例 $(-6) - (7 - 3^2) \times (-4) = (-6) - (7 - 9) \times (-4)$
$= (-6) - (-2) \times (-4)$
$= (-6) - (+8)$
$= -14$

§5 正負の数の利用

■ 身の回りの数…いろいろな数量を正負の数を用いて表す。

あらゆる問題を解くうえで必要な基礎となる問題です。必ず解けるようにしよう。

§1 正負の数

1 次の数量を負の数を用いていいかえなさい。

(1) 500gの増加　　　　　(2) 2時間後　　　　　(3) 10m高い

2 次の数直線上の点A，B，C，Dに対応する数について，次の問いに答えなさい。

(1) 対応する数をいいなさい。

(2) (1)の数のうち，自然数を答えなさい。

(3) 点Aと点Dではどちらの絶対値の方が大きいか答えなさい。

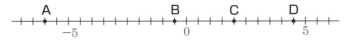

3 絶対値が2より小さい整数をすべて書きなさい。

4 次の各組の数の大小を，不等号を使って表しなさい。

(1) $+3$，-1

(2) -3，$+2$，-6

(3) -0.1，-1，0

(4) $-\dfrac{1}{4}$，$-\dfrac{2}{3}$，$-\dfrac{1}{2}$

§2 正負の数の加減

5 次の計算をしなさい。

(1) $(+9)+(-10)$

(2) $(-3)+(-9)$

(3) $(-9)-(+2)$

(4) $(-23)-(-9)$

(5) $6+(-8)$　　　　（長野県）

(6) $7-(-4)$　　　　（新潟県）

(7) $(-1.5)+(-2.9)$

(8) $\dfrac{3}{8}-\left(-\dfrac{5}{12}\right)$　　　　（愛知県）

6 次の計算をしなさい。

(1) $-6+10$　　　　（青森県）

(2) $-7+2$　　　　（和歌山県）

(3) $-4-2$　　　　（栃木県）

(4) $\dfrac{1}{3}-\dfrac{3}{5}$　　　　（神奈川県）

でる！ ⋯⋯▶ **7** 次の計算をしなさい。

(1) $11-(-3)+(-9)$　　（愛知県）

(2) $-4+9-3$　　　　（鳥取県）

(3) $1-7+5$　　　　（熊本県）

§3 正負の数の乗除

8 次の計算をしなさい。

(1) $4 \times (-6)$ （大阪府）

(2) $(-7) \times (-4)$ （広島県）

(3) $(-42) \div 7$ （岡山県）

(4) $(-28) \div (-7)$ （愛媛県）

(5) $(-15) \times \dfrac{3}{5}$ （長野県）

(6) $\left(-\dfrac{8}{3}\right) \div 4$ （福島県）

9 次の計算をしなさい。

(1) $18 \div (-3)^2$

(2) $(-4)^2 \div 2$

(3) $(-3) \times (-2)^2$

(4) $(-6^2) \div (-3)$

(5) $(-8) \times 5 \div (-4)$

(6) $\left(-\dfrac{7}{3}\right) \times \dfrac{7}{6} \div \left(-\dfrac{8}{3}\right)$

(7) $(-3^2) \times (-4)^2 \div (-2^4)$ （駒澤大学高）

(8) $3.2 \div (-0.3) \times \left(-\dfrac{3}{4}\right)^2$

(9) $1\dfrac{2}{3} \div \left(-\dfrac{5}{9}\right) \times \left(\dfrac{5}{6}\right)^2$

(10) $\left(-\dfrac{3}{4}\right) \times 0.25^2 \div \left(-1\dfrac{1}{4}\right)$

§4 四則の混じった計算

10 次の計算をしなさい。

(1) $6 - 3 \times 5$ （宮城県）

(2) $4 + 7 \times (-3)$ （静岡県）

(3) $4 + 10 \div (-2)$ （岐阜県）

(4) $(-12) \div 3 - 2$ （埼玉県）

(5) $-2^2 + (-3)^2$

(6) $3^2 + (-3^2) + (-3)^2$ （鳥取県）

(7) $-3^2 - 4 \times (-3)^2$ （京都府）

(8) $(-3)^3 - 2^3 \times 3$ （明治学院高）

(9) $6 \div (-3) + (-4)^2$ （長野県）

(10) $(-3) \times 4 - 81 \div (-3)^3$

(11) $\dfrac{1}{6} + 2 \times \left(-\dfrac{1}{3}\right)$ （駿台甲府高）

(12) $\dfrac{5}{8} \div \left(-\dfrac{5}{4}\right) + \dfrac{2}{3}$ （茨城県）

(13) $12 \times \left(-\dfrac{1}{2}\right) - (-3^2) \times \dfrac{1}{2}$

(14) $-2^3 \times \left(-\dfrac{2}{3}\right) \div (-2)^2 + \dfrac{5}{3}$

11 次の計算をしなさい。

(1) $(-21) \times (-9) + (-79) \times (-9)$　　　(2) $2.5^2 \times (-10.7) - 2.5^2 \times (-6.7)$

§5 正負の数の利用

12 下の表の数字は，ある日の各都市の最高気温と最低気温を示している。最高気温と最低気温との温度差が最も大きい都市名を書きなさい。　　　　　　　　　　　　　　　　（群馬県）

都市名	ロンドン	バルセロナ	ベルリン	モスクワ
最高気温（℃）	5	11	0	-4
最低気温（℃）	-1	7	-2	-8

13 -3から5までのすべての整数を使って，縦，横，斜めそれぞれの和が等しくなるような表を作りたい。空欄をすべてうめたとき，（**ア**）（**イ**）に入る整数を答えなさい。　　　　（和洋国府台女子高）

0		(**イ**)
(**ア**)		3
4	-3	

14 下の表は，バスケットボール部員A～Eの5人の身長が，170cmより何cm高いかを示したものである。

部員	A	B	C	D	E
170cmとの違い（cm）	$+6$	-2	$+4$	0	-3

(1) 身長の一番高い部員は，身長の一番低い部員より何cm高いか，求めなさい。

(2) 5人の身長の平均を求めなさい。

発展問題

1

理解 a, b がともに正の数で $a < b$ のとき，a^2, b^2, ab の大小を不等号を使って表しなさい。

2

理解 2つの整数 a, b がある。a は，負の数で，絶対値が -5 の絶対値より小さい。$a + b = 1$ となるような a, b の組を1組書きなさい。

(鹿児島県)

3

表現 次の計算をしなさい。

(1) $\dfrac{7}{4} \div \left(-\dfrac{14}{3}\right) \times \left(-\dfrac{2}{3}\right)^2$

(2) $1 + 3 \div 4 \times \left(-\dfrac{1}{4}\right)$　(東京都立隅田川高)

(3) $7 - 10 \times \left(-\dfrac{6}{5}\right)^2 \div (-3^2)$　(東京都立新宿高)

(4) $\left(-\dfrac{1}{3}\right)^3 \div \dfrac{1}{6} - \left(-\dfrac{4}{3}\right)^2$　(東京都立両国高)

4

活用問題

次の図は，ロンドンを基準にしたときのアメリカの時差（時間）を示したものである。日本はロンドンを基準としたとき＋9時間進んでいる。

(1) あゆみさんは，日本からカリフォルニアに住んでいる友人へ電話をかけることを考えている。カリフォルニア時間の18時に電話するためには，何時に電話をすればよいか説明しなさい。

(2) あゆみさんは，ハワイへ旅行に行く計画を立てている。飛行機の時刻表を調べたところ，成田空港18時発でホノルル着6時だった。飛行機に乗っている時間は何時間になるか説明しなさい。

2 数の性質

中学総合的研究 数学
P.36~53

要点まとめ

§1 数の性質

■ 倍数…ある整数aの整数倍になっている数bを，aの**倍数**という。

例 1から100までの自然数について，次の問いに答えなさい。

(1) 4の倍数の個数と6の倍数の個数をそれぞれ求めなさい。

4の倍数：$100 \div 4 = 25$，よって25個

6の倍数：$100 \div 6 = 16$あまり4，よって16個

(2) 4の倍数であり，かつ，6の倍数である数の個数を求めなさい。

4と6の最小公倍数12の倍数の個数を求めればよい。

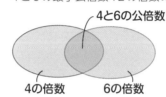

4と6の公倍数

4の倍数　6の倍数

$100 \div 12 = 8 \cdots 4$より，8個

(3) 4の倍数，または，6の倍数である数の個数を求めなさい。

(1) と (2) より，$(25 + 16) - 8 = 33$，よって33個

§2 素因数分解

■ 素数…自然数で，**1とその数以外に約数をもたない数**。1は素数ではない。

■ 因数…自然数をいくつかの自然数の積で表したとき，その1つ1つの数を，もとの数の**因数**という。

■ 素因数…素数である因数。

■ 素因数分解…自然数を素因数の積の形で表すこと。

例 (1) 20以下の素数は，2，3，5，7，11，13，17，19

(2) $24 = 4 \times 6$だから，4と6は24の因数

(3) $24 = 2 \times 12$だから，2は24の素因数，12は24の因数

(4) 50を素因数分解すると，$50 = 2 \times 5 \times 5 = 2 \times 5^2$

§3 公約数

■ 公約数…2つ以上の整数の**共通の約数**。

■ 最大公約数…公約数のうちでもっとも数が大きいもの。

例 6と15の最大公約数は，3

・6の約数は，1，2，3，6

・15の約数は，1，3，5，15

§4 公倍数

■ 公倍数…2つ以上の整数の**共通の倍数**。

■ 最小公倍数…公倍数のうちで0を除いたもっとも数が小さいもの。

例 6と15の最小公倍数は，$3 \times 2 \times 5 = 30$

・6の倍数は，0，6，12，18，24，30，…

・15の倍数は，0，15，30，45，…

標準問題

あらゆる問題を解くうえで必要な基礎となる問題です。必ず解けるようにしよう。

§1 数の性質

1 1から100までの自然数で，6の倍数，または，9の倍数である数の個数を求めなさい。

2 □を自然数とする。$\dfrac{\square}{21}$ をこれ以上約分できない分数（既約分数）にしたとき，分母が7になる。□に入る2けたの自然数の個数を求めなさい。

3 次の数の中から，3，4，5，9の倍数をそれぞれ選びなさい。
①1644　②7565　③3528　④5542　⑤6629

4 7984□の□に0から9までの数をどれか1つ入れて，12の倍数になるようにしたい。□にあてはまる数を求めなさい。

§2 素因数分解

5 1以上50以下の自然数のなかで，素数をすべて挙げなさい。　　(お茶の水女子大学附属高)

6 次の数を素因数分解しなさい。
(1) 18　　　　　　　　　　　　**(2)** 120
(3) 4235　　　　　　　　　　　**(4)** 90090　　(大阪教育大学附属高池田校舎)

7 300の約数と約数の個数を求めなさい。

8 84に，できるだけ小さい自然数 n をかけて，その結果が，ある自然数の2乗になるようにしたい。n を求めなさい。

§3 公約数

9 84と90の最大公約数を求めなさい。

§4 公倍数

10 84と90の最小公倍数を求めなさい。

11 $\dfrac{15}{8}$，$\dfrac{21}{20}$ のどちらにかけても積が自然数になる分数のうち，もっとも小さい分数を求めなさい。

発展問題

数編

2 数の性質

1 表現 2つの整数1271と1517の最大公約数を求めなさい。 (お茶の水女子大学附属高)

2 表現 次の数の一の位の数を求めなさい。

(1) 3^{123}

(2) 7^{6543}

3 でる! 表現 12の正の倍数 n と36の和は，ある正の整数の2乗になる。このような n の中で最小の正の整数を求めなさい。 (東京学芸大学附属高)

4 表現 n を素数とする。次の数が整数となる n の値をすべて求めなさい。

(1) $\dfrac{770}{n}$

(2) $\dfrac{100}{n+3}$ (東京都立戸山高)

5 活用問題

　東京に工場のあるＡ社では，重さ50g，1辺7cmの立方体の製品180個を大きな段ボール箱にすきまなく詰めて宅配で大阪まで送ろうと考えている。

　右の表のように，大きさ（縦・横・高さの合計）と重さを比べて，どちらか大きい方のサイズが適用される。たとえば，縦・横・高さの合計が70cmで，重量が9kgの場合は，100サイズの料金が適用される。

　3辺の長さが何cmの段ボール箱をつくれば料金がもっとも安いか説明しなさい。また，そのときの料金を求めなさい。ただし，段ボールの厚さは考えないものとする。

サイズ区分	縦・横・高さの合計	重量	大阪までの料金
60サイズ	60cmまで	2kgまで	840円
80サイズ	80cmまで	5kgまで	1050円
100サイズ	100cmまで	10kgまで	1260円
120サイズ	120cmまで	15kgまで	1470円
140サイズ	140cmまで	20kgまで	1680円
160サイズ	160cmまで	25kgまで	1890円

＜8つの箱の積み重ね方を変えると…＞

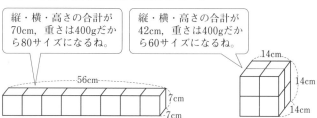

縦・横・高さの合計が70cm，重さは400gだから80サイズになるね。

縦・横・高さの合計が42cm，重さは400gだから60サイズになるね。

平方根

§1 平方根

■ 平方根…2乗 (平方) するとaになる数を，aの**平方根**という。
- 例 (1) 16の平方根は，-4と4
- (2) 2の平方根は，$-\sqrt{2}$と$\sqrt{2}$

■ 平方根の大小…$0 < a < b$ならば，$\sqrt{a} < \sqrt{b}$
- 例 (1) $\sqrt{2} < \sqrt{3}$
- (2) $3^2 = 9$, $(\sqrt{5})^2 = 5$だから，$3 > \sqrt{5}$
- (3) $(-4)^2 = 16$, $(-\sqrt{10})^2 = 10$だから，$-4 < -\sqrt{10}$

§2 平方根の計算

■ 平方根の乗法・除法…a, bが正の数のとき，
$$\sqrt{a} \times \sqrt{b} = \sqrt{a \times b}$$
$$\frac{\sqrt{a}}{\sqrt{b}} = \sqrt{\frac{a}{b}}$$
- 例 (1) $\sqrt{2} \times \sqrt{3} = \sqrt{2 \times 3} = \sqrt{6}$
- (2) $\sqrt{6} \div \sqrt{2} = \dfrac{\sqrt{6}}{\sqrt{2}} = \sqrt{\dfrac{6}{2}} = \sqrt{3}$
- (3) $\sqrt{24} \div \sqrt{8} \times \sqrt{3} = \dfrac{\sqrt{24} \times \sqrt{3}}{\sqrt{8}}$
$$= \sqrt{\frac{24 \times 3}{8}}$$
$$= 3$$

■ 平方根の加法・減法…$m\sqrt{a} + n\sqrt{a} = (m + n)\sqrt{a}$
$$m\sqrt{a} - n\sqrt{a} = (m - n)\sqrt{a} \quad (a > 0)$$
- 例 (1) $4\sqrt{3} + 2\sqrt{3} = (4 + 2)\sqrt{3}$
$$= 6\sqrt{3}$$
- (2) $4\sqrt{3} - 2\sqrt{3} = (4 - 2)\sqrt{3}$
$$= 2\sqrt{3}$$

■ 平方根の表し方…$\sqrt{m^2 a} = m\sqrt{a} \quad (a > 0, \ m > 0)$
- 例 $\sqrt{45} = \sqrt{3^2 \times 5} = 3\sqrt{5}$

■ 分母の有理化…分母に$\sqrt{\ }$をふくんだ数を，分母に$\sqrt{\ }$をふくまない形にすること。
- 例 $\dfrac{2}{\sqrt{3}} = \dfrac{2 \times \sqrt{3}}{\sqrt{3} \times \sqrt{3}} = \dfrac{2\sqrt{3}}{3}$

標準問題

あらゆる問題を解くうえで必要な基礎となる問題です。必ず解けるようにしよう。

§1 平方根

1 次の数の平方根を求めなさい。

(1) 144 (2) 15 (3) $\dfrac{9}{100}$

2 次の各組の大小を，不等号を使って表しなさい。

(1) $\sqrt{15}$, 4, $\sqrt{(-3)^2}$ (2) $-\sqrt{0.8}$, -0.3, $-\sqrt{0.5^2}$

3 $\sqrt{3n}$ の値が自然数となるような，100以下の自然数 n は□個ある。 （沖縄県）

§2 平方根の計算

4 次の計算をしなさい。

(1) $\sqrt{12} \times \sqrt{3}$ (2) $\sqrt{5} \times \sqrt{10}$
(3) $\sqrt{75} \div \sqrt{3}$ (4) $\sqrt{200} \div \sqrt{10}$
(5) $\sqrt{24} \times 2\sqrt{2} \div \sqrt{6}$ (6) $\sqrt{12} \div \sqrt{54} \times \sqrt{8}$

5 次の分母を有理化しなさい。

(1) $\dfrac{3}{\sqrt{3}}$ (2) $\dfrac{10}{3\sqrt{5}}$ (3) $\dfrac{4}{\sqrt{8}}$ (4) $\dfrac{6}{\sqrt{28}}$

6 次の計算をしなさい。

(1) $(\sqrt{3}+1)(\sqrt{3}+2)$ （岩手県） (2) $(\sqrt{5}+4)^2$ （青森県）
(3) $(4+\sqrt{5})(4-\sqrt{5})$ （高知県） (4) $(\sqrt{3}-1)(\sqrt{3}+3)+(1-\sqrt{3})^2$ （愛知県）
(5) $\sqrt{6}(\sqrt{2}+\sqrt{3})-2\sqrt{3}$ （秋田県） (6) $\sqrt{3}(\sqrt{6}+\sqrt{3})-\dfrac{8}{\sqrt{2}}$ （愛媛県）

7 次の┌─── **ア** ───┐には式を，┌ **イ** ┐には数を入れて，文を完成しなさい。ただし，根号がつくときは，根号のついたままで答えること。 （熊本県）

> $x = 3+\sqrt{2}$, $y = 3-\sqrt{2}$ のとき，x^2-y^2 の値を求めたい。
>
> まず，x^2-y^2 を因数分解すると，$x^2-y^2 = $ ┌─── **ア** ───┐ である。
>
> この結果に x, y の値を代入すると，$x^2-y^2 = $ ┌ **イ** ┐ である。

発展問題

1

でる！ ┈➤

 表現 次の問いに答えなさい。

(1) $a = \dfrac{1}{\sqrt{6}} + 1$，$b = \dfrac{1}{\sqrt{6}} - 1$ のとき，$a^2 - b^2$ の値を求めなさい。 （神奈川県立小田原高）

(2) $a = \dfrac{6}{\sqrt{3}} + 2$，$b = \sqrt{3} - 1$ のとき，$(a+b)^2 - (a-b)^2$ の値を求めなさい。

（神奈川県立多摩高）

2

でる！ ┈➤

 表現 次の問いに答えなさい。

(1) $\sqrt{7}$ の小数部分を a とするとき，$a^2 - 3a$ の値を求めなさい。 （日本女子大学附属高）

(2) $5 - \sqrt{5}$ の小数部分を a とするとき，$a^2 - 6a + 10$ の値を求めなさい。 （法政大学第二高）

3

表現 $\sqrt{49 - 3n}$ が正の整数になるとき，正の整数 n の値をすべて求めなさい。

（東京都立武蔵高）

4

表現 $2 < \sqrt{2n - 1} < 3$ となるような，自然数 n の値をすべて求めなさい。

（神奈川県立湘南高）

5

表現 $\dfrac{1}{\sqrt{6} - \sqrt{5}}$ の分母を有理化しなさい。

6

表現 次の計算をしなさい。

(1) $\{(2\sqrt{5} - \sqrt{10})^2 + 5\sqrt{2}\} \div \sqrt{5}$ （桐朋高）

(2) $\dfrac{3\sqrt{32} + \sqrt{12}}{\sqrt{3}} + (3\sqrt{2} + \sqrt{3})(\sqrt{2} - 2\sqrt{3})$ （國學院大学久我山高）

7

表現 次の問いに答えなさい。

(1) $x = 1 + \sqrt{3}$，$y = 2 + 2\sqrt{3}$ のとき，$xy - 2x^2$ の値を求めなさい。 （清風高）

(2) $\sqrt{28}$ の整数部分を a，小数部分を b とするとき，$a - 2ab + b$ の値を求めなさい。

1 文字と式

要点まとめ

§1 文字を使った式

■ 文字式の表し方…・× (かける) の記号をはぶく。
・文字と数の積では，数は文字の前に書く。
・同じ文字の積は，累乗の形で表す。
・÷ (わる) の記号を使わず分数の形で書く。

例 (1) $x \times (-5) \times x = -5x^2$　　(2) $a \div 3 = \dfrac{a}{3}$

§2 数量を文字で表す

■ 文字による公式などの表し方…文字を使って，面積や体積を求める公式や割合を表す。

例 (1) 半径が r の円の周の長さ

$2 \times r \times \pi = 2\pi r$

（π は1つの数を表す文字だから，その他の文字の前，数字の後に書く。）

(2) 定価5000円の靴で，y 割引きのときの購入代金

$5000 \times \left(1 - \dfrac{y}{10}\right) = 5000\left(1 - \dfrac{y}{10}\right)$ （円）

§3 代入と式の値

■ 代入する…文字式の中の文字に数をあてはめること。
■ 式の値…文字式の中の文字に数を代入して計算した結果。

例 $x = -3$ のときの $2x^2 + 4x$ の値

$2 \times (-3)^2 + 4 \times (-3) = 2 \times 9 - 12 = 6$

§4 1次式の計算

■ 式を簡単にする…同じ文字の1次の項どうし，数の項どうしはまとめる。
■ 1次式の加法・減法…かっこをはずして計算する。
■ 1次式の乗法・除法…分配法則 $a(b+c) = ab + ac$ を利用する。

例 (1) $(3x - 7) - (4x - 3)$ ┐ かっこをはずす

$= 3x - 7 - 4x + 3$ ┘ 文字の部分が同じ項を集める

$= 3x - 4x - 7 + 3$

$= -x - 4$

(2) $4x \times (-6) = 4 \times (-6) \times x = -24x$

(3) $-3(2a + 5) = (-3) \times 2a + (-3) \times 5 = -6a - 15$

(4) $(36a - 12) \div (-6) = (36a - 12) \times \left(-\dfrac{1}{6}\right)$

$= 36a \times \left(-\dfrac{1}{6}\right) + (-12) \times \left(-\dfrac{1}{6}\right) = -6a + 2$

§5 不等式を用いた表現

■ 不等式を用いた表現…不等号 (>，<，≧，≦) を使って，数量の関係を式に表す。

例 1個 x 円のみかんを3個，1個 y 円のりんごを2個買うために1000円支払ったらおつりがきた。これを不等式を使って表すと，$3x + 2y < 1000$

標準問題

あらゆる問題を解くうえで必要な基礎となる問題です。必ず解けるようにしよう。

§1 文字を使った式

1 次の数量を，×，÷の記号をはぶかないで，文字を使った式で表しなさい。

(1) 1本80円の鉛筆をn本買って，1000円を出したときのおつり

(2) 縦が$a$cmで，横が$b$cmの長方形のまわりの長さ

(3) 200kmの道のりを時速$x$kmの自動車で走ったときにかかる時間

(4) 百の位が5，十の位がm，一の位がnである3けたの数

2 次の式を，×，÷の記号を使わないで表しなさい。

(1) $3 \times x \div 2$

(2) $a \div b \times (-5)$

(3) $x \times 2 + \dfrac{1}{2} \times y \times y$

(4) $1 \div x \div x$

(5) $(a \times 3 - b \times 4) \times (-6)$

(6) $x - y \div \left(-\dfrac{1}{2}\right)$

(7) $(a + c \times b \times b) \times \dfrac{1}{3}$

(8) $x \div 2 + (-1) \div x$

3 次の式を，×，÷の記号を使って表しなさい。

(1) $\dfrac{abc}{3}$

(2) $\dfrac{a+b+c}{3}$

(3) $\dfrac{3(x-2y)}{2z}$

(4) $xy^2 - \dfrac{x+y}{3}$

4 次の数量を，×，÷の記号を使わない式で表しなさい。

(1) xの5倍とyの和

(2) xとyの和の5倍

(3) xとyの5倍の和

(4) aの2乗とbの和

(5) aとbの和の2乗

(6) aとbの2乗の和

§2 数量を文字で表す

5 次の数量を式で表しなさい。

(1) 3人の得点がそれぞれa点，b点，c点のときの平均点

(2) 去年の市の人口x人から3％増加したときの今年の市の人口

(3) 定価8000円の商品をa割引きで買ったときの代金

(4) 濃度5％の食塩水200gと濃度3％の食塩水xgを混ぜてできる食塩水の濃度

(5) 行きは時速$a$kmで4時間かかった道のりを，3時間で帰るときの時速

6 次の問いに答えなさい。

(1) 3人が a 円ずつ出し合ったお金で，1個100円のりんごを b 個買ったとき，残った金額を a，b を使った式で表しなさい。 （福島県）

(2) 右の図は，底面の1辺の長さが5cmで，高さが $a$cm の正四角柱である。この正四角柱の表面積を a を用いて表しなさい。 （奈良県）

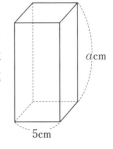

$a$cm

5cm

(3) ある工場で今月作られた製品の個数が a 個で，先月作られた製品の個数より25%増えた。このとき，先月作られた製品の個数を a を使った式で表しなさい。 （福島県）

(4) 1個 $a$kg の荷物5個と，1個 $b$kg の荷物6個がある。これらの荷物の1個あたりの平均の重さを，a と b の式で表しなさい。 （和歌山県）

(5) ある遊園地に行ったところ，大人2人と子ども3人の入園料の合計は a 円で，大人1人の入園料は b 円であった。子ども1人の入園料を a，b を使った式で表しなさい。 （熊本県）

(6) 濃度4%の食塩水が600g入っている容器がある。ここから食塩水 xg を取りだしたとき，容器に残っている食塩水に含まれる食塩の量を x を用いた式で表しなさい。 （明治学院高　改）

7 次の問いに答えなさい。

(1) ある美術館では，中学生1人の入館料は a 円で，大人1人の入館料は b 円である。このとき，$3a + 2b$ はどんな数量を表していますか。 （山梨県）

(2) $2a + b$ という式で表されるものを，次のア〜ウから1つ選んで記号を書きなさい。 （秋田県　改）

> ア　縦 $a$cm，横 $b$cm の長方形の周の長さ（cm）
> イ　底面積 $a$cm^2，側面積 $b$cm^2 の円柱の表面積（cm^2）
> ウ　底面が1辺 $a$cm の正方形，高さが $b$cm の直方体の体積（cm^3）

§3 代入と式の値

8 x の値が次のとき，$x^2 - 2x$ の値をそれぞれ求めなさい。

(1)　3

(2)　-5

(3)　$\dfrac{1}{2}$

(4)　0.1

9 $a = -\dfrac{1}{3}$ のとき，次の式の値を求めなさい。

(1)　$1 - a^3$

(2)　$\dfrac{1 + a}{2a}$

10 次の計算をしなさい。

(1) $5 - x - 4x$

(2) $2 + 7x - 6x - 3$

(3) $2.3y - 0.9y + 2y$

(4) $\dfrac{1}{2}x - \dfrac{1}{3}x$　　　(栃木県)

(5) $a + \dfrac{2}{5}a$

(6) $-\dfrac{x}{3} + \dfrac{1}{4} + \dfrac{x}{6} - \dfrac{5}{4}$

11 次の計算をしなさい。

(1) $(-4) \times (-6y)$

(2) $2.5x \times (-4)$

(3) $9x \times \dfrac{5}{6}$

(4) $-3(a-3)$

(5) $(8-x) \times 5$

(6) $\dfrac{4}{9}\left(\dfrac{1}{2}x + 3\right)$

(7) $6 \times \dfrac{2a-7}{3}$

(8) $\dfrac{x-1}{2} \times (-8)$

12 次の計算をしなさい。

(1) $36a \div (-6)$

(2) $(-10x) \div (-4)$

(3) $-6y \div \dfrac{1}{3}$

(4) $(12x-6) \div (-4)$

(5) $\dfrac{10a-8}{2}$

(6) $(-6x+9) \div \left(-\dfrac{3}{2}\right)$

でる！ ┈┈▶ **13** 次の計算をしなさい。

(1) $(2a+8) + (9a-10)$

(2) $(x-5) - (4x+5)$

(3) $2x - 5 - (x-1)$　　　(山口県)

(4) $(1.5y - 0.8) - (-0.9y + 0.2)$

(5) $\left(\dfrac{2}{3}a + \dfrac{5}{6}\right) + \left(\dfrac{4}{3}a - \dfrac{1}{6}\right)$

(6) $\left(\dfrac{5}{8}x - \dfrac{5}{4}\right) - \left(\dfrac{3}{8}x - \dfrac{1}{4}\right)$

(7) $\left(a - \dfrac{5}{3}\right) - \left(\dfrac{3}{2}a + \dfrac{1}{3}\right)$

(8) $\dfrac{2}{5}x - \dfrac{1}{2} - \left(\dfrac{7}{5}x + \dfrac{1}{6}\right)$

14 次の計算をしなさい。

(1) $2(2a+1)+3(a-1)$　（宮城県）

(2) $5x-5(x-1)$

(3) $4(2a\ 3)\ (3a-5)$　（福岡県）

(4) $\dfrac{2}{3}(9x-3)-\dfrac{3}{2}(4x+6)$

(5) $\dfrac{3}{5}x+\dfrac{2x-10}{5}$

(6) $\dfrac{x-2}{3}\times 6-\dfrac{3}{2}(8x-6)$

(7) $1-\dfrac{6a-9}{3}$

(8) $\dfrac{x-2}{3}-\dfrac{2x-3}{4}$

15 次の数量の関係を等式で表しなさい。

(1) 1個120円のりんごx個と1個a円のみかん20個を買ったら代金は800円でした。

(2) 兄はx円，弟はy円持っていました。弟が500円の買い物をしたら，弟の持っている金額は，兄の持っている金額の半分になりました。

(3) a個のあめを，1人5個ずつb人に配ると4個余りました。　（宮崎県）

16 次の数量の関係を等式で表しなさい。

(1) 定価x円の商品のa割引きの値段は1280円です。

(2) 濃度x%の食塩水200gと濃度y%の食塩水300gを混ぜたら，濃度4%の食塩水になりました。

(3) 180L入る水そうに毎分xLずつ水を入れるとき，いっぱいになるまでにy分間かかる。yをxの式で表しなさい。　（大分県）

(4) 毎分300mの速さで走り続けると15分かかる道のりがある。この道のりを毎分xmの速さで走り続けるときにかかる時間をy分とする。yをxの式で表しなさい。　（静岡県）

§5 不等式を用いた表現

17 次の数量の関係を不等式で表しなさい。

(1) 300kgまでしか乗れないエレベーターに，体重が$a$kg，$b$kg，$c$kg，$d$kgの人が4人乗ったら体重制限オーバーのブザーが鳴った。

(2) 200本の鉛筆を，1人に3本ずつx人に配ろうとしたら，足りなかった。

(3) 一の位を四捨五入したら900になる自然数xの範囲を，$\leqq$の記号を使って表しなさい。
小数第2位を四捨五入したら，9.0になる数yの範囲を，$\leqq$と$<$の記号を使って表しなさい。

発展問題

いろいろな知識を活用する問題です。
基礎がマスターできたら，活用できるかをためそう。

1

でる！ ┈➡

【表現】次の計算をしなさい。

(1) $\dfrac{1}{9}(3x+7)-\dfrac{1}{3}(x+1)$　（神奈川県）

(2) $\dfrac{1}{7}(6x-5)-\dfrac{1}{2}(x-1)$　（静岡県）

(3) $\dfrac{4x-1}{3}-\dfrac{x+3}{2}$　（京都府）

(4) $2x-3-\dfrac{4x-1}{2}$

2 【表現】$a=-\dfrac{2}{3}$ のとき，$\dfrac{1+2a}{a}$ の値を求めなさい。

3 【表現】次の問いに答えなさい。

(1) a を4で割ったら，商がbで余りが1であった。aをbを用いた式で表しなさい。

（栃木県）

(2) 右の図のように，底面が1辺$a$cmの正方形で，高さ
が$h$cmの直方体があります。この直方体の表面積を
a，hを使った式で表しなさい。　（北海道）

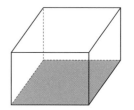

(3) 長さが4mのとき，重さが32gの針金があります。同じ針金xgの長さがymとして，
yをxの式で表しなさい。　（岩手県）

(4) 分速pmで20分走り，分速qmで40分走ると，平均の速さは分速何mになるか。

（青雲高）

(5) ある博物館の中学生の入館料x円は，午前中に入館すると2割引きされる。1日の中学
生の総入館者数が150人で，その4割が午前中に入館したとき，その日の中学生の入館
料の合計金額をy円として，yをxを用いた式で表せ。　（都立墨田川高校）

(6) 同じ長さのマッチ棒を用いて，図のように，一定の規則にしたがって，1番目，2番目，
3番目，…と，マッチ棒をつなぎ合わせて長方形をつくっていく（1番目は正方形）。こ
のとき，n番目の長方形をつくるには何本のマッチ棒が必要になりますか。nの式で表
しなさい。

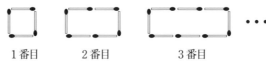

1番目　　2番目　　　3番目

式と計算

要点まとめ

§1 単項式と多項式

■ **単項式と多項式**…$3a$，$2x^2$ のように数や文字の乗法だけの式を**単項式**，$2a - 5b + 3$ のように単項式の和の形で表される式を**多項式**といい，そのひとつひとつの単項式を，多項式の**項**という。

例 $2a - 5b + 3$ の項は，$2a$，$-5b$，3

$$\underbrace{2a + (-5b) + 3}_{\text{項}}$$

■ **単項式と多項式の次数**…単項式でかけ合わされている文字の個数を，その式の**次数**といい，多項式では，各項の次数のうちもっとも大きいものをその多項式の次数という。次数が1の式を1次式，次数が2の式を2次式という。

例 (1) $-3x^2y$ は単項式で，次数は3

$$-3x^2y = (-3) \times \underbrace{x \times x \times y}_{3\text{個}}$$

(2) $-2a + 7bc$ は多項式で，次数は2

$$\underset{\text{次数1} \quad \text{次数2}}{-2a + 7bc}$$

§2 多項式の計算

■ **同類項をまとめる**…文字の部分が同じである項は，分配法則 $a(b+c) = ab + ac$ を使って1つの項にまとめることができる。

■ **多項式の加法・減法**…かっこをはずして計算する。

例 (1) $5x^2 - 2x - x^2 + 6x$

$\quad = 5x^2 - x^2 - 2x + 6x$

$\quad = (5-1)x^2 + (-2+6)x$

$\quad = 4x^2 + 4x$

(2) $(6a + 2b) - (3a - 4b)$

$\quad = 6a + 2b - 3a + 4b$

$\quad = (6-3)a + (2+4)b$

$\quad = 3a + 6b$

§3 単項式の乗法と除法

■ **単項式どうしの乗法・除法**…数は数，文字は文字どうしでかける。除法は逆数にしてかける。

例 $24ab^2 \div 3b = \overset{8}{24ab}\overset{b}{} \times \dfrac{1}{3b} = 8ab$

■ **式の値を求める**…式を簡単にしてから代入する。

例 $x = -2$，$y = \dfrac{1}{2}$ のとき，$8x^2y \div \dfrac{2}{3}x$ の値を求めなさい。

$$8x^2y \div \dfrac{2}{3}x = 8x^2y \times \dfrac{3}{2x} = 12xy = 12 \times (-2) \times \dfrac{1}{2} = -12$$

§4 文字式の利用

■ **式による説明**…具体例をあげるだけではすべての場合の説明にはならないので，文字式を使ってつねに成り立つことを示す。

■ **等式の変形**…等式の性質を用いて変形をする。

例 $2a + b = 10$ を a について解くと，

$\quad 2a = 10 - b$

$\quad a = \dfrac{10 - b}{2}$

標準問題

あらゆる問題を解くうえで必要な基礎となる問題です。必ず解けるようにしよう。

§1 単項式と多項式

1 次のそれぞれの式が単項式か多項式か答えなさい。また，多項式の項を答えなさい。

(1) $3ab$　　(2) $x - xy$　　(3) $-x^2$　　(4) $5a$　　(5) $2y^3 + x^2 - 1$

2 次の式の次数を答えなさい。

(1) $2x^3$　　　(2) $-a$　　(3) $y^2 - x^2$　　(4) $\dfrac{a^2 b}{2}$　　(5) $4x^2 + 4xyz + 2$

§2 多項式の計算

3 次の式で同類項をまとめて表しなさい。

(1) $3x + y - 2x - 5y$

(2) $4a^2 - 3a - 4a + a^2$

(3) $xy + 2xy - 5 - 3x + y - 4$

(4) $\dfrac{1}{3}a - \dfrac{1}{6}b + \dfrac{1}{2}c + \dfrac{3}{4}a + \dfrac{2}{3}b - \dfrac{2}{3}c$

4 次の2つの多項式で，左の式から右の式をひきなさい。

(1) $4x - 5y$　　　　$7x - y$

(2) $3a + 2b - 8$　　　　$-3a - b + 2$

(3) $x^2 - 2x$　　　　$2x^2 - x$

(4) $3xy^2 + 2xy - 4$　　　　$-xy^2 + 2xy + 4$

5 次の計算をしなさい。

(1) $(2x + y) + (4x - 5y)$

(2) $a + 6b - (5a - b)$

(3) $(x - 4y + 3) - (3x - y - 4)$

(4) $(3a + 2b - 5c) + (-4a - 2b + 4c)$

§3 単項式の乗法と除法

でる！ **6** 次の計算をしなさい。

(1) $28ab^2 \div 7b$　　　　　（神奈川県）

(2) $(-10ab^2) \div 5ab$　　　　　（山口県）

(3) $2a \times (-3a)^2$

(4) $2a^2 b \div 4ab$　　　　　（群馬県）

(5) $(-3x)^2 \div 6x^3$

(6) $(2xy)^3 \times \dfrac{1}{4}x$

でる! ┈▶ **7** 次の計算をしなさい。

(1) $6ab \div 2a \times b$ （岐阜県）

(2) $9ab^2 \times 2a^2 \div 6ab$

(3) $2x \times 6x^2y \div 4xy$ （山梨県）

(4) $8xy^2 \div 6y \times 3x$ （青森県）

(5) $24a^3b^3 \div 4ab \div 2b$ （新潟県）

(6) $3ab^3 \div (-3b)^2 \times 6a$ （神奈川県立平塚江南高）

(7) $12x^3y^2 \times 6x^2y \div (-3xy)^2$ （大分県）

(8) $9xy^2 \times \dfrac{x^2}{3} \div xy$

(9) $\dfrac{9x^3y^2}{2} \div \dfrac{3x^2y}{4}$ （石川県）

(10) $\dfrac{2}{3}b^2c \div \dfrac{5}{6}bc^2$ （専修大学附属高）

(11) $3ab^2 \times (-2a)^3 \div \left(-\dfrac{8}{3}ab\right)$ （長崎県B）

(12) $\dfrac{18}{5}a \div (-3b)^2 \times ab^2$ （福井県）

8 次の計算をしなさい。

(1) $3(5x - 2y)$

(2) $(3a + 6b) \times \left(-\dfrac{2}{3}\right)$

(3) $(12x - 30y + 18) \div 6$

(4) $\dfrac{1}{5}(20a - 5b + 1)$

(5) $\dfrac{24x + 18y - 6}{6}$

(6) $(2x + 3y) \div \dfrac{1}{7}$

でる! ┈▶ **9** 次の計算をしなさい。

(1) $2(3a + b) - 5a - 3b$

(2) $2(7x - 3y) + (3x + 5y)$ （広島県）

(3) $5(2x - y) - 2(3x + y)$ （茨城県）

(4) $3(2x + y) - (4x - 5y)$ （滋賀県）

(5) $a - b - 3(a - 2b)$ （長野県）

(6) $4(x - 3y + 2) - 9(2x - y)$ （福井県）

(7) $3(2a - b) - 4(a - b + 1)$ （岡山県）

(8) $3(x + 2y - 5) - 2(3x - y - 4)$

(9) $\dfrac{1}{3}(x - 3y) - \dfrac{1}{2}\left(2y - \dfrac{4}{3}x\right)$ （和歌山県）

(10) $\dfrac{2x - 6y}{2} + \dfrac{9x - 6y}{3}$

10 次の計算をしなさい。

(1) $\dfrac{x-3y}{2}-\dfrac{x-2y}{3}$ （石川県）

(2) $\dfrac{3x-2y}{6}-\dfrac{2x-y}{9}$ （長崎県B）

(3) $4x-6y+\dfrac{x+7y}{2}$ （熊本県）

(4) $\dfrac{7a+3b}{8}-\dfrac{4a-b}{10}$

(5) $b+\dfrac{5a-b}{2}-\dfrac{a+2b}{3}$ （東京都立白鷗高）

(6) $5a-\dfrac{3a-2b}{6}-\dfrac{4a+b}{3}$ （立命館高）

11 次の問いに答えなさい。

(1) $a=-1$，$b=-2$のとき，$4a^2+5b$の値を求めなさい。 （福岡県）

(2) $a=4$，$b=-5$のとき，$4a-b^2$の値を求めなさい。 （三重県）

(3) $a=-3$，$b=2$のとき，$a^2-a(2a-b)$の値を求めなさい。 （長崎県）

(4) $x=\dfrac{1}{2}$，$y=-\dfrac{2}{3}$のとき，$\dfrac{y}{x}+\dfrac{x}{y}$の値を求めなさい。

(5) $x=0.3$，$y=-2.3$のとき，$x^2(x+y)$の値を求めなさい。

(6) $a=\dfrac{3}{2}$，$b=-\dfrac{1}{3}$のとき，$6ab\div(-3a^2)\times9a^2b$の値を求めなさい。 （佐賀県）

12 次の計算をしなさい。

(1) $14x^2y\times(-3xy)^2\div\dfrac{7}{2}xy$

(2) $(-2ab)^3\times\dfrac{ab}{5}\div\left(-\dfrac{2}{5}a^2b\right)^2$ （桐朋高）

(3) $(-3ab)^2\div\left(-\dfrac{2}{3}a^2b\right)\times(-2^2b)$ （神奈川県立横浜翠嵐高）

(4) $\left(\dfrac{3}{2}ab\right)^3\div ab^3\times\left(-\dfrac{2}{9}\right)^2$ （神奈川県立小田原高）

§4 文字式の利用

13 次の空欄のア，イの数値を求めなさい。

　地球の赤道の断面を円と考えると，その円周はおよそ4万km（40000000m）です。Aさんのお父さんのウエスト1mも円周と考えます。さて，お父さんのウエストがさらに2cm伸びて円周の長さが1m2cmになり，前の円周との間にすきまができました。同じ大きさのすきまが赤道の上にもできるとすると，赤道の円周の長さはどれだけ長くなる必要があるでしょうか。

　この問題を次のように文字式を使って考えました。

　お父さんのウエスト（円周）のはじめの半径をrmとし，地球の半径をRmとすると，それぞれの円周は次の式で表されます。

　　$2\pi r = 1$
　　$2\pi R = （ア）$

　お父さんのウエストにできたすきまをxmとし，同じ大きさのすきまxmが赤道の上にもできたとすると，新しい円周は次の式で表されます。

　　$2\pi(r+x) = 1.02$　　　　……①
　　$2\pi(R+x) = （ア）+（イ）$　……②

　（イ）が求めたい値（赤道が長くなる長さ）です。

　①，②の左辺を分配法則でかっこをはずすと，次のようになります。

　　$2\pi r + 2\pi x$　　　　……③
　　$2\pi R + 2\pi x$　　　　……④

　③について，$2\pi r + 2\pi x = 1.02$で，$2\pi r = 1$ですから，$2\pi x = 0.02$です。

　④について，$2\pi R$はもとの円周の長さ（ア）mで，伸びて長くなった分（イ）は$2\pi x$ですから，（イ）mとわかります。つまり，お父さんのウエストも地球の赤道も，すきまが同じなら，伸びた長さも同じということです。

 14 次の問いに答えなさい。

(1) 等式$a+3b=12$をbについて解きなさい。　　　　　　　（岩手県）

(2) 等式$2x+3y-4=0$をyについて解きなさい。　　　　　　（沖縄県）

(3) 右の図で，縦が$a$cm，横が$(b+c)$cmの長方形の面積Scm²は，次の式で表される。この式をbについて解きなさい。
　　　$S = a(b+c)$　　　　　　　　　　　　　　　　　　　（青森県）

(4) $36\pi : 16\pi = x : 4$　のとき，xを求めなさい。

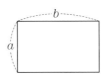

(5) 右の図のような縦a，横bの長さの長方形があります。
　これから，図のように縦の辺を結んだ円柱（ア）と横の辺を結んだ円柱（イ）をつくります。（ア）と（イ）の体積の比を簡単な比にして求めなさい。

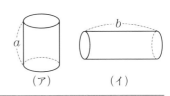

発展問題

1　表現 次の計算をしなさい。

(1) $\dfrac{3x - y}{5} - \left\{ \dfrac{3x - 2y}{2} - (x - 3y) \right\}$

(2) $\dfrac{6x - 3y + 4}{3} - \dfrac{-3x + 7y + 3}{2} + \dfrac{1}{6} - x + y$

(成城高)

2

でる! ⋯➡

表現 次の計算をしなさい。

(1) $\dfrac{9}{4} x^2 y^3 \div \left(-\dfrac{3}{2} x^2 y \right)^3 \times \left(-\dfrac{3}{4} x^2 y \right)^2$

(城北高)

(2) $24 x^4 y^4 \div (-3xy)^3 \times \left(-\dfrac{3}{2} x^3 y^2 \right)^2$

(函館ラ・サール高)

3　表現 次の問いに答えなさい。

(1) $a = -3$，$b = \dfrac{11}{17}$，$c = -\dfrac{1}{9}$ のとき，$ab^2 \times (-2ac)^3 \div (-abc)^2$ の値を求めなさい。

(青雲高)

(2) $x = \dfrac{9}{2}$，$y = -\dfrac{3}{4}$ のとき，$\dfrac{1}{3} x^2 y \times \left(-\dfrac{1}{2} xy^2 \right)^3 \div \dfrac{3}{2} x^4 y^5$ の値を求めなさい。

(立命館高)

4　活用問題

12 と 21，35 と 53，47 と 74 のように，十の位の数と一の位の数を入れかえた 2 けたの自然数を考えます。その和は次のように，11 の倍数になることが予想されます。

$12 + 21 = 33 = 11 \times 3$

$35 + 53 = 88 = 11 \times 8$

$47 + 74 = 121 = 11 \times 11$

この予想が正しいことを次のように説明しました。説明を完成させなさい。

（説明）十の位の数を x，一の位の数を y とすると，2 けたの自然数は，$10x + y$，
十の位の数と一の位の数を入れかえた数は，$10y + x$ と表される。
したがって，それらの和は，
$(10x + y) + (10y + x) =$

展開と因数分解

要点まとめ

§1 多項式の計算

- 式の乗除…分配法則を利用したり，除法を乗法になおしたりして計算する。
- 乗法公式を使って展開する…① $(x + a)(x + b) = x^2 + (a + b)x + ab$
  - ② $(x + a)^2 = x^2 + 2ax + a^2$
  - ③ $(x - a)^2 = x^2 - 2ax + a^2$
  - ④ $(x + a)(x - a) = x^2 - a^2$

- おきかえをして展開する…共通部分を見つけ，文字におきかえ，乗法公式を利用する。

  例 (1) $(a + 2b)(3c + 4d)$
    $= a \times 3c + a \times 4d + 2b \times 3c + 2b \times 4d$ ← 式を展開
    $= 3ac + 4ad + 6bc + 8bd$

  (2) $(x + y - 2)(x + y - 5)$ ┐ $x + y = A$とおく
    $= (A - 2)(A - 5)$ ← 乗法公式①
    $= A^2 - 7A + 10$
    $= (x + y)^2 - 7(x + y) + 10$ ┐ 乗法公式②
    $= x^2 + 2xy + y^2 - 7x - 7y + 10$ ←

§2 因数分解

- 共通な因数をくくり出して因数分解する
- 公式を利用して因数分解する…① $x^2 + (a + b)x + ab = (x + a)(x + b)$
  - ② $x^2 + 2ax + a^2 = (x + a)^2$
  - ③ $x^2 - 2ax + a^2 = (x - a)^2$
  - ④ $x^2 - a^2 = (x + a)(x - a)$

- 単項式を1つの文字とみなしたり，おきかえなどを用いたりして因数分解する
  例 (1) $ax^2 - a^2x = ax(x - a)$
  (2) $4x^2 - 25 = (2x)^2 - 5^2 = (2x + 5)(2x - 5)$
  (3) $2(x - y) + a(x - y) = 2A + aA = A(2 + a) = (x - y)(2 + a)$
      ↑ Aとおく ↑

§3 式の計算の利用

- 乗法公式や因数分解の公式を利用して計算をくふうする
  例 (1) $105^2 = (100 + 5)^2$
    $= 100^2 + 2 \times 5 \times 100 + 5^2$ ┐ 乗法公式②
    $= 10000 + 1000 + 25$
    $= 11025$
  (2) $145^2 - 45^2 = (145 + 45)(145 - 45)$ ← 因数分解の公式④
    $= 190 \times 100$
    $= 19000$
- 乗法公式や因数分解の公式を利用して数や図形の性質を説明する

標準問題

あらゆる問題を解くうえで必要な基礎となる問題です。必ず解けるようにしよう。

§1 多項式の計算

1 次の計算をしなさい。

(1) $-\dfrac{1}{3}ab\,(9a^2b - 6ab^2 + 3ab)$

(2) $(9a^2b - 6ab^2) \div 3ab$ （滋賀県）

2 次の式を展開しなさい。

(1) $(a^2 + b^2 - ab)(a + b)$

(2) $(x-1)(x+5)$

(3) $(2x - 5y)^2$ （広島県）

(4) $(x+2)(x-2)$ （栃木県）

(5) $(x - 7y + 5)^2$

(6) $(3a + b - 3)(3a - b + 3)$

でる！ … ▶ **3** 次の計算をしなさい。

(1) $(x+4)(x-4) + (x+3)(x+2)$ （愛媛県）

(2) $(x+5)^2 - (x-1)(x+3)$ （福島県）

(3) $(x - 6y)(x + 6y) + y^2$ （奈良県）

(4) $(3a + 2b)^2 - (3a - 2b)^2$

(5) $4(x - 2y)^2 - (2x + 3y)(2x - 3y)$

(6) $(3a - 3b)^2 - 3(3a + b)(a - b)$ （明治学院高）

§2 因数分解

4 次の式を因数分解しなさい。

(1) $16a^2bc - 24ab^2c + 40abc^2$

(2) $x^2 - 5x - 24$

(3) $x^2 - 10x + 24$

(4) $x^2 - 10x - 24$

(5) $x^2 - 25x + 24$

(6) $x^2 - 10x + 25$

(7) $x^2 - x - 56$ （北海道）

(8) $x^2y - 36y$ （京都府）

(9) $a^2b + 12ab^2 + 36b^3$

(10) $1 - 16x^2$ （千葉県）

(11) $9ab^2 - a$ （神奈川県立横須賀高）

(12) $a^2b^2 - 9ab + 8$

次の式を因数分解しなさい。

(1) $x(x-3)-18$ （神奈川県）　(2) $3(x-1)^2-12$ （東京都立白鷗高）

(3) $x^2-10xy-56y^2$ （近畿大学附属高）　(4) $3ax^3+3axy^2-6ax^2y$ （洛南高）

(5) $2a^2-(a-2)(a-3)$ （神奈川県立多摩高）　(6) $(a+6)^2-(a+3)-9$ （福岡大学附属大濠高）

(7) $(2x+3)(2x-3)-5x(x-2)$ （桐朋高）

(8) $(x+y)^2-(x+y)-20$ （東海大学付属浦安高　改）

(9) $2(x-3)^2y-4xy+12y$ （立命館高）

(10) $(x^2+5x)^2+10(x^2+5x)+24$ （法政大学第二高）

(11) $(a-1)b+2(1-a)$ （和洋国府台女子高）

(12) $2a(3a-b)-b(b-3a)$ （東京電機大学高）

(13) $a^2(2x-y)+y-2x$ （日本女子大学附属高）

(14) $(x-3y)^2-4x+12y$ （愛光高）

(15) $(3a-b)^2-(a+3b)^2$

(16) x^3-x^2-x+1

(17) $2(x^2+3x+2)-x(x+2)$ （神奈川県立小田原高）

(18) $(x+1)(x-1)+y(2x+y)$ （明治学院高）

§3 式の計算の利用

6 次の問いに答えなさい。

(1) 95^2 を工夫して計算しなさい。

(2) $x=9.6$, $y=0.4$ のとき, x^2+xy の値を求めなさい。 （秋田県）

(3) $a=\dfrac{2}{5}$ のとき, $(a+1)(a-4)-a(a+7)$ の値を求めなさい。 （静岡県）

発展問題

いろいろな知識を活用する問題です。
基礎がマスターできたら，活用できるかをためそう。

1

表現 次の問いに答えなさい。

(1) $(2\sqrt{3}\,x+2y+1)\,(2\sqrt{3}\,x-2y-1)$ を計算しなさい。

(2) $x=3\sqrt{2}-1$ のとき，x^2+2x+1 の値を求めなさい。 (石川県)

(3) $x=\dfrac{\sqrt{5}+\sqrt{2}}{2}$，$y=\dfrac{\sqrt{5}-\sqrt{2}}{2}$ のとき，$3x^2+3y^2-6xy$ の式の値を求めなさい。

(東京都立日比谷高)

(4) $a=3\sqrt{3}+\sqrt{2}$，$b=\sqrt{3}-\sqrt{2}$ のとき，$a^2-2ab-3b^2$ の値を求めなさい。

(神奈川県立湘南高)

(5) $x-y=-1$ のとき，$x^2+8x+y^2-8y-2xy+7$ の値を求めなさい。

(江戸川学園取手高)

(6) $(x+2)(3x-4)+(2x+3)(4x-5)+(3x+4)(5x-6)$ を計算したら，
ax^2+bx+c となった。このとき，$a+b+c$ の値を求めなさい。 (明治大学付属明治高)

(7) $m^2-n^2=55$ を満たす自然数 m，n の組を 2 組求めなさい。

(8) 7 で割ると 1 余る数を 2 つかけ合わせると，その積も 7 で割ると 1 余る数になることを
説明しなさい。

2

表現 次の式を因数分解しなさい。

(1) x^2-x-y^2+y (東邦大学付属東邦高)

(2) $(x+1)^2+(x+2)^2-(x-3)^2-4x+19$ (筑波大学附属高)

(3) $xy^2+y+z-xz^2$ (成蹊高)

(4) $9a^2-1-4b^2+4b$ (白陵高)

(5) $8a^2b-2b+4a^2c-c$ (関西学院高等部)

(6) $(a+b)^2-(b+2)^2-a+2$ (ラ・サール高)

(7) $a^3+3a^2b-a^2-4a-12b+4$ (東大寺学園高)

1 次方程式

要点まとめ

§1 1次
方程式と
その解

■ **方程式の解**…方程式を成り立たせる文字の値。

xの値を代入して，方程式が成り立つかどうかを調べる。

例 −1，2のうち，方程式$2x − 3 = x − 1$の解となっているものはどちらか。

$x = −1$のとき

(左辺) $= 2 × (−1) − 3 = −5$

(右辺) $= (−1) − 1 = −2$

(左辺) $≠$ (右辺) より，

$x = −1$は解ではない。

$x = 2$のとき

(左辺) $= 2 × 2 − 3 = 1$

(右辺) $= 2 − 1 = 1$

(左辺) $=$ (右辺) より，

$x = 2$は解である。

§2 1次
方程式の
解の
求め方

■ **等式の性質**…$A = B$ならば，次の等式が成り立つ。

① $A + C = B + C$ ② $A − C = B − C$ ③ $AC = BC$

④ $A ÷ C = B ÷ C \ (C ≠ 0)$ ⑤ $B = A$

■ **移項**…等式の一方の辺にある項をその符号を変えて他の辺に移すこと。

方程式を解くときは移項を使うと計算が短縮されて速く解ける。

■ **係数に小数や分数をふくむ方程式**…両辺に同じ数をかけて係数を整数にしてから計算する。

■ **比例式**…比の性質「$a : b = c : d$ならば，$ad = bc$」を使って，比例式を解く。

例 $3 : (x + 4) = 2 : 5$ $2 (x + 4) = 3 × 5$

$2x = 15 − 8$ $x = \dfrac{7}{2}$

§3 1次
方程式の
利用

■ **方程式を使って解く文章題**…表や図を利用して，その数量関係を視覚的に理解するとよい。

手順①…求めるものを明らかにし，何をxで表すかを決める。

手順②…等しい関係にある数量をみつけて方程式をつくる。

手順③…方程式を解く。

手順④…方程式の解を問題の答えとしてよいか確かめる。

例 1本150円のボールペンと1本80円の鉛筆を合わせて12本買ったら，代金の合計は1310円であった。ボールペンと鉛筆をそれぞれ何本買ったか求めなさい。

(解) ボールペンをx本買ったとする。

代金について方程式をつくると，

$150x + 80 (12 − x) = 1310$

これを解いて，$x = 5$

$150 × 5 + 80 × (12 − 5)$

$= 1310$

(答)　ボールペン5本，鉛筆7本

	本数（本）	代金（円）
ボールペン	x	$150x$
鉛筆	$12 − x$	$80 (12 − x)$
合計	12	1310

標準問題

あらゆる問題を解くうえで必要な基礎となる問題です。必ず解けるようにしよう。

§1 **1次方程式とその解**

1 0，1，2，3のうち，次の **(1)**，**(2)** の方程式の解になっているものを選びなさい。

(1) $5x - 4 = 6$

(2) $3x - 5 = -2x + 10$

2 xについての1次方程式$5x - 3a + 2 = -x$の解が$x = -2$となるようなaの値を求めなさい。

§2 **1次方程式の解の求め方**

3 次の方程式を解きなさい。

(1) $7x - 8 = 13$

(2) $2x - 6 = 5x$ （奈良県）

(3) $4x - 10 = -5x + 8$ （福岡県）

(4) $2x + 5 = 7 - 3x$ （長崎県）

4 次の方程式を解きなさい。

(1) $5(x + 1) = x - 3$

(2) $3(3x - 4) = 10 - 2x$

(3) $7x - (11x + 2) = 14$ （青森県）

(4) $4(2x - 7) - 3 = 3x + 4$

5 次の方程式を解きなさい。

(1) $1.2x + 0.7 = 3.5 - 0.2x$

(2) $0.75x - 1 = 0.5x$ （大阪府）

(3) $0.8x + 1.2 = 0.4(x - 6)$

(4) $2x - 1 = \dfrac{x}{3}$ （新潟県）

(5) $3x - \dfrac{1}{4} = \dfrac{5x - 4}{2}$

(6) $\dfrac{3x + 5}{8} = \dfrac{x - 5}{6}$

6 次の方程式を解きなさい。

(1) $0.2(x-3)-1=\dfrac{1}{2}x+5$

(2) $2-\dfrac{x-4}{3}=0.5x$

(3) $0.6x+3=\dfrac{x+1}{3}$

(4) $8:(x+5)=4:x$

§3 1次方程式の利用

7 現在，父は43歳，子どもは13歳である。父の年齢が子どもの年齢の3倍になるのは今から何年後ですか。

8 ある数を4倍して3を加えるはずだったが，誤って4を加えて3倍したので33になった。正しく計算すると，答えはいくつになりますか。

9 2けたの自然数があって，一の位の数字と十の位の数字の和は14である。この自然数の一の位の数字と十の位の数字を入れかえると，もとの自然数より36小さくなった。もとの自然数を求めなさい。

10 同じ値段のノートを10冊買うには，持っているお金では200円足りないが，8冊買うと100円余る。ノート1冊の値段を求めなさい。

(秋田県　改)

11 ある店でシャツAを2着以上まとめて買うと，1着目のシャツは定価のままですが，2着目のシャツは定価の10％引きの価格となり，3着目以降のシャツはそれぞれ定価の30％引きの価格となります。この店で，シャツAをまとめて4着買ったところ，定価で4着買うより1050円安くなりました。シャツAの定価はいくらですか。
シャツAの定価をx円として方程式をつくり，求めなさい。

(北海道)

12 昨年の子ども会のバザーで，おにぎりを作って販売したところ，20個売れ残った。そこで，今年のバザーでは，作る個数を昨年より10%減らして販売したところ，作ったおにぎりはすべて売れ，売れたおにぎりの個数は昨年売れた個数より5%多かった。昨年のバザーで作ったおにぎりの個数を求めよ。

(愛知県)

13 1個の原価が400円の商品Aをまとめて仕入れたところ，15%が不良品であった。そこで，不良品をすてて良品のみを1個500円で販売したところ，利益が2万円であった。初めに仕入れた個数を求めなさい。

14 ある本を読むのに，1日目に全体の $\frac{1}{3}$ を読み，次の日に残りの $\frac{2}{5}$ を読んだら，48ページ残った。この本のページ数を求めなさい。

でる！ ⋯▶ **15** Aさんは，自宅から1100m離れた駅へ行くのに，はじめは毎分70mの速さで歩き，途中から毎分180mの速さで走ったところ，自宅を出発してから駅に着くまでに11分かかった。このとき，途中からAさんが駅まで走った時間は何分間か求めなさい。

(新潟県)

16 MさんはA地点からB地点まで分速60mで歩いて行った。もし分速75mで行けば，分速60mのときより12分早く着くことができる。A，B間の道のりを求めるのに，次の2通りの方程式をつくりなさい。

(1) A，B間の道のりを x mとして，方程式をつくりなさい。

(2) 分速60mで歩いた時間を x 分として，方程式をつくりなさい。

17 18%の食塩水が120gある。これに食塩を加えて20%の食塩水にしたい。何gの食塩を加えればいいですか。

発展問題

1

表現 次の方程式を解きなさい。

(1) $\dfrac{2x-5}{3} - \dfrac{3-7x}{4} = \dfrac{5}{6}$

（法政大女子高）

(2) $\dfrac{x+4}{3} - 1 = -\dfrac{x+1}{2} + \dfrac{1-x}{6}$

（日本大学豊山高）

(3) $\dfrac{2}{3}(0.2x-1) + \dfrac{3}{2}x - 1 = 5$

(4) $0.4 : 1.2 = (2x+1) : (6-x)$

（関西学院高等部）

2 **表現** C 地点をはさんで 150m 離れた A，B 両地点があり，AC 間は 96m である。P さんは，A 地点を出発し，毎秒 5m の速さで B 地点に向かう。Q さんは C 地点を出発し，毎秒 7m の速さで B 地点に向かい，B 地点に到着後ただちに折り返して A 地点に向かう。P，Q の 2 人が同時に出発したとき，はじめて出会うのは何秒後ですか。

3 **表現** 黒，白 2 種類の石がいくつかずつある。はじめ，白石の個数が全体の個数にしめる割合は 40% であった。白石の個数を 14 個減らしたところ，白石の個数が全体の個数にしめる割合は 25% になった。はじめにあった黒石，白石の個数をそれぞれ求めよ。

（早稲田大学高等学院）

4 **活用問題**

ある映画館では，通常大人 1 人 2000 円，子ども 1 人 1100 円料金がかかるが，1 つの団体で大人だけまたは子どもだけで 11 人以上になる場合，団体割引を使うことができ，10 人を超えた人数分の料金が x% 引きになる。次の問いに答えなさい。

(1) 大人の団体 15 人で入館したとき，料金の合計は 26000 円であった。このとき，x の値を求めなさい。

(2) 大人と子どもの計 17 人で，料金の合計が 25900 円であったとき，割引はされていなかった。このときの大人の人数を求めなさい。

連立方程式

要点まとめ

§1 連立方程式とその解

■**連立方程式の解**…組み合わせた2つ以上の方程式を同時に成り立たせる文字の値の組。

x，yの値を代入して，2つの方程式がともに成り立つかどうかを調べる。

例 $x=3$，$y=2$が解であるかどうかを確かめなさい。

$\begin{cases} 2x+y=8 \cdots① \\ x-y=1 \ \cdots② \end{cases}$　①の左辺は，$2 \times 3 + 2 = 8$となり，成り立つ。

②の左辺は，$3-2=1$となり，成り立つ。

したがって，$x=3$，$y=2$は解である。

§2 連立方程式の解の求め方

■**加減法**…2つの方程式を加えたりひいたりして，1つの文字を消去する解き方。

例 $\begin{cases} 3x+2y=7 \ \cdots① \\ x-y=-1 \ \cdots② \end{cases}$

①＋②×2　　　　　　　　　　③を②に代入して，

$\begin{array}{r} 3x+2y=7 \\ +) \ 2x-2y=-2 \\ \hline 5x \quad\quad =5 \end{array}$ $\quad x=1 \ \cdots③$

$1-y=-1$

$y=2$

（答）$x=1$，$y=2$

■**代入法**…代入して，1つの文字を消去する解き方。

例 $\begin{cases} y=3x-7 \quad \cdots① \\ 2x+3y=12 \quad \cdots② \end{cases}$

①を②に代入して

$2x+3(3x-7)=12$

$2x+9x-21=12$

$11x=12+21$

$11x=33$

$x=3 \ \cdots③$

③を①に代入して，$y=3 \times 3 - 7 = 2$

（答）$x=3$，$y=2$

§3 連立方程式の利用

■**文章題**…表や図を利用して，その数量関係を視覚的に理解するとよい。

手順①…求めるものを明らかにし，何をx，yで表すかを決める。

手順②…等しい関係にある数量をみつけて2つの方程式をつくる。

手順③…連立方程式を解く。

手順④…方程式の解を問題の答えとしてよいか確かめる。

例 1本120円のボールペンと1本80円の鉛筆を合わせて12本買ったら，代金の合計は1160円であった。ボールペンと鉛筆をそれぞれ何本買ったか求めなさい。

（解）ボールペンをx本，鉛筆をy本買ったとする。本数と代金について方程式をつくると，

$\begin{cases} x+y=12 \\ 120x+80y=1160 \end{cases}$

これを解いて，$x=5$，$y=7$

$5+7=12$，$600+560=1160$

（答）　ボールペン5本，鉛筆7本

	本数（本）	代金（円）
ボールペン	x	$120x$
鉛筆	y	$80y$
合計	12	1160

標準問題

あらゆる問題を解くうえで必要な基礎となる問題です。必ず解けるようにしよう。

§1 連立方程式とその解

1 次の連立方程式の解となる x, y の値の組はどれですか。⑦〜⑨の中から選びなさい。

$$\begin{cases} 2x - 3y = 12 \\ 4x + 5y = 2 \end{cases}$$

⑦ $x = 0$, $y = -4$　　⑨ $x = 3$, $y = -2$　　⑨ $x = -2$, $y = 2$

§2 連立方程式の解の求め方

2 次の連立方程式を代入法で解きなさい。

(1) $\begin{cases} x = 2y + 10 \\ 3x + y = 2 \end{cases}$ （秋田県）

(2) $\begin{cases} x + 3y = 18 \\ y = 2x - 1 \end{cases}$

でる！ **3** 次の連立方程式を加減法で解きなさい。

(1) $\begin{cases} x - 3y = 7 \\ 2x + 3y = -4 \end{cases}$

(2) $\begin{cases} x + y = 2 \\ 3x - 2y = 16 \end{cases}$ （岩手県）

(3) $\begin{cases} 3x - 4y = 10 \\ 4x + 3y = 5 \end{cases}$ （群馬県）

(4) $\begin{cases} -3x + 5y = 26 \\ 2x + 3y = 8 \end{cases}$

4 次の連立方程式を解きなさい。

(1) $\begin{cases} 0.5x - 1.4y = 8 \\ -x + 2y = -12 \end{cases}$ （千葉県）

(2) $\begin{cases} \dfrac{2}{5}x + \dfrac{y}{4} = 8 \\ \dfrac{x}{3} - \dfrac{3}{2}y = -7 \end{cases}$

5 次の連立方程式を解きなさい。

(1) $2x + 3y = -x - 4y = 5$

(2) $5x + y = 4x - y = 3x + 9$

(3) $\begin{cases} 3x - 2(y-2) = 11 \\ \dfrac{2x-3}{3} + \dfrac{y+1}{2} = 2 \end{cases}$

(4) $\begin{cases} x + 4(y+1) = -1 \\ \dfrac{x}{3} - \dfrac{y-1}{6} = \dfrac{3}{2} \end{cases}$

6 連立方程式 $\begin{cases} ax + by = 5 \\ ax - by = -1 \end{cases}$ の解が，$x = 2$，$y = -1$ であるとき，a，b の値を求めなさい。

§3 連立方程式の利用

でる! ⋯▶ **7** 2けたの自然数があり，十の位の数と一の位の数の和は13である。また，十の位の数と一の位の数を入れかえてできる数は，もとの数の2倍より31小さくなる。もとの2けたの自然数を求めなさい。

8 x枚の空の封筒とy本の鉛筆がある。封筒の中に鉛筆を，4本ずつ入れると8本足りず，3本ずつ入れると12本余る。このとき，x，yの値を求めなさい。 (新潟県)

9 ある中学校の3年生120人は，全員，徒歩または自転車のどちらかで通学している。徒歩通学者の人数は，自転車通学者の人数の2倍より15人多いという。徒歩通学者，自転車通学者の人数をそれぞれ求めなさい。 (富山県)

10 Aさんの家から図書館までの道の途中に郵便局がある。Aさんの家から郵便局までは上り坂，郵便局から図書館までは下り坂になっている。Aさんは，家から歩いて図書館に行き，同じ道を歩いて家にもどった。上り坂は分速80m，下り坂は分速100mの速さで歩いたところ，行きは13分，帰りは14分かかった。Aさんの家から郵便局までの道のりは何mか。 (愛知県)

11 Aさんは午前10時に家を出発し，自転車に乗って時速12kmで走り，午前11時30分に目的地に着く予定であった。ところが途中で自転車が故障したので，そこからは時速4kmで歩いた。そのため，目的地に着いたのは出発してから2時間後の正午であった。家から自転車が故障した地点までの道のりを求めなさい。

12 ある町のA，B2つの地区では，古紙の回収を実施している。5月に回収した古紙の重さは，A地区とB地区が回収した分を合わせると，840kgであった。また，5月に回収した古紙の重さは，4月と比べてA地区は10%減少し，B地区は15%増加したので，全体としては5%増加した。このとき，A地区が4月に回収した古紙の重さと，B地区が4月に回収した古紙の重さを求めなさい。

(福井県 改)

13 8%の食塩水と15%の食塩水がある。この2種類の食塩水を混ぜあわせて，10%の食塩水を700g作りたい。2種類の食塩水をそれぞれ何gずつ混ぜればよいですか。

発展問題

1

でる！ ⋯➡

表現 次の連立方程式を解きなさい。

(1) $\begin{cases} \dfrac{x-3y}{2} = 2 + \dfrac{x}{4} \\ 3 + y = \dfrac{x}{2} \end{cases}$

（明治学院高）

(2) $\begin{cases} x : y = 3 : 4 \\ \dfrac{x}{2} + \dfrac{y}{3} = 1 \end{cases}$

（日本大学第二高）

(3) $\begin{cases} \dfrac{1}{x} - \dfrac{1}{y} = 2 \\ \dfrac{3}{x} + \dfrac{5}{y} = -6 \end{cases}$

（中央大学附属高）

(4) $\begin{cases} 0.3x - 1.1y = -0.5 \\ \dfrac{1}{6}x - \dfrac{2}{3}y = -\dfrac{1}{3} \end{cases}$

2

表現 連立方程式 $\begin{cases} x + y = 3 \\ 2x - 3y = a \end{cases}$ の解が方程式 $3x - 2y = 4$ を満たすとき，a の値を

求めなさい。

（和洋国府台女子高）

3

活用問題

明さんの学校の文化祭では，3年A組，3年B組，保護者会が模擬店を開いた。文化祭実行委員会の会計係である明さんは，模擬店の収支をもとに，次のような問題をつくって，数学の授業で紹介した。明さんがつくった問題に答えなさい。

（徳島県　改）

〜僕のつくった問題に挑戦してください〜

今年の文化祭では，3年A組がジュース，3年B組がパン，保護者会がうどんの模擬店をそれぞれ開きました。模擬店の収支を集計すると，次の①〜③のことがわかりました。

　① A組とB組の売上金額の比は8：5である。

　② 支出金額については，B組はA組の80％である。

　③ それぞれの売上金額から支出金額を引いた利益は，右のグラフのようになる。

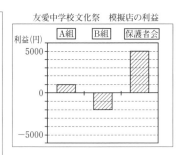

友愛中学校文化祭　模擬店の利益

(1) 3つの模擬店全体では，利益はいくらになりますか。

(2) A組の売上金額とA組の支出金額を求めなさい。

3 中学総合的研究 数学 P.184〜203

2次方程式

要点まとめ

§1 2次方程式とその解

■ 2次方程式の解…2次方程式を成り立たせる文字の値。

xの値を代入して，方程式が成り立つかどうかを調べる。

例 $x=3$は，2次方程式$x^2-2x-3=0$の解になっているかを調べる。

(左辺)$=3^2-2\times3-3=0$，(右辺)$=0$より，

(左辺)$=$(右辺)が成り立つ。したがって$x=3$は解である。

§2 2次方程式の解の求め方

■ 因数分解を利用した解き方…左辺の式が，$(x+a)(x+b)$，$(x+a)^2$，$(x-a)^2$，$(x+a)(x-a)$の形に因数分解できるかどうか考える。

例 $x^2-3x-4=0$の求め方

左辺を因数分解して　　$(x-4)(x+1)=0$　　よって，$x=4，-1$

■ 平方根の考えを利用した解き方…(1次式)$^2=$Aの形に変形し，1次式$=\pm\sqrt{A}$を導く。

例 $x^2+4x=6$の解を求めなさい。

両辺に，xの係数の4を$\dfrac{1}{2}$倍して2乗した数，2^2である4を加える。

$x^2+4x+4=6+4$

$(x+2)^2=10$　　$x+2=\pm\sqrt{10}$　　よって，$x=-2\pm\sqrt{10}$

■ 解の公式を利用した解き方…解の公式を使って求める。

$ax^2+bx+c=0$ (ただし，$a\neq0$)のとき，

$x=\dfrac{-b\pm\sqrt{b^2-4ac}}{2a}$ (ただし，$b^2-4ac\geqq0$)

例 $3x^2-4x-1=0$

$x=\dfrac{-(-4)\pm\sqrt{(-4)^2-4\times3\times(-1)}}{2\times3}$

$=\dfrac{4\pm\sqrt{16+12}}{6}=\dfrac{4\pm\sqrt{28}}{6}=\dfrac{4\pm2\sqrt{7}}{6}=\dfrac{2\pm\sqrt{7}}{3}$

§3 2次方程式の利用

■ 2次方程式を使って解く文章題…表や図を利用して，その数量関係を視覚的に理解するとよい。方程式を解いたら，解の吟味をする。

例 縦の長さが5m，横の長さが10mの土地がある。この土地に幅の等しい道を縦と横にそれぞれ1本ずつ作り，残りの部分が36m^{2}となる花壇を作りたい。道の幅を求めなさい。

(解) 道の幅をxmとすると，右下の図より，$0<x<5$となる。

道を端に寄せて考えると，

$(5-x)(10-x)=36$

$x^2-15x+14=0$

$(x-1)(x-14)=0$

$x=1，14$

$0<x<5$より，$x=1$　　(答)　1m

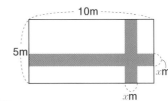

方程式編

3 2次方程式

標準問題

あらゆる問題を解くうえで必要な基礎となる問題です。必ず解けるようにしよう。

§1 **2次方程式とその解**

1 次の⑦〜㋔の中から，$x = 3$ を解とする2次方程式をすべて選びなさい。

⑦ $x^2 + x - 2 = 0$

㋑ $2x - 6 = 0$

㋒ $(x + 3)(x - 1) = 0$

㋓ $x^2 - 9 = 0$

㋔ $(x + 2)(x - 3) = 0$

§2 **2次方程式の解の求め方**

2 次の方程式を解きなさい。

(1) $x^2 + 6x = 0$

(2) $x^2 + x - 12 = 0$ （兵庫県）

(3) $x^2 - 16 = 6x$ （滋賀県）

(4) $x^2 - 36 = 0$

(5) $x^2 - 8x + 16 = 0$

(6) $4x^2 - 20x + 25 = 0$

でる! **3** 次の方程式を解きなさい。

(1) $(x - 3)(x + 3) = 6x - 2$ （岡山県）

(2) $x(x + 2) = 3(x + 4)$ （福岡県）

(3) $(x - 2)^2 = 10 - 3x$

(4) $(x + 2)(x + 4) = 24$

4 次の方程式を解きなさい。

(1) $x^2 - 7 = 0$ （茨城県）

(2) $(x - 6)^2 = 5$ （神奈川県）

5 次の方程式を $(x+\square)^2 = \triangle$ の形に変形して解きなさい。

(1) $x^2 + 6x = 1$

(2) $x^2 - 5x = -3$

6 次の方程式を解の公式を使って解きなさい。

(1) $x^2 + 3x + 1 = 0$

(2) $2x^2 - 5x + 3 = 0$

(3) $x^2 + 5x - 3 = 0$

(4) $5x^2 + 7x - 6 = 0$

7 2次方程式 $x^2 + ax - 21 = 0$ の解の1つが7であるとき，a の値を求めなさい。また，他の解を求めなさい。

(京都府)

§3 **2次方程式の利用**

8 2けたの自然数がある。この自然数の一の位の数は十の位の数より3小さい。また，十の位の数の2乗は，もとの自然数より15小さい。もとの自然数の十の位の数を a として方程式をつくり，もとの自然数を求めなさい。

(栃木県)

9 周囲の長さが36cmで，面積が72cm^2 の長方形をつくりたい。このとき，短い方の1辺の長さを何cmにしたらよいか，求めなさい。

10 横が縦より2m長い長方形の土地がある。この土地に，図のように同じ幅の道（図の ▨ の部分）をつくり，残った4つの長方形の土地を花だんにする。
道幅が1m，4つの花だんの面積の合計が35m^2 のとき，この土地の縦の長さは何mか。

(愛知県)

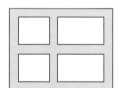

11 右の図のように，1辺の長さが10cmの正方形ABCDがある。ADの中点をE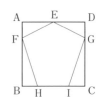
とし，AB上に点F，DC上に点G，BC上に点H，Iを，AF＝BH＝IC＝GD
となるようにとる。
このとき，五角形EFHIGの面積が64cm²となるのは，AFの長さが何cmの
ときか，AF＝$x$cm（0＜x＜5）として方程式をつくり，求めなさい。(佐賀県)

12 右の図のようなBC＝2ABである長方形があり，対角線の交点をO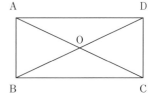
とする。△OABの面積が32cm²のとき，辺ABの長さを求めなさい。

13 横の長さが縦の長さの2倍の長方形の厚紙がある。右の図のように，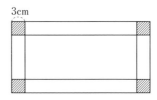
この厚紙の4すみから1辺が3cmの正方形を切り取り，直方体の容
器をつくると，容積が174cm³になった。はじめの厚紙の縦の長さ
を求めなさい。

14 右の図のように，3点A(0, 4)，B(－4, 0)，C(4, 0)が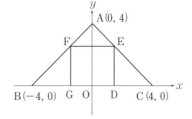
ある。4点D，E，F，Gがそれぞれ線分OC，CA，AB，
BO上にあるとき，次の問いに答えなさい。

(1) 点Dのx座標が1のとき，長方形DEFGの面積を求めな
さい。

(2) 長方形DEFGが正方形となるとき，点Dのx座標を求めなさい。

(3) △AFEと長方形DEFGの面積が等しくなるとき，点Dのx座標を求めなさい。

発展問題

1

でる！ ┈┈➡

表現 次の方程式を解きなさい。

(1) $2(x-2)^2 = x^2 - x$

(2) $3x(x-1) = (x+1)(x-1)$

(3) $x - 1 = -\dfrac{(x+5)(x-4)}{4}$ 　　　　(東京電機大学高)

(4) $(x-3)^2 = 3\{2(x-3)-3\}$ 　　　　(法政大学第二高)

(5) $2(x^2-4) = (x-2)^2$ 　　　　(福岡大附大濠高)

(6) $(3x-4)^2 - 3x + 4 = 6$ 　　　　(中央大学附属高)

2

理解 x の2次方程式 $x^2 + 2ax + 2a^2 - 10 = 0$ と $3x^2 + a^2x - a^2 + 7a = 0$ がともに $x = 2$ を解にもつ。このとき，a の値を求めなさい。 　　　　(明治大学付属明治高)

3

表現 1個50円の値段で売ると1日200個売れる商品がある。この商品の値段を1円値下げするごとに売り上げ個数が8個ずつ増える。消費税は考えないものとして，次の問いに答えなさい。

(1) この商品を5円値下げするとき，この商品の1日の売り上げ金額を求めなさい。

(2) この商品の1日の売り上げ金額を11200円になるようにするには何円値下げしたらよいですか。値下げする金額を求めなさい。

4

表現 ある円の半径を3cm伸ばした円は，もとの円より面積が50%増加した。このとき，もとの円の半径を求めなさい。 　　　　(成城高)

5 表現 ある整数がある。この整数より3大きい数とこの整数より5小さい数の積が，この整数の12倍に等しい。この整数を求めなさい。

（中央大学附属高）

6 表現 1周19kmのサイクリングコースのS地点を，Aさんは時計回り，Bさんは反時計回りに同時に出発した。Aさんは1時間25分30秒でコースを一周し，そのまま走り続けた。BさんはAさんと初めてすれ違ってから，50分後にS地点に到着した。次の問いに答えなさい。ただし，Aさん，Bさんの速さはそれぞれ一定とする。

(1) Bさんがコースを1周する時間を求めなさい。

(2) AさんとBさんが2回目にすれ違うのは，S地点から時計回りに何kmの地点ですか。

7 思考 1辺の長さが1cmの正方形の黒いタイルを重ならないようにすき間なくしきつめて，1辺の長さが$n$cmの正方形をつくる。次に，しきつめたタイルのうち，4つの辺がすべて他のタイルと接しているタイルの中から1つだけを，他のタイルが動かないように取り除く。

　この状態で，となりあう2つのタイルが接している1cmの辺の部分を「共通な辺」と呼ぶこととし，その「共通な辺」の中点に小さな白い丸シールを1枚はりつける。このように，すべての「共通な辺」に小さな白い丸シールを1枚ずつはりつけ，そのシールの枚数を調べることにする。ただし，nは3以上の整数とする。

　次の表は，$n = 3$，$n = 4$のときの，図の例とはりつけた小さな白い丸シールの枚数を示したものである。

nの値	3	4
図の例		
はりつけた小さな白い丸シールの枚数（枚）	8	20

　このとき，次の問いに答えなさい。

（神奈川県）

(1) $n = 5$のとき，はりつけた小さな白い丸シールの枚数を求めなさい。

(2) はりつけた小さな白い丸シールの枚数が308のとき，nの値を求めなさい。

要点まとめ

§1 関数とは

- ■ **関数**…y が x にともなって変わり，x の値を決めると，それに対応して y の値がただ1つ決まるとき，**y は x の関数である**という。
- ■ **変数**…いろいろな値をとる文字のこと。
- ■ **変域**…変数の**とりうる値の範囲**。

§2 比例

- ■ **比例**…ともなって変わる2つの変数 x，y の間に $y = ax$（a は比例定数）という関係があるとき，**y は x に比例する**という。
  - 例 y は x に比例し，$x = 4$ のとき $y = 12$ である。y を x の式で表しなさい。
    y を x の式で表すには，まず $y = ax$（a は比例定数）とし，$x = 4$ のとき $y = 12$ だから，$12 = a \times 4$，　$a = 3$　　求める式は，$y = 3x$

§3 反比例

- ■ **反比例**…ともなって変わる2つの変数 x，y の間に $y = \dfrac{a}{x}$（a は比例定数）という関係があるとき，**y は x に反比例する**という。
  - 例 y は x に反比例し，$x = 4$ のとき $y = 6$ である。y を x の式で表しなさい。
    y を x の式で表すには，まず $y = \dfrac{a}{x}$（a は比例定数）とし，$x = 4$ のとき $y = 6$ だから，$6 = \dfrac{a}{4}$，$a = 6 \times 4$，　　$a = 24$　　　求める式は，$y = \dfrac{24}{x}$

§4 座標

- ■ **座標**は，（x 座標，y 座標）の順に書く。
  - 例 右のグラフで，点Aの座標は（4，6）である。

$y = \dfrac{24}{x}$ のグラフ

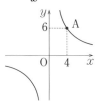

§5

比例のグラフと反比例のグラフ

- ■ 比例のグラフは**原点を通る直線**，反比例のグラフは**双曲線**となる。

比例定数	比例のグラフ	反比例のグラフ
$a > 0$	（グラフ） **右上がりの直線**	（グラフ） **双曲線**
$a < 0$	（グラフ） **右下がりの直線**	（グラフ） **双曲線**

標準問題

あらゆる問題を解くうえで必要な基礎となる問題です。必ず解けるようにしよう。

§1 関数とは

1 次のxとyの関係で「yがxの関数」となっているものを選びなさい。

(1) 500円で1本80円のボールペンをx本買ったときのおつりy円

(2) 1辺の長さが$x$cmの正方形の面積$y$cm^2

(3) Aさんの身長$x$cmと体重$y$kg

(4) 底辺の長さが$x$cmの平行四辺形の面積$y$cm^2

(5) 100gが350円の牛肉xgの値段y円

でる! ┈▸ **2** 20Lの水が入る水そうに，1分間に2Lの割合で水を入れていく。このとき，次の問いに答えなさい。

(1) 12Lの水が入るのは，水を入れ始めてから何分後ですか。

(2) 水を入れた時間をx分，入った水の量をyLとするとき，x，yの関係を表す式を求めなさい。

(3) xの変域を求めなさい。

(4) yの変域を求めなさい。

3 家から公園まで3.6kmの道のりがある。Aさんは毎分120mの速さで家から公園に向かって走っている。このとき，次の問いに答えなさい。

(1) Aさんが家を出てからx分後の場所から公園までの道のりをymとするとき，x，yの関係を式に表しなさい。

(2) x，yの変域をそれぞれ求めなさい。

§2 比例

4 1辺の長さが$x$cmの正三角形がある。周の長さを$y$cmとするとき，次の問いに答えなさい。

(1) 下の表の空欄**ア〜オ**をうめなさい。

1辺の長さx (cm)	1	2	3	4	5	6
周の長さy (cm)	3	**ア**	**イ**	**ウ**	**エ**	**オ**

(2) $\dfrac{y}{x}$の値を求めなさい。

(3) yをxの式で表しなさい。

(4) 周の長さが36cmのとき，1辺の長さは何cmになりますか。

5 次のような関係があるとき，yをxの式で表し，比例定数も求めなさい。

(1) 縦$x$cm，横6cmの長方形の面積$y$cm^2

(2) 時速4kmの速さでx時間歩いたときの道のり$y$km

(3) 1mの重さが30gの針金xmの重さyg

(4) 1分間に60枚印刷する機械が，x分間に印刷する枚数y枚

(5) 5分間に3kmの道のりを進む自動車が，x分間に進む道のり$y$km

6 次の問いに答えなさい。

(1) yはxに比例し，$x=3$のとき$y=12$である。yをxの式で表しなさい。

(2) yはxに比例し，$x=-1$のとき$y=8$である。yをxの式で表しなさい。

(3) yがxに比例し，$x=2$のとき$y=6$である。$x=8$のときのyの値を求めなさい。 (山口県)

(4) y は x に比例し，$x = 5$ のとき $y = -20$ である。$x = -4$ のときの y の値を求めなさい。

(5) y は x に比例し，$x = 8$ のとき $y = -6$ である。$x = -12$ のときの y の値を求めなさい。

---

7 6mの重さが120gの針金がある。次の問いに答えなさい。

(1) この針金600gの長さは何mですか。

(2) この針金1mあたりの重さは何gですか。

(3) この針金80mの重さは何kgですか。

---

8 50枚の紙の重さをはかったら，90gあった。次の問いに答えなさい。

(1) この紙250枚の重さは何gですか。

(2) この紙を何枚か集めて束にして重さをはかったら，1080g あった。このとき，この紙は何枚ありますか。

---

9 あるコピー用紙150枚の厚さをはかったら30mmあった。厚さが16mmのとき，このコピー用紙は何枚ありますか。

---

10 ある店でコーヒー豆300gを買うと，600円だった。次の問いに答えなさい。

(1) コーヒー豆1gあたりの値段はいくらですか。

(2) このコーヒー豆を x g買ったときの金額を y 円としたとき，y を x の式で表しなさい。また，x と y はどのような関係ですか。

(3) このコーヒー豆を1000g買ったときの値段を求めなさい。

11 次の①~④のうち，yがxに反比例するものを1つ選び，その番号を書きなさい。 (長崎県)

① 1本60円の鉛筆をx本買ったとき，代金はy円である。

② 長さ10mのロープからxmのロープを4本切り取ったとき，残りのロープの長さはymである。

③ 面積が10cm^{2}の長方形の縦の長さを$x$cm，横の長さを$y$cmとする。

④ 周の長さが8cmの長方形の縦の長さを$x$cm，横の長さを$y$cmとする。

12 1日12ページずつ読めば，20日間で読み終える本がある。この本を1日にxページずつ読めばy日間で読み終えるとして，yをxの式で表しなさい。

13 面積が48cm^{2}の平行四辺形がある。底辺の長さを$x$cm，高さを$y$cmとするとき，次の問いに答えなさい。

(1) 下の表の空欄**ア~オ**をうめなさい。

底辺x (cm)	2	3	4	6	12	48
高さy (cm)	24	**ア**	**イ**	**ウ**	**エ**	**オ**

(2) xyの値を求めなさい。

(3) yをxの式で表しなさい。

(4) 高さが6cmになるとき，底辺の長さは何cmになりますか。

14 yはxに反比例し，xとyの値が下の表のように対応しているとき，表の(**ア**)，(**イ**)にあてはまる数を求めなさい。 (富山県)

x	$\cdots$	-2	$\cdots$	0	$\cdots$	1	$\cdots$	(**イ**)	$\cdots$
y	$\cdots$	(**ア**)	$\cdots$		$\cdots$	18	$\cdots$	6	$\cdots$

15 次のような関係があるとき，y を x の式で表し，比例定数も求めなさい。

(1) 面積が12cm^{2}の三角形の底辺の長さ $x$cm，高さ $y$cm

(2) 40kmの道のりを時速 $x$km の速さで進むときにかかった時間 y 時間

(3) 36個のおはじきを1人 x 個ずつ分けたときの人数 y 人

(4) 180L入る水そうに毎分 xLずつ水を入れるとき，いっぱいになるまでに y 分間かかる。

(大分県)

16 次の問いに答えなさい。

(1) y は x に反比例し，$x = 4$ のとき $y = 8$ である。y を x の式で表しなさい。

(2) y は x に反比例し，$x = 12$ のとき $y = -3$ である。y を x の式で表しなさい。

(3) y は x に反比例し，$x = 2$ のとき $y = 5$ である。$x = 1$ のときの y の値を求めなさい。　(島根県)

(4) y は x に反比例し，$x = 6$ のとき $y = -4$ である。$x = 8$ のときの y の値を求めなさい。(兵庫県)

(5) y は x に反比例し，$x = -4$ のとき $y = -6$ である。$x = 3$ のときの y の値を求めなさい。

17 A地点からB地点まで自動車に乗って時速60kmで移動すると，3時間かかる。このとき，次の問いに答えなさい。

(1) A地点からB地点までの距離は何kmですか。

(2) A地点からB地点まで時速 $x$km で移動したときにかかる時間を y 時間として，y を x の式で表しなさい。また，x と y はどのような関係ですか。

18 400Lの水が入る水そうがある。この水そうについて，次の問いに答えなさい。

(1) 毎分8Lの割合で水を入れていくとき，入れた時間をx分，入った水の量をyLとして，yをxの式で表しなさい。また，xとyはどんな関係ですか。ただし，$0 \leq x \leq 50$とする。

(2) 毎分xLの割合で水を入れていくとき，いっぱいになるまでにかかる時間をy分として，yをxの式で表しなさい。また，xとyはどんな関係ですか。

§4 座標

19 右の図において，点A～Eのそれぞれの座標をいいなさい。また，次の点の位置を右の図の中に示しなさい。

P$(-2,\ 3)$, Q$(-1,\ -5)$, R$(0,\ -4)$

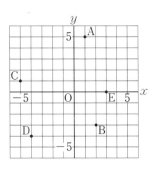

20 3点A，B，Cがある。次の問いに答えなさい。

(1) 3点A，B，Cの座標をいいなさい。

(2) 線分ACの中点の座標を求めなさい。

(3) 三角形ABCの面積を求めなさい。ただし，座標軸の1目もりを1cmとする。

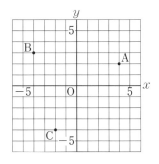

§5 比例のグラフと反比例のグラフ

でる! **21** 次の比例のグラフを右の図の中にかきなさい。

(1) $y = -2x$

(2) $y = \dfrac{2}{5}x$

(3) $y = -0.25x$

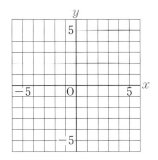

関数編

1 比例・反比例

55

22 右の図の比例のグラフ (1)，(2)，(3) の式を求めなさい。

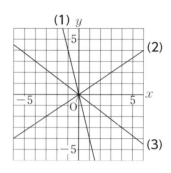

23 右の図のように，AB = 5cm，BC = 6cm の長方形ABCDがある。点Pは点Aを出発し，辺AB上を点Bまで毎秒1cmの速さで動く。点Pが点Aを出発してからx秒後の△APDの面積を$y$cm²とする。ただし，点PがAにあるときは$y = 0$とする。次の (1)〜(3) の問いに答えなさい。

(秋田県　改)

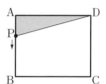

(1) x の変域を求めなさい。

(2) y を x の式で表しなさい。

(3) x と y の関係をグラフに表しなさい。

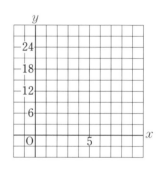

24 次の反比例のグラフを右の図の中にかきなさい。

(1) $y = \dfrac{6}{x}$

(2) $y = -\dfrac{24}{x}$

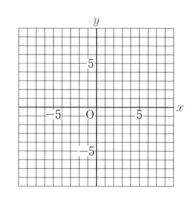

でる! ⋯▶ **25** 右の図の反比例のグラフ (1), (2) の式を求めなさい。

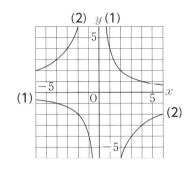

26 $y = \dfrac{a}{x}$ のグラフが点 $(4,\ 2)$ を通る。x の変域が $-3 \leqq x \leqq -1$ のとき，y の変域を求めなさい。

（国立工業高等専門学校）

27 次の図は，2点A，Bを通る反比例のグラフである。このとき，点Bの y 座標を求めなさい。

（鹿児島県）

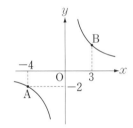

28 次の図のように，y が x に比例する関数⑦のグラフと，y が x に反比例する関数④のグラフが点P で交わっている。点Pの座標が $(2,\ 4)$ であるとき，関数⑦，④のそれぞれについて，y を x の式 で表しなさい。

（三重県）

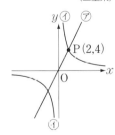

発展問題

いろいろな知識を活用する問題です。
基礎がマスターできたら，活用できるかをためそう。

1

理解 次の (1) ～ (4) について，y を x の式で表し，y が x に比例するか，反比例するか，あるいはどちらでもないか答えなさい。　　　　　　　　　　　　　　(長崎県　改)

(1) 1本80円の鉛筆を x 本買ったとき，代金は y 円である。

(2) 長さ 30m のロープから 2m のロープを x 本切りとったとき，残りのロープの長さは ym である。

(3) 面積が 12cm² の三角形の底辺の長さを $x$cm，高さを $y$cm とする。

(4) 周の長さが 16cm の長方形の縦の長さを $x$cm，横の長さを $y$cm とする。

2

理解 次の①～⑤の中から正しいものをすべて選び，その番号を書きなさい。

(神奈川県立横浜翠嵐高　改)

① 面積が一定である三角形の底辺の長さは，高さに反比例する。
② 高さが一定である直方体の底面の面積は体積に比例する。
③ 円の面積は，直径に比例する。
④ 一定の速さで移動する物体の移動した道のりは，移動するのにかかった時間に反比例する。
⑤ 容器に入った水をくみ出すとき，その容器に残っている水の量は，くみ出した水の量に反比例する。

3

理解 関数 $y = \dfrac{12}{x}$ で，x の変域を $1 \leqq x \leqq 4$ とするとき，y の変域を求めなさい。

(茨城県)

4

理解 関数 $y = \dfrac{a}{x}$ について，x が 1 から 4 まで増加するときに，y が 6 減少する。a の値を求めなさい。

(法政大学第一高　改)

5 〔表現〕右のグラフは，底辺の長さが一定である三角形の高さ$x$cmに対する面積$y$cm²の関係を表したものの一部である。次の問いに答えなさい。

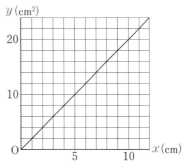

(1) xとyの対応のようすを表にすると下の表のようになる。**ア〜ウ**にあてはまる数を入れなさい。

x (cm)	1	3	**イ**	**ウ**	20	…
y (cm²)	2	**ア**	7	12	40	…

(2) yをxの式で表しなさい。

(3) 面積が64cm²のときの高さを求めなさい。

6 〔表現〕右のグラフは，高さが50cmの円柱の容器に，一定の割合で水を入れていったときのx秒後の水の深さ$y$cmの関係を表したものの一部である。次の問いに答えなさい。

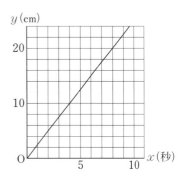

(1) 1秒間に水の深さは何cmずつふえていきますか。

(2) yをxの式で表しなさい。

(3) x，yの変域をそれぞれ求めなさい。

(4) 水の深さが30cmになるのは，水を入れ始めてから何秒後ですか。

7 〔表現〕80Lの水が入る容器に，毎秒xLの割合で水を入れると，y秒でいっぱいになった。次の問いに答えなさい。

(1) yをxの式で表しなさい。

(2) 毎秒5Lの割合で水を入れると，何秒でいっぱいになりますか。

(3) 10秒でいっぱいにするためには毎秒何Lの割合で水を入れるとよいですか。

8

表現 家から学校までの道のりは 2400m ある。毎分 x m の速さで進んでいくと，学校に着くまでに y 分かかるという。次の問いに答えなさい。

(1) y を x の式で表しなさい。

(2) 毎分60mの速さで進んでいくと，学校に着くまでに何分かかりますか。

(3) 25分で学校に着くには毎分何mの速さで進んでいくとよいですか。

表現 2つの歯車AとBがかみ合っている。歯車Aの歯数は15で，1分間に16回転する。これとかみ合って回る歯車Bの歯数を x，毎分の回転数を y とするとき，次の問いに答えなさい。

(1) y を x の式で表しなさい。

(2) かみ合う歯車Bの歯数が24のとき，歯車Bは1分間に何回転しますか。

(3) かみ合う歯車Bを1分間に20回転させるとき，歯車Bの歯数はいくらですか。

表現 水そうに水を入れるのに，1分間に同じ量の水を入れることができる管を使うと，4本の管で15分かかる。x 本の管を使うと y 分かかるとして，次の問いに答えなさい。

(1) y を x の式で表しなさい。

(2) 8本の管を使うと，何分で水そうがいっぱいになりますか。

(3) 10分で水そうをいっぱいにするには，何本の管を使えばよいですか。

11 表現 右の図のように，直線 $y = 2x$ とその直線上の点Aを通る関数 $y = \dfrac{a}{x}$ のグラフがある。点Aの y 座標が6のとき，a の値を求めなさい。 (宮崎県)

12 表現 右の図のように，関数 $y = \dfrac{a}{x}$ のグラフ上に3点A，B，Cがある。Aの座標は $(6,\ 1)$ で，Bの x 座標は -2，Cの y 座標は3である。

次の (1) 〜 (3) の問いに答えなさい。 (群馬県)

(1) a の値を求めなさい。

(2) 2点B，Cを通る直線の式を求めなさい。

(3) 三角形ABCの面積を求めなさい。

13 表現 右の図のように，x の変域を $x > 0$ とする関数 $y = \dfrac{18}{x}$ のグラフ上に2点A，Bがある。2点A，Bから x 軸にそれぞれ垂線AC，BDをひく。線分AC上にBE⊥ACとなるように点Eをとる。

点Aの x 座標が2，四角形BECDの面積が10のとき，点Bの座標を求めなさい。 (広島県)

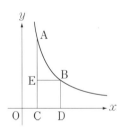

14 表現 y は $x-2$ に比例し，z は $y+3$ に比例し，$x = 3$ のとき，$y = 2$，$z = 6$ である。$z = -2$ のときの x の値を求めなさい。 (早稲田大学系属早稲田実業学校高等部)

修学旅行の資料を作ることになり，ノートとクリップが必要になった。次の問いに答えなさい。

(1) 学校の倉庫にあったノートをたくさん用意した。そのノートの冊数を，次のようにして決めた。

右のように，ノート1冊の厚さがわかっているとき，ノートの冊数を求めるために，次のような考えが使われる。

冊数を直接数えなくても，全体の ☐ を調べれば全体の冊数が求められるので，冊数を ☐ に置きかえて考える。

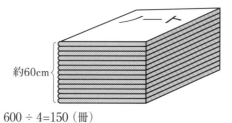

1冊の厚さが4mmのノートを全部積み重ねて，厚さをはかったところ，約60cmあった。

約60cm

$600 \div 4 = 150$ (冊)

したがって，ノートの冊数は約150冊。

上の ☐ には，同じことばがあてはまる。そのことばを書きなさい。

(2) 同じ種類のクリップをたくさん用意した。

容器に同じ種類のクリップがたくさん入っている。このとき，クリップの個数を求めようと思う。この容器からクリップをとり出して，クリップ全体の重さをはかったところ，約500gだった。

クリップ全体の重さがわかっているとき，クリップの個数を求めるためには，何を調べて，どのような計算をすればよいですか。下の**ア**～**ウ**の中から，調べるものを1つ選びなさい。また，それを使ってクリップの個数を求める方法を説明しなさい。

ア クリップ1個の長さ

イ クリップ1個の重さ

ウ クリップ1個の太さ

(3) 同じものがたくさんあるときには，その総数を工夫して求めることができる。(1)や(2)の場合で，総数を求める方法に共通する考えを下の**ア**～**オ**の中から1つ選びなさい。

ア 総数を直接数える。

イ 総数を厚さから求める。

ウ 総数を重さから求める。

エ 比例を利用する。

オ 反比例を利用する。

1次関数

要点まとめ

§1 1次関数

■ **1次関数**…yがxの関数で，yがxの1次式：$y = ax + b$ (a, bは定数) の形で表されるとき，yはxの**1次関数**であるという。

§2 1次関数の式とグラフ

■ **変化の割合**… xの増加量に対するyの増加量の割合。
$$（変化の割合）= \frac{（y の増加量）}{（x の増加量）} = a$$

■ **1次関数のグラフ**…1次関数$y = ax + b$のグラフは，傾きがa，切片がbの直線である。また，aは変化の割合の値に等しい。

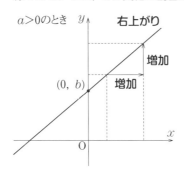 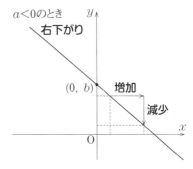

■ **1次関数の式の決定**…座標平面上の2点が決まれば直線の式は決定する。
(方法1) 2点の座標から，まず傾き (変化の割合) のaを求めて，次に切片bを求める。
(方法2) 求める式を$y = ax + b$とおき，2点の座標を代入して，aとbについての連立方程式を解き，aとbの値を求める。

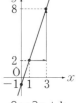

例 2点 (1, 2)，(3, 8)を通る直線の式を求めなさい。
(方法1) 傾き (変化の割合) は，$\frac{8 - 2}{3 - 1} = 3$
$y = 3x + b$に，$x = 1$, $y = 2$を代入して，
$2 = 3 \times 1 + b$, $b = -1$　　$y = 3x - 1$
(方法2) $y = ax + b$に2点の座標を代入して，$2 = a + b$, $8 = 3a + b$
これを解いて，$a = 3$, $b = -1$　　$y = 3x - 1$

§3 1次関数の利用

■ **変域に注意する**…具体的な量の関係を式やグラフに表すときには，必ず変域を調べる。

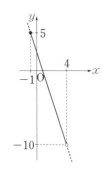

例 1次関数$y = -3x + 2$について，xの変域を
$-1 \leqq x < 4$としたときのyの変域を求めなさい。
　$x = -1$のとき，$y = 5$
　$x = 4$のとき，$y = -10$
　右のグラフより，$-10 < y \leqq 5$

標準問題

あらゆる問題を解くうえで必要な基礎となる問題です。必ず解けるようにしよう。

§1 1次関数

1 次のxとyの関係で「yがxの1次関数」となっているものを選びなさい。

(1) 底面積が24cm^2で，高さが$x\text{cm}$の円柱の体積$y\text{cm}^3$

(2) 縦の長さが$x\text{cm}$，横の長さが縦の長さより2cm長い長方形の面積$y\text{cm}^2$

(3) 6Lの水が入っている水そうに，毎分4Lの割合でx分間水を入れたときの水の量yL

(4) 36kmの道のりを時速$x$kmの速さで進んだときの所要時間y時間

(5) 1個350円のケーキをx個買い，50円の箱に入れてもらったときの代金y円

§2 1次関数の式とグラフ

2 右の図の直線 **(1)** ～ **(3)** に合う式を，下の①～③から選びなさい。

① $y = \dfrac{2}{3}x + 1$

② $y = -\dfrac{1}{4}x + 2$

③ $y = -\dfrac{3}{5}x - 3$

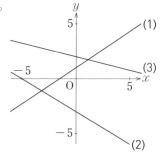

3 次の問いに答えなさい。

(1) 1次関数$y = 2x + 3$について，xの値が2から5まで増加するときのyの値の増加量を求めなさい。

(2) 1次関数$y = \dfrac{1}{3}x - 2$について，xの値が3から9まで増加するときのyの値の増加量を求めなさい。

(3) 1次関数$y = -3x - 1$について，xの値が-1から4まで増加するときのyの値の増加量を求めなさい。

(4) 1次関数$y = -\dfrac{3}{4}x + 1$について，xの値が-4から8まで増加するときのyの値の増加量を求めなさい。

4 次の1次関数のグラフをかき，直線の傾きと切片を答えなさい。

(1) $y = x - 4$

(2) $y = \dfrac{2}{3}x + 2$

(3) $y = -\dfrac{3}{5}x + 1$

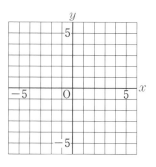

5 1次関数 $y = \dfrac{1}{2}x + 3$ について，次の問いに答えなさい。

(1) x の変域が $-2 \leqq x \leqq 4$ のときのグラフをかきなさい。

(2) x の変域が (1) のとき，y の変域を求めなさい。

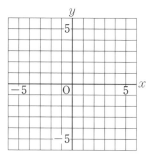

6 次の条件を満たす直線の式を求めなさい。

(1) 変化の割合が2で，$x = 1$ のとき $y = -1$ となる。　　　(新潟県)

(2) 傾きが -2 で，点 $(2, \ -1)$ を通る。

(3) 直線 $y = \dfrac{1}{2}x - 1$ に平行で，点 $(-2, \ 3)$ を通る。

(4) 直線 $y = -\dfrac{2}{3}x + 2$ に平行で，点 $(6, \ -5)$ を通る。

7 次の直線の式を求めなさい。

(1) 2点 $(-3, \ 3)$，$(0, \ 5)$ を通る。

(2) 2点 $(-1, \ -6)$，$(3, \ 2)$ を通る。

(3) 2点 $(-1, \ 8)$，$(4, \ -2)$ を通る。　　　(日本大学豊山女子高　改)

(4) $x = 1$ のとき $y = 3$ で，$x = 3$ のとき $y = -1$ である直線。

8 右の図の直線 (1) 〜 (4) は，ある1次関数をグラフに表したものである。それぞれの直線の式を求めなさい。

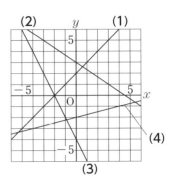

9 次の2元1次方程式のグラフをかきなさい。

(1) $2x - 3y = 6$

(2) $\dfrac{1}{4}x + \dfrac{1}{3}y = 1$

(3) $0.5x - 0.6y = 1.2$

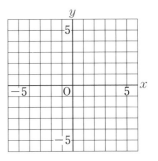

10 次の方程式のグラフをかきなさい。

(1) $2x = -8$

(2) $4x - 16 = 0$

(3) $12 - 3y = 0$

(4) $\dfrac{2}{3}y - 4 = 0$

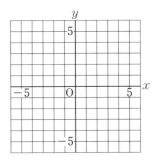

11 グラフを利用して，次の連立方程式を解きなさい。

(1) $\begin{cases} x + y = 5 \\ 2x - y = 1 \end{cases}$

(2) $\begin{cases} x + 2y = 6 \\ 3x + y = -7 \end{cases}$

12 3本の直線 $y = 2x + 1$, $y = ax + 2$, $y = 3x - 1$ が1点で交わるように定数 a の値を定めなさい。

(関西学院高等部)

13 ばねの下端におもり x g をつるして、ばねの長さ y cm を、5g おきに測定したとき、下の表のような結果になった。

おもりの重さ x (g)	5	10	15	20	25
ばねの長さ y (cm)	24	28	32	36	40

次の問いに答えなさい。

(1) おもりをつるさないときの、ばねの長さを求めなさい。

(2) y を x の式で表しなさい。

(3) ばねの長さが30cmになったとき、つるしたおもりの重さは何gですか。

14 右の図のように、x g のおもりをつるしたときのばねの長さを y cm とすると、$0 \leqq x \leqq 120$ の範囲で、y は x の1次関数であるという。x と y との関係を調べたところ、下の表のようになった。

x (g)	……30………60……
y (cm)	……10………12……

次の問いに答えなさい。

(岐阜県　改)

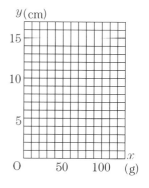

(1) y を x の式で表しなさい。($0 \leqq x \leqq 120$)

(2) x と y との関係を表すグラフを右の図の中にかきなさい。
($0 \leqq x \leqq 120$)

(3) おもりをつるさないときのばねの長さは何cmになるか求めなさい。

(4) ばねの長さが16cmになったとき、つるしたおもりの重さは何gですか。

でる! ···▶ **15** 右の図のように，AB = 8cm，BC = 6cm，∠ABC = 90° の直角
三角形があり，点PはAを出発して，毎秒1cmの速さでこの三角
形の辺上をBを通ってCまで動く。点PがAを出発してから x 秒
後の△APCの面積を y cm² とするとき，次の問いに答えなさい。

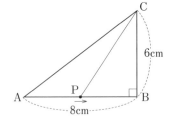

(1) 点PがAを出発してから5秒後の y の値を求めなさい。

(2) 点Pが辺BC上を動くときの x の範囲を，不等号を使って表しなさい。

(3) 点Pが辺BC上を動くとき，x と y の関係を式に表しなさい。

16 A君とBさんの学校は駅から840m離れている。A君は学
校を出発し，毎分60mの速さで学校と駅の間を休まず1
往復した。BさんはA君が学校を出発したのと同じ時刻に
駅を出発し，毎分80mの速さで駅と学校の間を休まず1
往復した。

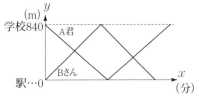

　右の図は，A君とBさんが出発してから x 分後に駅か
ら y mの地点にいるとして，x と y の関係をグラフに表したものである。
次の問いに答えなさい。

(青森県)

(1) A君がBさんと1回目に出会うのは，出発してから何分後か求めなさい。

(2) A君が学校に着くのは，Bさんが駅に着いてから何分後か求めなさい。

(3) 駅と学校の間に立っている先生はA君とBさんに2回ずつ出会った。先生がA君と出会った1
回目から2回目までの時間は，Bさんの場合のちょうど2倍だった。先生が立っている地点は
駅から何mか求めなさい。

17 Bさんの家から2700m離れたところに図書館がある。先週土曜日に，Bさんは8時0分に家を出発し，図書館まで毎分60mの速さで歩いて行っている。

右の図は，Bさんが家を出発してから図書館に到着するまでの時間と道のりの関係をグラフに表したものである。

次の問いに答えなさい。 (福岡県)

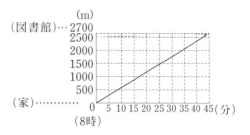

(1) 8時0分から8時35分までにBさんの歩いた道のりは何mですか。

(2) Bさんの姉は，Bさんが歩く道と同じ道を図書館まで一定の速さで歩いて行った。姉は8時5分に家を出発し，8時15分にBさんに追いついた。8時5分から8時x分までに姉の歩いた道のりをymとする。xの変域が$5 \leqq x \leqq 15$のとき，yをxの式で表しなさい。

18 中学校3年生の一郎さんと，一郎さんの弟で中学校1年生の次郎さんは，自宅から中学校まで同じ通学路を徒歩で通っている。ある朝，一郎さんは自宅から歩いて学校へ向かったが，途中で忘れ物があることに気がついた。そこで，すぐに自宅に走って帰り，忘れ物を探した後，再び走って学校まで行った。

右の図は，一郎さんがこの朝，最初に自宅を出発してからの時間と，自宅からの距離との関係をグラフに表したものである。一郎さんと次郎さんの歩く

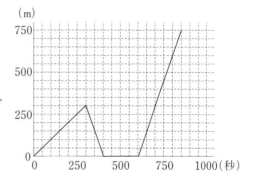

速さ，および一郎さんの走る速さはそれぞれ一定であるものとする。また，自宅から学校までの通学路は一直線になっているものとする。このとき，次の問いに答えなさい。 (岡山県)

(1) 一郎さんが忘れ物に気がついたのは，最初に自宅を出発してから何秒後ですか。

(2) 一郎さんの走る速さは，毎秒何mですか。

(3) 次郎さんはこの朝，一郎さんが最初に自宅を出発してから200秒後に自宅を出発し，一郎さんの歩く速さと同じ速さで歩いて学校へ向かった。このとき，一郎さんが忘れ物を探した後，次郎さんに追いついたのは，自宅から何mの地点ですか。

発展問題

いろいろな知識を活用する問題です。
基礎がマスターできたら，活用できるかをためそう。

1

表現 右の図のように，点 P (2, 6) を通る直線 ℓ と点 Q を通る直線 $y = -x + 3$ が点 A (0, 3) で交わっており，線分 PQ は y 軸に平行である。また，四角形 PQRS が正方形となるように，点 R，S をとる。このとき点 R の x 座標は，点 Q の x 座標より大きいものとする。次の (1)，(2) に答えなさい。 (山口県)

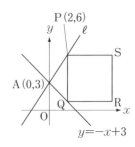

(1) 直線 ℓ の傾きを求めなさい。

(2) 点 R の座標を求めなさい。

2

でる！⋯➡

表現 右の図のように，2 点 A (3, 8)，B (9, 0) を通る直線 ℓ がある。このとき，次の (1)，(2) の問いに答えなさい。 (岩手県)

(1) 直線 ℓ の傾きを求めなさい。

(2) A と異なる点 P が線分 AB 上にある。P の x 座標を t，△OAP の面積を S とするとき，S を t の式で表しなさい。

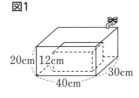

3

表現 右の**図 1** のように，縦 30cm，横 40cm，高さ 20cm の直方体の形をした空の水そうがある。この中に，高さ 12cm の直方体の鉄のおもりを，水そうの底との間にすき間ができないように置き，毎分 600cm³ の割合で，水そうがいっぱいになるまで水を入れる。

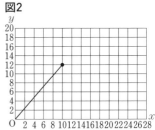

　水を入れ始めてから x 分後の，水そうの底から水面までの高さを $y$cm とする。**図 2** は，水を入れ始めてから 10 分後までの，x と y の関係をグラフに表したものである。 (新潟県)

(1) 水を入れ始めてから 4 分後の，水そうの底から水面までの高さを求めなさい。

(2) 水そうの底から水面までの高さが 12cm から 20cm まで変化するとき，y を x の式で表しなさい。また，このときの x の変域を求め，x と y の関係を表すグラフを，**図 2** にかき加えなさい。

4 📝 表現 図1のように，給水管と排水管が閉じてある水そうに，35Lの
水が入っている。この状態から，排水管を開き，毎分5Lずつ排水を続け
る。排水をしている間，給水管は，水そうの水の量が10Lになると開
き，毎分一定の量で給水し，水そうの水の量が100Lになると閉じること
をくり返す。排水管を開き，排水を始めてから x 分後の水そうの水の量
を y Lとする。図2は，x と y の関係を表したグラフの一部である。

このとき，次の問いに答えなさい。 (栃木県)

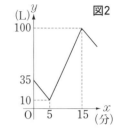
給水管　図1

排水管

(1) 排水を始めてから3分後には，水そうに何Lの水が残っていま
すか。

(2) 排水を始めて5分後から15分後までの x と y の関係を式で表し
なさい。ただし，途中の計算も書くこと。

(3) 排水を始めてから90分後までに，給水管は何回開きますか。

(4) 排水を始めてから2時間後に排水管を閉じた。その後も，給水は続いているとすると，
水そうの水の量が100Lになるのは，排水管を閉じてから何分何秒後ですか。

図2

5 　活用問題

A社，B社の電話料金について調べた。A社，B社の1か
月の電話料金は，基本料金と通話時間に応じた料金を合計
したものであり，下の**表1**，**表2**は，A社，B社の1か月の
基本料金と通話時間に応じた料金をそれぞれ表したもので
ある。右の**図**は，A社における1か月の通話時間と電話料金
の関係をグラフに表したものである。B社の1か月の電話料
金は，通話時間が0分から150分までの範囲と150分をこえ
た範囲で，それぞれの通話時間の1次関数であるとみなす
こととする。

このとき，次の (1)，(2) の問いに答えなさい。

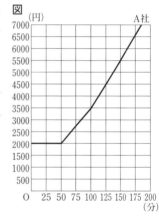
図

表1 A社の1か月の基本料金と通話時間ごとの料金

基本料金	通話時間ごとの料金	
2000円	0分から50分までの時間	無料
	50分から100分までの時間	1分あたり30円
	100分をこえた時間	1分あたり40円

表2 B社の1か月の基本料金と通話時間ごとの料金

基本料金	通話時間ごとの料金	
2000円	0分から150分までの時間	1分あたり20円
	150分をこえた時間	1分あたり40円

(1) A社において，1か月の通話時間が85分であるときの電話料金を求めなさい。

(2) 1月から6月までの通話時間が下の**表3**であるとき，この期間について，A社の電話料
金の合計とB社の電話料金の合計を比べたら，どちらの会社の電話料金の合計のほう
がいくら安くなるか答えなさい。

表3

月	1月	2月	3月	4月	5月	6月
通話時間	125分	140分	120分	100分	110分	160分

関数編

2
1次関数

71

関数 $y = ax^2$

要点まとめ

§1
関数 $y = ax^2$

§2
関数 $y = ax^2$
の式とグラフ

§3
関数 $y = ax^2$ の
最大値・最小値

§4
関数 $y = ax^2$ の
変化の割合

§5
2次関数の利用

■ 関数 $y = ax^2$…2つの変数 x，y の間に $y = ax^2$（a は比例定数）という関係があるとき，y は x の**2乗に比例する**という。

■ 関数 $y = ax^2$ の式…x，y の組を式に代入して，比例定数 a の値を求める。

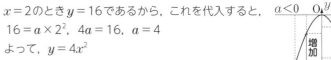

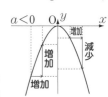

> 例 y は x の2乗に比例し，$x = 2$ のとき $y = 16$ である。
> このとき，y を x の式で表しなさい。
> y は x の2乗に比例するから $y = ax^2$（a は比例定数）とおく。
> $x = 2$ のとき $y = 16$ であるから，これを代入すると，
> $16 = a \times 2^2$，$4a = 16$，$a = 4$
> よって，$y = 4x^2$

■ 関数 $y = ax^2$ の**グラフ**…原点を通る放物線で，y 軸について線対称である。$a > 0$ のとき，曲線は上に開いた形になり，$a < 0$ のとき，曲線は下に開いた形になる。

■ 関数 $y = ax^2$ の y の変域…x の変域に 0 が含まれているかどうかで，y の変域の求め方が異なる。

> 例 関数 $y = 2x^2$ で，x の変域が ①$2 \leqq x < 4$ ②$-3 \leqq x < 1$ のとき，y の変域をそれぞれ求めなさい。
> ①について，$x = 2$ のとき $y = 8$，
> $x = 4$ のとき $y = 32$
> よって，y の変域は，$8 \leqq y < 32$
> ②について，$x = -3$ のとき $y = 18$，
> $x = 0$ のとき $y = 0$，$x = 1$ のとき $y = 2$
> よって，y の変域は，$0 \leqq y \leqq 18$

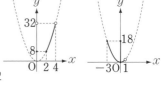

■ 変化の割合… $(変化の割合) = \dfrac{(y \text{ の増加量})}{(x \text{ の増加量})}$

関数 $y = ax^2$ の変化の割合は一定ではない。

> 例 関数 $y = 2x^2$ で，x の値が 3 から 5 まで増加するときの変化の割合を求めなさい。
> $\dfrac{2 \times 5^2 - 2 \times 3^2}{5 - 3} = \dfrac{32}{2} = 16$ よって，変化の割合は，16

■ 身の回りの2次関数…落下運動やジェットコースターで急斜面を下っているときなど，関数 $y = ax^2$ の関係になるものは身の回りにも見られる。関係を表やグラフなどで表して，ていねいに理解することが大切である。

標準問題

あらゆる問題を解くうえで必要な基礎となる問題です。必ず解けるようにしよう。

§1 関数 $y = ax^2$

1 次の x と y の関係を式に表しなさい。また，y が x の2乗に比例しているものを選びなさい。

(1) 半径が $x$cm の円の面積を $y$cm^2 とする。

(2) 1辺の長さが $x$cm の立方体の表面積を $y$cm^2 とする。

(3) 半径が $x$cm の円の円周を $y$cm とする。

(4) 200L の水が入る水そうに，毎秒 xL の割合で水を入れるときに，満水までに y 秒かかる。

(5) 底面の1辺の長さが $x$cm，高さが8cm の正四角柱の体積を $y$cm^3 とする。

2 なめらかな斜面を転がる球の運動で，転がり始めてから x 秒間に進む距離 $y$cm の間には，次の表のような関係がある。次の問いに答えなさい。

時間 x（秒）	0	1	2	3	4	……
距離 y（cm）	0	2	8	18	32	……

(1) 上の表で，x の値が2倍，3倍，4倍になると，対応する y の値はそれぞれ何倍になりますか。

(2) 転がり始めてから5秒後までには，何cm転がると考えられますか。

(3) 上の表で，$x \ne 0$，$y \ne 0$ でないとき，$\dfrac{y}{x^2}$ の値を求めなさい。

(4) y を x の式で表しなさい。

§2 関数 $y = ax^2$ の式とグラフ

でる! ···▶ **3** 次の問いに答えなさい。

(1) y は x の2乗に比例し，$x = 3$ のとき $y = 18$ である。このとき，y を x の式で表しなさい。

(2) y は x の2乗に比例し，$x = -2$ のとき $y = -1$ である。このとき，y を x の式で表しなさい。

(3) y は x の2乗に比例し，$x = 3$ のとき $y = -54$ である。このとき，y を x の式で表しなさい。

(福井県)

(4) 関数 $y = ax^2$ のグラフが点 $(2,\ 2)$ を通るとき，a の値を求めなさい。

(5) y は x の2乗に比例し，$x = 3$ のとき $y = -18$ である。$x = 2$ のとき，y の値を求めなさい。

(福岡県)

4 右の図は6つの関数，$y = 2x^2$，$y = \dfrac{1}{2}x^2$，$y = x^2$，$y = -2x^2$，

$y = -\dfrac{1}{2}x^2$，$y = -x^2$ をグラフに表したものである。このうち

$y = -\dfrac{1}{2}x^2$ のグラフを図の中の①～⑥のグラフから選び，番号で

答えなさい。　　　　　　　　　　　　　　(佐賀県)

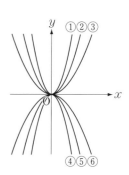

5 次の①～⑥のグラフについて，あとの問いに答えなさい。

①$y = x^2$ 　　　　②$y = 2x^2$ 　　　　③$y = -\dfrac{1}{4}x^2$

④$y = \dfrac{2}{3}x^2$ 　　　　⑤$y = -2x^2$ 　　　　⑥$y = -\dfrac{3}{2}x^2$

(1) 上に開いているグラフの番号を答えなさい。

(2) x 軸について対称なグラフの組を番号で答えなさい。

(3) 関数③のグラフを右の図の中にかきなさい。

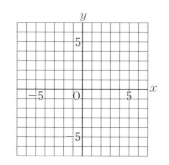

関数 $y = ax^2$ の最大値・最小値

6 次の問いに答えなさい。

(1) 関数 $y = x^2$ の x の変域が $2 \leqq x \leqq 5$ のとき，y の変域を求めなさい。

(2) 関数 $y = -\dfrac{1}{2}x^2$ の x の変域が $-4 < x \leqq -2$ のとき，y の変域を求めなさい。

(3) 関数 $y = x^2$ の x の変域が $-3 \leqq x \leqq 2$ のとき，y の変域を求めなさい。

(4) 関数 $y = \dfrac{1}{2}x^2$ の x の変域が $-2 \leqq x \leqq 3$ のとき，y の変域を求めなさい。 (栃木県)

(5) 関数 $y = -x^2$ の x の変域が $-1 \leqq x < 4$ のとき，y の変域を求めなさい。

(6) 関数 $y = -\dfrac{1}{4}x^2$ の x の変域が $-4 \leqq x < 1$ のとき，y の変域を求めなさい。

7 次の問いに答えなさい。

(1) 関数 $y = x^2$ について，x の変域が $-2 \leqq x \leqq 4$ のとき，y の最大値と最小値を求めなさい。

(2) 関数 $y = -x^2$ について，x の変域が $-3 \leqq x \leqq 1$ のとき，y の最大値と最小値を求めなさい。

(3) 関数 $y = \dfrac{1}{2}x^2$ の x の変域が $-4 \leqq x \leqq 2$ のとき，y の最大値と最小値を求めなさい。

(4) 関数 $y = -\dfrac{1}{4}x^2$ の x の変域が $-2 \leqq x \leqq 6$ のとき，y の最大値と最小値を求めなさい。

(5) 関数 $y = ax^2$ の x の変域が $-3 \leqq x \leqq 6$ のとき，y の最大値は 12，最小値は 0 である。この関数の a の値を求めなさい。

§4 関数 $y = ax^2$ の変化の割合

でる! ⋯▶ **8** 次の問いに答えなさい。

(1) 関数 $y = x^2$ について，x の値が 1 から 5 まで増加するときの変化の割合を求めなさい。

(2) 関数 $y = \dfrac{1}{4} x^2$ について，x の値が 2 から 6 まで増加するときの変化の割合を求めなさい。

（埼玉県）

(3) 関数 $y = x^2$ について，x の値が -3 から -1 まで増加するときの変化の割合を求めなさい。

（鳥取県）

(4) 関数 $y = \dfrac{1}{2} x^2$ について，x の値が -4 から -2 まで増加するときの変化の割合を求めなさい。

(5) 関数 $y = -x^2$ について，x の値が -5 から -3 まで増加するときの変化の割合を求めなさい。

(6) 関数 $y = -\dfrac{1}{2} x^2$ について，x の値が -6 から -2 まで増加するときの変化の割合を求めなさい。

9 次の問いに答えなさい。

(1) 関数 $y = ax^2$ について，x の値が 1 から 4 まで増加するときの変化の割合が 10 であった。このとき，a の値を求めなさい。

(2) 関数 $y = ax^2$ について，x の値が -4 から -2 まで増加するときの変化の割合が 3 であった。このとき，a の値を求めなさい。

(3) 関数 $y = ax^2$ について，x の値が 3 から 6 まで増加するときの変化の割合が 6 であった。このとき，a の値を求めなさい。

(4) 2つの関数 $y = -x^2$ と $y = ax + 2$（a は定数）は，x の値が -3 から -1 まで増加するときの変化の割合が等しい。このとき，a の値を求めなさい。

（愛知県）

10 右の図のように，関数$y = x^2$のグラフ上に点A $(2, 4)$，y軸上に点B $(0, a)$がある。点Bを通りOAに平行な直線と，関数$y = x^2$のグラフとの2つの交点のうち，x座標が小さいほうをC，大きいほうをDとする。ただし，$a > 0$とする。

これについて，次の問いに答えなさい。 (広島県)

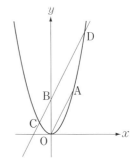

(1) $a = 5$のとき，△ACOの面積を求めなさい。

(2) 四角形ABCOが平行四辺形となるとき，aの値を求めなさい。

(3) 点Dのy座標が点Cのy座標の16倍となるとき，点Cのx座標を求めなさい。

11 右の図において，①は関数$y = \dfrac{1}{2}x^2$のグラフ，②は①のグラフ上の2点A，Bを通る直線であり，点Aのx座標は-6，点Bのx座標は2である。また，直線②とx軸との交点をCとする。

このとき，次の問いに答えなさい。 (山形県)

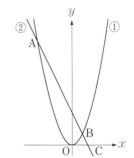

(1) 関数$y = \dfrac{1}{2}x^2$について，xの変域が$-6 \leqq x \leqq 2$のときのyの変域を求めなさい。

(2) 直線②の式を求めなさい。

(3) ①のグラフ上に，x座標が正である点Dをとる。△OCDの面積が12であるとき，点Dのx座標を求めなさい。

12 右の図のように，関数 $y = ax^2$ のグラフと直線 ℓ が，2点 A，Bで交わり，点Aの x 座標は -2，点Bの座標は $(4, -8)$ である。

このとき，次の問いに答えなさい。 （宮崎県）

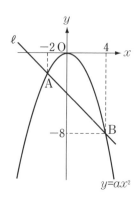

(1) a の値を求めなさい。

(2) 直線 ℓ と y 軸との交点の座標を求めなさい。

(3) $\triangle$OABの面積を求めなさい。

13 右の図のように，原点を O とし，関数 $y = ax^2$ のグラフ上に2点A $(-2, 1)$，B $(6, b)$ がある。

このとき，次の問いに答えなさい。 （佐賀県）

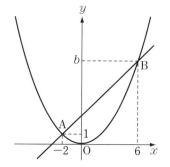

(1) a，b の値を求めなさい。

(2) 2点A，Bを通る直線の式を求めなさい。

(3) $\triangle$OABの面積を求めなさい。

(4) 点Bを通り，x 軸に平行な直線上に点Pをとり，$\triangle$PABの面積が $\triangle$OABの面積と等しくなるようにする。このとき，点Pの x 座標を求めなさい。ただし，点Pの x 座標は6より大きいものとする。

発展問題

いろいろな知識を活用する問題です。
基礎がマスターできたら，活用できるかをためそう。

1

理解 次の問いに答えなさい。

(1) 関数 $y = ax^2$ において，x の変域が $-1 \leq x \leq 3$ のとき，y の変域は $0 \leq y \leq 18$ である。a の値を求めなさい。 (愛媛県)

(2) 関数 $y = -x^2$ について，x の変域が $-2 \leq x \leq 1$ のとき，y の変域は $a \leq y \leq b$ である。このとき，a，b の値をそれぞれ求めなさい。 (高知県)

(3) 関数 $y = \dfrac{1}{3}x^2$ において，x の変域が $-3 \leq x \leq 1$ のとき，y の変域は $0 \leq y \leq a$ である。このとき，a の値を求めなさい。 (岡山県)

(4) 関数 $y = -\dfrac{1}{2}x^2$ において，x の変域が $-4 \leq x \leq 3$ のとき，y の変域は $a \leq y \leq b$ である。このとき，a，b の値をそれぞれ求めなさい。 (神奈川県)

(5) 関数 $y = ax^2$ について，x の値が 1 から 3 まで増加するときの変化の割合が -4 であった。このとき，a の値を求めなさい。

2

でる！ ···▶

理解 右の図の①は，関数 $y = ax^2$，②は，①と2点 A，B で交わる直線のグラフである。点 A の座標は $(-4,\ 8)$，点 B の x 座標は $x = 2$ である。

このとき，次の問いに答えなさい。 (鳥取県 改)

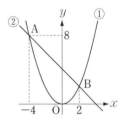

(1) a の値を求めなさい。

(2) 点 B を通り，△OAB の面積を2等分する直線の式を求めなさい。

理解 右の図のように，関数$y = x^2$のグラフがある。
関数$y = x^2$のグラフ上に2点A，Bを，線分ABがx軸に平行に
長さが6であるようにとる。また，関数$y = x^2$のグラフ上にx座
標がtである点Pをとり，直線APがx軸と交わる点をQとする。
なお，tは正の数であり，点Pは点Bと異なる点とする。

　次の問いに答えなさい。

(徳島県)

(1) 点Bの座標を求めなさい。

(2) $t = 2$のとき，直線APの傾きを求めなさい。

(3) $t = 4$のとき，線分PAと線分AQの長さの比を，最も簡単な整数の比で表しなさい。

(4) △APBの面積が24になるtの値を，すべて求めなさい。

活用問題

ペットボトルに水を入れて，底にあけた穴から水をぬいた。ペットボトルに入っている，
高さが$y$cmの水がx分間ですべてなくなるとすると，xとyとの関係は$y = ax^2$で表せる
という。

　実験をしたところ，高さが9cmの水がすべてなくなるのに6分かかった。

　次の問いに答えなさい。

(岐阜県)

(1) aの値を求めなさい。

(2) 右の表のア，イにあてはまる数を求めなさい。

x(分)	0	2	4	6	8
y(cm)	0	ア	イ	9	16

(3) xとyとの関係を表すグラフを右の図にかきなさい。
　　ただし，$0 \leqq x \leqq 8$とする。

(4) 高さ16cmまで水を入れてから，高さが1cmになるまで水をぬ
　　いた。水をぬいた時間は何分間であったか求めなさい。

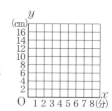

要点まとめ

§1 図形の
基礎

■**線対称な図形**…線対称な図形は，対称軸によって2つの合同な図形に分けることができる。

■**点対称な図形**…点対称な図形は，ある点を中心にして180°回転させるともとの図形とぴったり重なる。

例 **円は線対称な図形**で，対称軸は円の直径である。また，**円は点対称な図形**でもあり，対称の中心は円の中心である。

§2 基本の
作図

■**作図のしかた**…**作図では，定規とコンパスを使う**。定規では，直線をひく。コンパスでは，円をかく，等しい長さをとる，線分を移す。

■**角の二等分線の作図**　　■**垂直二等分線の作図**　　■**垂線の作図**

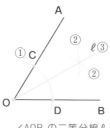

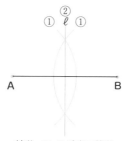

点Pから
直線ℓへの
垂線の作図

∠AOB の二等分線ℓ
上の点から，角の2
辺までの距離は等しい

線分 AB の垂直二等分
線ℓ上の点から，2点
A，Bまでの距離は等しい

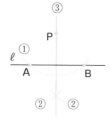

§3 図形の
移動

■**図形の移動**…形や大きさを変えずに，ある図形を他の位置へ動かすこと。もとの図形と移動した後の図形は合同である。移動には，**平行移動**，**回転移動**，**対称移動**の3つがある。

例 △ABC を 矢印 PQ
の方向に，その長さ
だけ平行移動

△ABC を，点Oを
中心として，60°だ
け回転移動

△ABC を直線ℓを
軸として対称移動

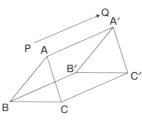

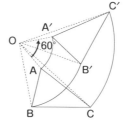

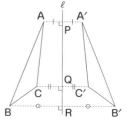

図形編

1 平面図形

標準問題 あらゆる問題を解くうえで必要な基礎となる問題です。必ず解けるようにしよう。

§1 図形の基礎

1 半径が6cm, 中心角が60°のおうぎ形がある。このおうぎ形の半径と弧の長さのうち, 長いほうから短いほうをひいた差を求めなさい。ただし, 円周率はπとする。 (青森県)

2 右の図で, 半径3cmの円と半径9cmのおうぎ形の面積は等しい。このとき, おうぎ形の中心角の角度を求めなさい。ただし, 円周率はπとする。

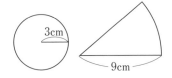

3 右の図のアルファベットの線対称, 点対称について調べた。下のア～エから, **誤っているもの**を1つ選びなさい。 (島根県)

SHIMANE

ア　MとAはともに線対称な図形である。
イ　SとNはともに点対称な図形である。
ウ　HとIはともに線対称な図形であり, 点対称な図形でもある。
エ　Eは線対称な図形でも点対称な図形でもない。

4 右の図において, 四角形ABCDはひし形であり, 内角∠ABCは鈍角である。E, F, G, Hは, それぞれ辺AB, BC, CD, DAの中点である。次のア～カのうち, ひし形ABCDの対称軸であるものはどれですか。すべて選び, 記号を書きなさい。 (大阪府)

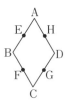

ア　直線AB　　　　イ　直線AC　　　　ウ　直線BC
エ　直線BD　　　　オ　直線EG　　　　カ　直線EH

5 右の図は, 点Oを対称の中心とする点対称な図形の一部を示している。残りの部分を図に書き入れなさい。 (鹿児島)

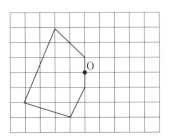

6 右の図で，四角形 ABCD の辺のうち 3 辺 AB，CD，DA との距離が等しい点 O をコンパスと定規を用いて作図しなさい。ただし，作図に用いた線は消さないでおくこと。

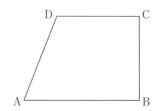

7 右の図 1 で，円 O は線分 AB を直径とする円である。点 P は円周上にある点で，点 A，B のいずれにも一致しない。∠PAB の二等分線と円周との交点のうち，A でない方の点を Q とする。点 Q を通り線分 AB に垂直な直線と円周との交点のうち，Q でない方の点を R とする。
右の図をもとに，線分 AQ と線分 QR を定規とコンパスを用いて作図し，点 Q，R の位置を示す文字 Q，R も書きなさい。ただし，作図に用いた線は消さないでおくこと。 (東京都立隅田川高　改)

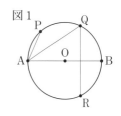

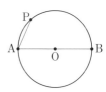

8 右の線分 AB 上にあって，AP：PB = 3：1 となるような点 P を定規とコンパスを用いて作図しなさい。ただし，作図に用いた線は消さないでおくこと。

9 右の図で，円 O は線分 AB を直径とする円であり，△ABC は CA = CB の二等辺三角形である。
右に示した図をもとにして，点 C を頂点とし，円 O の直径 AB を底辺とする二等辺三角形 ABC を定規とコンパスを用いて作図しなさい。ただし，作図に用いた線を消さないでおくこと。 (東京都立両国高　改)

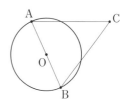

10 右の図において，2 点 A，B は直線 ℓ 上にあり，点 C は ℓ 上にない点である。このとき，3 点 A，B，C を通る円をコンパスと定規を用いて作図しなさい。ただし，作図に用いた線は消さないでおくこと。 (群馬県　改)

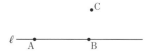

11 右の図で，点Aと点Bは直線ℓ上にある異なる点で，点Cは直線ℓ上にない点であり，AB＞BCである。

右の図をもとにして，直線ℓ上にあり，AP＝CB＋BPとなる点Pを，定規とコンパスを用いて作図によって求め，点Pの位置を示す文字Pも書け。 (東京都)

12 晴美さんは，右の図の，∠C＝90°の△ABCをもとに，下の【条件】の①，②をともにみたす長方形BCPQをつくりたいと考えた。晴美さんがつくりたいと考えた長方形BCPQの2つの頂点P，Qの位置を，定規とコンパスを使って作図しなさい。

ただし，作図に使った線は残しておくこと。 (山形県)

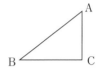

【条件】

> ① 長方形BCPQの面積は，△ABCの面積に等しい。
> ② 点Pは，△ABCの辺AC上にある

§3 図形の移動

13 右の図はおうぎ形ABCと，線分ACから点Cの側へ直線を延長して作った点Pである。このとき，おうぎ形ABCを点Pを中心として時計回りに90°回転してできるおうぎ形A′B′C′をコンパスと定規を用いて作図しなさい。ただし，作図に用いた線は消さないでおくこと。

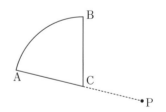

下の図1のように，長方形ABCD上に点Pと点Qがある。

図2は，図1に示した長方形ABCDを，点Pと点Qが重なるように1回だけ折り，できた折り目を線分RSとしたものである。

図1をもとにして，線分RSを，定規とコンパスを用いて作図し，点R，Sの位置を示す文字R，Sも書け。

ただし，作図に用いた線は消さないでおくこと。 （東京都）

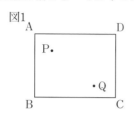

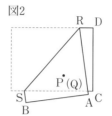

桃子さんは，正方形の紙を折って正三角形をつくる方法が，本に紹介されているのを見つけた。

【辺BCを底辺とする正三角形の頂点の決め方】
① 最初に，正方形の紙の辺ABを辺DCに重なるように折り，折り目の線分をつける。
② 次に，図のように，頂点Cを通る線分を折り目として，頂点Bが①でつけた折り目の線分上にくるように折る。このとき，頂点Bの位置にある点を正三角形の頂点とする。

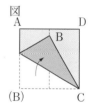

上の頂点の決め方にしたがって，①でつけた折り目の線分と，②で求めた正三角形の頂点となる点をそれぞれコンパスと定規を用いて下の図に作図しなさい。

ただし，作図に用いた線は消さないでおくこと。 （山梨県 改）

図1のように，点Oを中心とする円があり，円の内部に点Pがある。円Oを，Pを通る直線を折り目として，折り返した弧が点Oを通るように折ると，図2または図3のようになる。図2，図3における折り目の直線をそれぞれ ℓ，m とするとき，ℓ，m のどちらか一方を，定規とコンパスを使って図1に作図しなさい。なお，作図に用いた線は消さずに残しておくこと。 （熊本県）

発展問題

1 ［表現］図のような△ABCと面積が等しい長方形で，BCを1辺とする長方形PBCQを点Aのある側に作図しなさい。

（お茶の水女子大学附属高）

2 ［表現］右の図で，点Oは線分ABを直径とする半円の中心である。$\overparen{AB}$ 上に点Pをとり，点Pは点A，点Bのいずれにも一致せず，$\overparen{AP}$ の長さは $\overparen{BP}$ の長さより短いものとする。

点Pを通り，線分ABに平行な直線 m を引き，直線 m と半円の交点のうち点Pと異なる点をQとする。

ここで，$\overparen{PQ}$ の長さが，$\overparen{AP}$ の長さの2倍であるとき，下に示した図をもとにして，定規とコンパスを用いて，直線 m を作図せよ。ただし，作図に用いた線は消さないでおくこと。

（東京都立日比谷高）

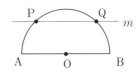

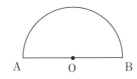

3 ［表現］図のように，三角形の紙があり，3つの頂点をそれぞれA，B，Cとする。

点D，点Eはそれぞれ辺AB上，辺AC上の点である。

点Dと点Eを結んでできる△ADEには斜線が引かれている。

この三角形の紙を，頂点Aが辺BC上の点Pに重なるように1回だけ折り曲げるとき，点Eが移る点Qを，定規とコンパスを用いて図に作図せよ。

また，斜線の引かれた△ADEが移る部分を作図し，斜線を引いて示せ。

ただし，作図に用いた線は消さないでおくこと。

（東京都立武蔵高）

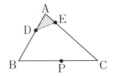

4 ✏️ 表現 図1のように，線分ABを直径とする半円Oがあり，点Cは線分AB上にある。

図2は，図1に示した半円Oを，折り返した弧と線分ABが点Cで接するように1回だけ折り，できた折り目を線分PQとしたものである。

図1に示した図をもとにして，線分PQを，定規とコンパスを用いて作図せよ。

ただし，作図に用いた線は消さないでおくこと。

（東京都立立川高）

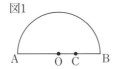
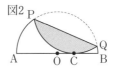

5 ✏️ 表現 図1のようにおうぎ形ABCの弧BC上に点Pがある。図2は図1に示したおうぎ形ABCの内部で，点Pで弧CBに接し，さらに辺ACと点Qで接する円Oを表したものである。

図1に示した図をもとにして，円Oを定規とコンパスを用いて作図せよ。

ただし，作図に用いた線は消さないでおくこと。

図形編

1 平面図形

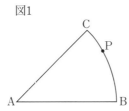
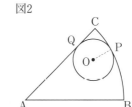

要点まとめ

§1
立体と
その表し方

- **多面体**…いくつかの平面だけで囲まれた立体。
- **正多面体**…次の性質をもち，へこみのない多面体。
  ① どの面もすべて合同な正多角形。
  ② どの頂点にも面が同じ数だけ集まっている。
- **見取図**…立体の全体の形を見やすくかいた図。
- **投影図**…**立面図**（真正面から見た図），**平面図**（真上から見た図），**側面図**（真横から見た図）を合わせて投影図という。
  - ⑳ 右の投影図で表される立体は，三角柱である。

§2
面や線を動かして
できる立体

- **回転体**…平面図形をある直線のまわりに1回転してできる立体。
  - ⑳ 長方形の1辺を軸として回転すると円柱ができる（右図）
  - ⑳ 直角三角形の直角をつくる辺を軸として回転すると円すいができる（右図）

- **回転体の切り口**…回転の軸をふくむように切ると，回転の軸を対称軸とする線対称な図形になる。回転の軸に垂直に切ると，回転の軸を中心とした円になる。

§3
立体の
表面積と体積

- （角柱や円柱の体積）＝（底面積）×（高さ）
- （角すいや円すいの体積）＝（底面積）×（高さ）×$\dfrac{1}{3}$
  - ⑳ 底面の半径が4cm，母線の長さが12cmの円すいの表面積を求めなさい。

  （底面積）＝$\pi \times 4^2 = 16\pi$（cm²），（側面積）＝$\pi \times 12^2 \times \dfrac{2\pi \times 4}{2\pi \times 12} = 48\pi$（cm²）

  （表面積）＝（側面積）＋（底面積）＝$48\pi + 16\pi = 64\pi$（cm²）
- **球の表面積と体積**…球の半径をr，表面積をS，体積をVとすると，

$$S = 4\pi r^2, \quad V = \dfrac{4}{3}\pi r^3$$

§4
空間における
平面と直線

- **ねじれの位置**…空間内で，平行でなく，交わらない2直線。
  - ⑳ 右の直方体において，面 ABCD と面 EFGH は平行で，面 ABCD と辺 AE，辺 BF，辺 CG，辺 DH は垂直である。また，辺 AB と辺 DH はねじれの位置にある。

標準問題

あらゆる問題を解くうえで必要な基礎となる問題です。必ず解けるようにしよう。

§1 立体とその表し方

1 右の図の立体の頂点，辺，面の数を答えなさい。

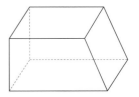

2 次の立体の名称を答えなさい。

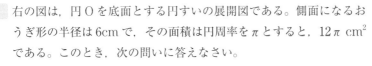

(1) 頂点の数が6である正多面体   (2) 頂点の数が6である角すい

(3) 辺の数が12である角すい   (4) 辺の数が12である角柱

3 右の図は，円 O を底面とする円すいの展開図である。側面になるおうぎ形の半径は6cm で，その面積は円周率を π とすると，12π cm^2 である。このとき，次の問いに答えなさい。

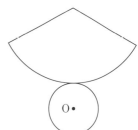

(1) おうぎ形の中心角は何度か。

(2) 円 O の半径は何 cm か。

4 底面の円の直径が4cm，母線の長さが12cm の円すいがある。右の図のように，この円すいを頂点 O を中心として，平面上をすべることなく転がした。円すいが点線で示した円の上を1周して，元の位置にかえるまでに何回転するか求めなさい。

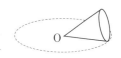

(青森県)

5 右の図のような正四面体 ABCD があり，辺 AD の中点を M とする。頂点 C から辺 AB 上にある点 P を通って，点 M にいたる長さが最も短くなるように線を引く。この線を下の展開図の中にかきなさい。

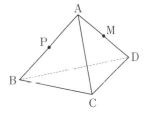

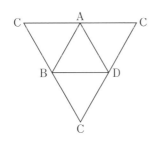

図形編

2 空間図形

§2 面や線を動かしてできる立体

6 (1) から (3) に当てはまるものを，⑦から㋖の中から選んで答えなさい。

(1) 底面が，それと垂直な方向に移動してできた立体。
(2) 平面図形が，ある直線を軸として回転してできた立体。
(3) ある平面で切ると，断面が円になることがある立体。

⑦ 正三角すい　　㋑ 正四角すい　　㋒ 円柱　　㋓ 円すい
㋔ 立方体　　　　㋕ 直方体　　　　㋖ 球

7 次の図形を，直線 ℓ を軸として回転させてできる立体の見取図をかきなさい。

(1)

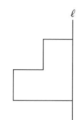

(2)

8 右の図のような直角二等辺三角形ABCを，辺ACを軸として1回転させてできる立体について，次の問いに答えなさい。

(1) 軸に垂直な平面で切ると，切り口はどのような図形になるか。
(2) 軸を含む平面で切ると，切り口はどのような図形になるか。

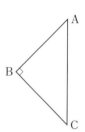

§3 立体の表面積と体積

でる! ➡ **9** 右の図の長方形を，直線 ℓ を軸として1回転させてできる立体の側面積を求めなさい。ただし，円周率は π とする。　(栃木県)

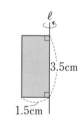

3.5cm
1.5cm

10 右の図において，円柱Aと円すいBの高さは等しく，Aの底面の半径はBの底面の半径の2倍である。Aの体積は，Bの体積の何倍となるか，求めなさい。　(群馬県)

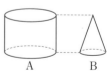

A　　B

11 半径6cmの球を右図のように切り取った立体がある。この立体の表面積と体積を求めなさい。

(東海大学浦安高　改)

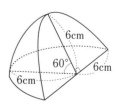

6cm
60°
6cm
6cm

12 展開図が右の図のようになる三角柱の体積を求めなさい。
ただし，∠BAC = 90°とする。　　　　　　　　（徳島県）

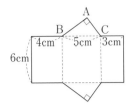

13 右の図のように，∠Aと∠Bがともに90°より小さい角である△ABCに
おいて，頂点Cから辺ABにひいた垂線と辺ABとの交点をDとする。
AB = 9cm，AD = 6cm，CD = 5cmのとき，△ABCを，辺ABを軸と
して1回転させてできる立体の体積を求めなさい。ただし，円周率はπ
とする。　　　　　　　　　　　　　　　　　　　　（宮城県）

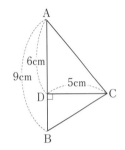

14 右の図のような，立方体ABCD－EFGHがある。点Pは辺AE上にある点で，
AP：PE ＝ 2：1である。立方体ABCD－EFGHの体積は，三角すいA－
PBDの体積の何倍か求めなさい。　　　　　　　（東京都立両国高）

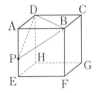

§4　空間における平面と直線

15 2直線 ℓ，mと3つの平面P，Q，Rがある。次の中で正しいものはどれか。記号で答えなさい。

(1)　$\ell \perp$ P，$m \perp$ Pのとき，$\ell \mathbin{/\!/} m$である。

(2)　$\ell \mathbin{/\!/}$ P，$m \perp$ Pのとき，$\ell \perp m$である。

(3)　$\ell \perp$ P，$\ell \perp$ Qのとき，P $\mathbin{/\!/}$ Qである。

(4)　P $\perp$ Q，P $\perp$ Rのとき，Q $\mathbin{/\!/}$ Rである。

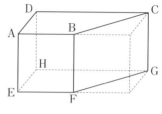

16 右の図のように，直方体から三角柱を切り取り，台形を底面とする四角柱がある。このとき，次の問いに答えなさい。

(1) 辺ADと平行な辺はどれか。

(2) 辺ADと垂直な辺はどれか。

(3) 面ABCDと平行な辺はどれか。

(4) 辺AEとねじれの位置にある辺はいくつあるか。

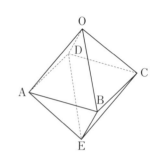

17 右の図のような正八面体について，次の問いに答えなさい。

(1) 辺ABと平行な辺はどれか。

(2) 辺ABとねじれの位置にある辺はどれか。

(3) △OABと平行な面はどれか。

(4) 辺ABと平行な面はどれか。

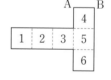

18 右の図は，1から6までの番号が1つずつ各面に書いてある立方体の展開図である。また，この展開図における2点A，Bは4の番号が書かれた面の2つの頂点である。この展開図を点線で折り曲げてできる立方体において，辺ABと垂直な面を全て選び，その面に書かれている番号を書きなさい。

（神奈川県立鎌倉高）

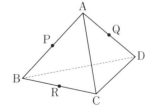

19 右の図のような，△BCDを底面とする正四面体ABCDがある。辺AB，AD，BCの中点を，それぞれP，Q，Rとする。この正四面体を次のような平面で切るとき，その切り口はどのような図形になるか答えなさい。

(1) 点Pを通り底面に平行な平面

(2) P，C，Dの3点を通る平面

(3) P，Q，Rの3点を通る平面

発展問題

1

理解 正十二面体は，正五角形からなる正多面体である。このとき，次の問いに答えなさい。

(1) 辺の数はいくつか。

(2) 頂点の数はいくつか。

2

表現 図1のように，表面に矢印と実線をかいた立方体がある。この立方体の展開図を図2のように表したとき，矢印をかいていない残りの面の実線を，図2にかきなさい。

(青森県)

図1　　　図2

 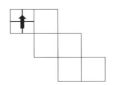

3

表現 図1は，各辺の長さが全て等しい正四角すい ABCDE である。図2は正四角すい ABCDE の展開図の１つである。正四角すい ABCDE の展開図は，回転したり裏返したりして，重なり合うものを1つとして数えると，全部で8つかくことができる。下図にならって，正四角すい ABCDE の展開図を，図2や例で示したもの以外に，下図に3つかきなさい。ただし，コンパスや定規を用いる必要はない。

(群馬県　改)

図1

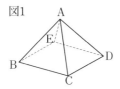

図2

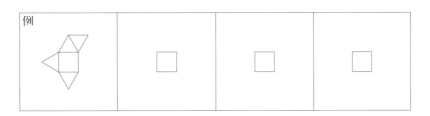

4 📝 理解 右の図に示した立体は，底面の半径が$r$cm，母線の長さがℓ cm の円すいである。円すいの側面積を，r, ℓ を使った式で表しなさい。ただし，円周率はπとする。

(東京都立新宿高)

5 📝 理解 底面の円の半径が3cm，高さが10cmの円筒形の容器があり，下から$h$cmのところに，側面を一周する線が引かれている。この容器に水を満水になるまで入れた後，水面がこの線に一致するまで傾けると，残った水の体積が81π cm³ になった。hの値はいくらか求めなさい。

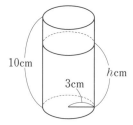 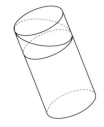

6 📝 理解 すべての辺の長さが6cmの正四角すいO-ABCDがあり，頂点Oから底面への垂線をOHとする。線分OHを直径とする球をSとするとき，球の表面積を求めなさい。

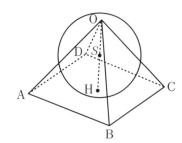

7 🤔 思考 1本の長さが50cmの棒をつないで，次の図1，図2のようなジャングルジムを作った。図1は縦，横，高さがそれぞれ50cmのジャングルジムで，12本の棒が使われている。また，図2は縦，横，高さがそれぞれ1mのジャングルジムである。このとき，次の (1)，(2) の問いに答えなさい。

(1) 図2のジャングルジムに使われた棒の本数を求めなさい。
(2) 図1，図2と同じようにして，縦，横，高さがそれぞれ2mのジャングルジムを作るとき，必要な棒の本数を求めなさい。

(岩手県)

図1 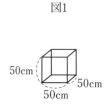　　図2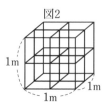

平行と合同

要点まとめ

§1 平行線と角

- **対頂角の性質**…**対頂角**は等しい。
  - 例 右の図で，∠a＝∠b

- **平行線と角の関係**…2つの直線に1つの直線が交わるとき，
  - ① 2つの直線が平行ならば，**同位角**，**錯角**は等しい。
    - 例 右の図で，ℓ//mならば，∠a＝∠b＝∠c＝120°
  - ② 同位角か錯角が等しければ，この2つの直線は平行である。
    - 例 右の図で，∠b＝∠c または，∠a＝∠cならば，ℓ//m

ℓ//m
120°
ℓ
c
a
m
b

§2 多角形の内角と外角

- **三角形の内角**…三角形の内角の和は**180°**である。
- **三角形の外角**…三角形の外角は，それととなり合わない2つの内角の和に等しい。
- **多角形の内角の和**…n角形の内角の和は**180°×(n-2)**
- **多角形の外角の和**…多角形の外角の和は**360°**である。
  - 例 正八角形で，内角の和は，180°×(8-2)＝1080°
    1つの外角は，360°÷8＝45°

a
b c
∠a+∠b=∠c

§3 三角形の合同

- **合同な図形とその性質**…2つの図形で，一方の図形を移動してもう一方の図形にぴったり重ね合わせられるとき，これらの図形は**合同**であるという。合同な図形では，対応する線分の長さは等しく，対応する角の大きさは等しい。

- **三角形の合同条件**…2つの三角形は，次のどれかが成り立つとき合同である。

  ① **3辺**がそれぞれ等しい。　② **2辺とその間の角**がそれぞれ等しい。　③ **1辺とその両端の角**がそれぞれ等しい。

- **合同な三角形を見つけ出す**…合同に見える図形に着目し，合同条件にあてはまるかどうかを確かめる。
  - 例 右の図の△ABMと△CDMで，
    AB＝CD，∠MAB＝∠MCD，∠MBA＝∠MDCより，
    1辺とその両端の角がそれぞれ等しいから，
    △ABM≡△CDM

§4 図形と証明

- **仮定と結論**…「○○○ならば□□□」の○○○の部分を**仮定**，□□□の部分を**結論**という。
- **証明**…それまでに正しいと認められたことがらを使って，別のことがらが正しいかを明らかにすること。

図形編

3 平行と合同

標準問題　あらゆる問題を解くうえで必要な基礎となる問題です。必ず解けるようにしよう。

§1 平行線と角

1 次の図で，∠xと∠yの大きさを求めなさい。ただし，(2)，(3)では ℓ //m である。

(1)

(2)

(3)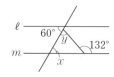

でる！ ➔ 2 次の図で ℓ //m であるとき，∠xの大きさを求めなさい。

(1)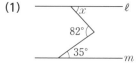

（栃木県）

(2)

（鳥取県）

(3)

（島根県）

§2 多角形の内角と外角

3 次の図の∠xの大きさを求めなさい。

(1)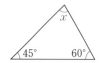

(2)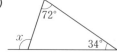

(3)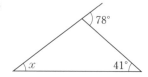

次の図で ℓ //m であるとき，∠x の大きさを求めなさい。

(1)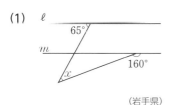
ℓ
65°
m
160°
x

（岩手県）

(2)
ℓ
40°
x
m
75°

（秋田県）

正十二角形について，次のものを求めなさい。

(1) 内角の和　　　　　　(2) 外角の和　　　　　　(3) 1つの外角の大きさ

(4) 1つの頂点からの対角線の数

(5) すべての対角線の数

多角形Aの辺の数は多角形Bの辺の数より5多く，その内角の和はBの内角の和の2倍である。A
は何角形か答えなさい。

（城北高）

次の図で，∠x の大きさを求めなさい。

(1)
115°　100°
x　　68°

(2)
67°　108°
x
65°　82°

(3)
55°
40°　128°　x

（長崎県）

(4)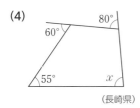
80°
60°
55°　x

(5)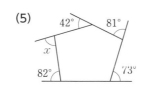
42°　81°
x
82°　73°

(6)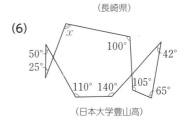
x　100°
50°
25°　　　　42°
110° 140°　105°
65°

（長崎県）　　　　　　　　　　　　　　　　　　　　（日本大学豊山高）

次の図で，∠x の大きさを求めなさい。

(1)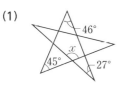
46°
x
45°　27°

(2)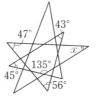
43°
47°
x
135°
45°
56°

（神奈川県立湘南高）　　　　　　（日本大学第二高）

(3) ℓ //m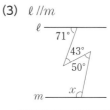
ℓ
71°
43°
50°
m　x

（神奈川県立平塚江南高）

9 次の問いに答えなさい。

(1) 右の図のように，△ABCがあり，∠A = 80°となっている。
∠Bと∠Cの二等分線の交点をPとするとき，∠BPCの大きさを求めなさい。 （岩手県）

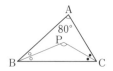

(2) 右の図は，△ABCにおいて，∠Bの二等分線と∠Cの二等分線の交点をIとしたものである。
∠A = a°，∠BIC = x°とするとき，xをaを用いた式で表しなさい。

（東京都立国分寺高）

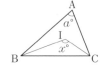

(3) 右の図の四角形ABCDで，∠ABCの二等分線と∠ADCの二等分線の交点をPとする。∠BAD = 110°，∠BCD = 60°のとき，∠xの大きさを求めなさい。 （土浦日本大学高　改）

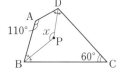

10 次の(1)，(2)の2つの図は，それぞれ合同である。このとき，①〜③の問いに答えなさい。

① 辺ABに対応する辺を求めなさい。
② ∠Bと等しい角を求めなさい。
③ 2つの図形が合同であることを，記号≡を使って表しなさい。

(1) 　

(2)

11 次の三角形のうち，合同な三角形をすべて見つけ，≡の記号を使って表しなさい。また，そのときの合同条件を答えなさい。

　　　　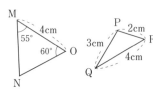

次の問いに答えなさい。

(1) 右の図において，線分 AB 上に点 D，線分 AC 上に点 E があり，線分 CD と線分 BE の交点を F とする。AD = AE，∠ADC = ∠AEB であるとき，△ACD と合同な三角形を答えなさい。また，それらが合同であることを証明するときに使う三角形の合同条件を書きなさい。 (秋田県)

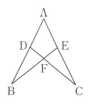

(2) 次の図で合同な三角形をすべて見つけ，≡ の記号を使って表しなさい。

(ア)
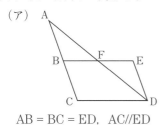
AB = BC = ED，AC//ED

(イ)
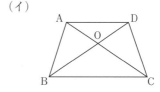
AD//BC，AB = CD，∠ABC = ∠BCD

13 右の図で，△ABC と △DBE は，合同な三角形で，AB = DB，BC = BE，∠ABC = 70° である。
DA//BC のとき，∠EBC の大きさ x を求めなさい。 (埼玉県)

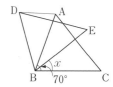

§4 図形と証明

14 次のことがらの仮定と結論をいいなさい。

(1) n が自然数ならば，n は整数である。

(2) △ABC ≡ △DEF ならば，BC = EF

(3) 平行な2直線の同位角は等しい。

(4) △ABC において，AB = AC ならば，∠B = ∠C

(5) 四角形 ABCD において，平行四辺形ならば，AB//CD かつ AB = CD

15 2つの線分AB，CDが線分ABの中点Oで交わっている。このとき，AC//BDならば，AC = BDであることを証明したい。

（Ⅰ），（Ⅱ），（Ⅲ）にあてはまる最も適当なものを，下の**ア**から**カ**までの中からそれぞれ選んで，そのかな符号を書きなさい。 (愛知県)

> （証明）
>
> △OACと△OBDで，
>
> Oは線分ABの中点だから， OA = OB …①
>
> （Ⅰ）から， ∠AOC = ∠BOD …②
>
> AC//BDから，（Ⅱ）ので，
>
> ∠OAC = ∠OBD …③
>
> ①，②，③から，（Ⅲ）ので， △OAC ≡ △OBD
>
> よって， AC = BD

> **ア** 平行線の錯角は等しい
>
> **イ** 平行線の同位角は等しい
>
> **ウ** 対頂角は等しい
>
> **エ** 2組の角が，それぞれ等しい
>
> **オ** 2辺とその間の角が，それぞれ等しい
>
> **カ** 1辺とその両端の角が，それぞれ等しい

16 AD//BCの台形ABCDがある。このとき，次の問いに答えなさい。 (沖縄県 改)

(1) 辺BCの垂直二等分線を，定規とコンパスを用いて作図しなさい。
ただし，作図に用いた線は消さずに残しておくこと。

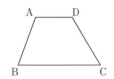

(2) (1)で作図した垂直二等分線と対角線ACの交点をP，辺BCとの交点をMとする。PB = PCとなることを三角形の合同条件を用いて証明しなさい。

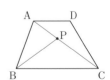

発展問題

1

理解 図で，四角形 ABCD は平行四辺形，E は辺 BC 上の点
で，BA = BE である。

∠ABE = 74°，∠CAE = 23° のとき，∠ACD の大きさは何度
ですか。 (愛知県)

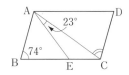

2

理解 右の図の四角形ABCDは，平行四辺形である。
∠ADE = 50°，∠BCD = 30°，∠EBC = 150° のとき，
∠x，∠y の大きさをそれぞれ求めなさい。 (石川県)

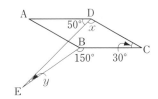

3

でる！

理解 次の図において，印を付けた角度の和を求めなさい。

(1)

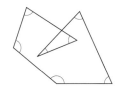

(2)

4

表現 右の図で，△ABC ≡ △DEF で，4 点 B，F，C，E は，
1つの直線上にある。点Aと点F，点Dと点Cをそれぞれ結ぶとき，
△ABF ≡ △DEC であることを証明しなさい。 (栃木県)

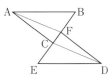

図形編

3

平行と合同

図形の性質

中学総合的研究 数学
P.360~381

要点まとめ

§1 三角形

■ 定義…用語 (数学のことば) の意味をはっきりと述べたものを**定義**という。

■ 定理…証明されたことがらのうち，いろいろな性質を証明するときの根拠として，特によく使われるものを**定理**という。

　例 二等辺三角形の定義…2辺の長さが等しい三角形。

　　　二等辺三角形の定理…二等辺三角形の2つの底角は等しい。

■ 直角三角形の合同条件

　2つの直角三角形は，次のどちらかが成り立てば，合同である。

　　(1) **斜辺と1つの鋭角**がそれぞれ等しい。

　　(2) **斜辺と他の1辺**がそれぞれ等しい。

　例 右の図のようなAB = ACの二等辺三角形ABCで
　　BF⊥AC，CE⊥ABであるとき，
　　△BCE≡△CBFであることを証明しなさい。

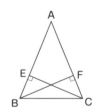

　(証明) △BCEと△CBFで，

　　　仮定より，∠CEB = ∠BFC = 90°　…①

　　　　BC = CB (共通)　…②

　　　　∠CBE = ∠BCF (二等辺三角形の2つの底角)　…③

　　①，②，③より，直角三角形の斜辺と1つの鋭角がそれぞれ等しいから，

　　　　△BCE≡△CBF

§2 四角形

■ 平行四辺形の定義…2組の対辺がそれぞれ平行な四角形。

■ 平行四辺形の性質を使った証明

　例 右の図の平行四辺形ABCDでAE = CFであるとき，
　△ABE≡△CDFであることを証明しなさい。

　(証明) △ABEと△CDFで，仮定より，AE = CF　…①

　　　　AB = CD (平行四辺形の対辺は等しい)　…②

　　　　∠A = ∠C (平行四辺形の対角は等しい)　…③

　　①，②，③より，2辺とその間の角がそれぞれ等しいから，△ABE≡△CDF

■ 平行四辺形になるための条件

　四角形で，次のうちどれかが成り立つとき，その四角形は平行四辺形である。

　　(1) 2組の対辺がそれぞれ平行であるとき

　　(2) 2組の対辺がそれぞれ等しいとき

　　(3) 2組の対角がそれぞれ等しいとき

　　(4) 2つの対角線がそれぞれの中点で交わるとき

　　(5) 1組の対辺が平行で，その長さが等しいとき

§3 平行線と面積

■ 平行線と三角形の面積…右の図のように，底辺を共有していれば，平行線の距離は一定だから，三角形の面積は等しい。

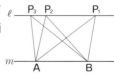

　例 $\ell /\!/ m$のとき，△ABP$_1$ = △ABP$_2$ = △ABP$_3$

102

あらゆる問題を解くうえで必要な基礎となる問題です。必ず解けるようにしよう。

§1 三角形

1 (1) 右の図で∠A = 15°，AB = BC = CD = DE である。このとき，
∠CDE の大きさを求めなさい。 (立命館高)

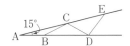

(2) 右の図のような，AB = AC の二等辺三角形 ABC があり，点 D は辺 AC 上
の点である。
∠BAC = 70°，∠DBC = 30° であるとき，∠ADB の大きさは何度ですか。
(香川県)

(3) 右の図は，正三角形 ABC と正三角形 DEF を重ねてかいたものである。
∠x の大きさを求めなさい。 (山口県)

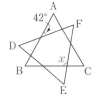

2 次の図で合同な三角形を ≡ を使って表しなさい。また，そのときの合同条件を答えなさい。

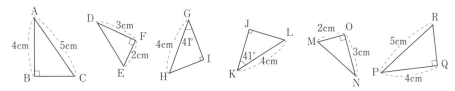

3 右の図のように，AB = AC の二等辺三角形 ABC の辺 BC の中点を M とする。
このとき△ABM ≡ △ACM であることを証明しなさい。ただし，AM⊥BC は用い
ないこと。 (島根県 改)

4 右の図の△ABC は，AB = AC の二等辺三角形である。頂点 A から底辺 BC に
垂線 AH をひくとき，BH = CH となることを証明しなさい。 (鳥取県)

図形編

4 図形の性質

5 右の図のように，△ABC の外角の二等分線が底辺 BC に平行であれば，△ABC は二等辺三角形であることを証明しなさい。

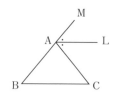

6 右の図のように，正三角形 ABC において辺 AC 上に点 D をとり，AE//BC，AD = AE となるように点 E をとる。このとき，△ABD ≡ △ACE であることを証明しなさい。 (栃木県)

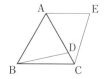

§2 四角形

7 (1) 右の図は，平行四辺形ABCDである。点Eは辺AD上にあり，AB = AE である。∠EBC = 20° のとき，∠BCD の大きさを求めなさい。 (秋田県)

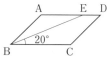

(2) 右の図のように，平行四辺形ABCDにおいて，∠ABC = 60°，∠BCE = 25°，∠CDE = 45° のとき，∠CED = ∠x として，∠x の大きさを求めなさい。 (大分県)

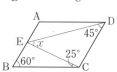

8 次の四角形の性質，イ，ロ，ハのそれぞれについて，その性質がつねに成り立つ四角形に○印を，つねに成り立つとはかぎらない四角形に×印を記しなさい。 (日本女子大学附属高)

　　　[四角形の性質]　イ．対角線の長さが等しい。

　　　　　　　　　　　ロ．対角線は内角の二等分線である。

　　　　　　　　　　　ハ．隣り合う角の和は，すべて180°である。

　　　[四角形]　ひし形　平行四辺形　長方形　等脚台形

　　　　　　　（ただし，等脚台形とは，平行でない対辺の長さが等しい台形のことである）

解答例

　　　[四角形の性質]　例．2組の対辺は平行である。

	ひし形	平行四辺形	長方形	等脚台形
例	○	○	○	×

9 次の各問いに答えなさい。 (青雲高)

(1) 次の条件を満たす四角形 ABCD で，いつでも平行四辺形になるものはどれか。①〜⑥の中からすべて選び番号で答えなさい。ただし，点Oは対角線の交点である。

①　AB = DC，AD = BC　　　　　　② OA = OC，OB = OD

③　AB = DC，AD//BC　　　　　　 ④ OA = OC，AB//DC

⑤　AB = DC，∠ABC + ∠DCB = 180°

⑥　∠BAC = ∠BCA，∠ABC = ∠ADC

(2) 次の条件を満たす平行四辺形 ABCD で，いつでも長方形になるものはどれか。①〜⑥の中から すべて選び番号で答えなさい。

① ∠ABC + ∠ADC = 180°

② AB + BC = AD + DC

③ ∠ACB = ∠DBC

④ AB + BC = AB + DC

⑤ ∠BAC = ∠DAC

⑥ ∠CAB + ∠DBA = 90°

---

10 右の図のように，△ABC の辺 BC 上に，BD = CD となるように，点 D をとる。

AD を延長した直線上に点 E をとり，4 点 A，B，E，C を結んでできる 四角形 ABEC が平行四辺形になるようにしたい。E の位置をどのように決 めればよいか，説明しなさい。　　　　　　　　　　　(和歌山県　改)

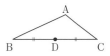

---

11 四角形 ABCD で，AD//BC，AD = BC ならば，四角形 ABCD は平行四辺形であることを次のよ うに証明したい。　ア，　イ　をうめて証明を完成させなさい。　　　　　　(愛知県)

> （証明）
> △ABC と △CDA で，
> 　BC = DA 　…①
> 　AC = CA 　…②
> また，AD//BC だから，
> 　∠ACB = ∠ ア 　…③
> ①，②，③から，2 辺とその間の角がそれぞれ等しいので，
> △ABC ≡ △CDA
> よって，∠BAC = ∠ イ だから，AB//DC
> したがって，2 組の向かいあう辺が，それぞれ平行であるので四角形 ABCD は平行四辺形である。

---

12 右の図のような平行四辺形 ABCD がある。点 A および点 C から， 線分 BD に下ろした垂線と BD の交点をそれぞれ E，F とする。

△ABE ≡ △CDF を証明しなさい。　　　　　　　(大阪桐蔭高　改)

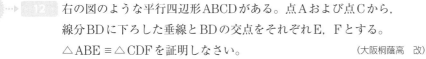

---

13 右の図のように，平行四辺形 ABCD があり，対角線の交点を O とする。 OE = OF となるように，2 点 E，F をそれぞれ線分 BO，OD 上にとる。

このとき，△AOE ≡ △COF を証明しなさい。

ただし，証明の中に根拠となることがらを必ず書くこと。(富山県　改)

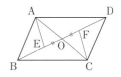

14 次の図の斜線部分と面積が等しい三角形を図中の線分を3辺とする三角形から選び,証明しなさい。

(1) AC⊥ℓ, BD⊥ℓ

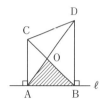

(2) 四角形ABCDは平行四辺形,BC//EF

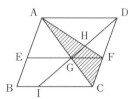

15 右の図のように,方眼にかかれた四角形ABCDがある。四角形ABCDを,その面積を変えないで,辺BCを1辺とする三角形にしたい。点Aを通り,対角線BDと平行な直線をひいて,その三角形を作図しなさい。なお,作図に用いた線は消さずに残しなさい。 (岐阜県)

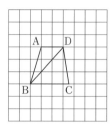

16 △ABCで,点Mは辺BCの中点であり,点PはBM上にある。

(1) △ACM = $\frac{1}{2}$△ABC であることを証明しなさい。

(2) 辺AC上に点Qをとって,△ABCの面積を二等分する線分PQをかきたい。どのようにかけばよいか答えなさい。

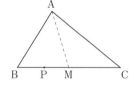

17 右の図のように四角形ABCDの内部に4点P,Q,R,Sがあり,APの中点がQ,BQの中点がR,CRの中点がS,DSの中点がPである。次の問いに答えなさい。 (城北高)

(1) △PQRと△ABQの面積比を求めなさい。

(2) 四角形PQRSと四角形ABCDの面積比を求めなさい。

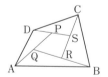

18 右の図において,BD:DC = 4:3, AE:ED = 2:1であり,△ABCの面積が14cm²である。このとき,△EDCの面積を求めなさい。 (駿台甲府高)

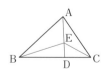

発展問題

いろいろな知識を活用する問題です。
基礎がマスターできたら，活用できるかためそう。

1 　表現　右の図のように，∠ABC = 90°の直角三角形ABCにおいて，頂点Bから辺ACに垂線BDを引く。また，∠BACの二等分線と辺BC，BDとの交点をそれぞれE，Fとする。
　このとき，BE = BFであることを証明しなさい。　（栃木県）

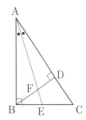

2 　表現　正三角形ABCがある。右の図のように，辺AB上に2点A，Bと異なる点Dを，辺BC上に2点B，Cと異なる点Eをとり，AEとCDとの交点をFとする。
　∠AFD = 60°であるとき，AE = CDとなることを証明しなさい。
（福島県）

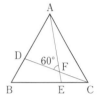

3 　表現　右の図で，△ABC ≡ △DEFであり，辺FEはBCに平行である。点Dは辺BC上の点であり，点Aは辺FE上の点である。辺ABとFDとの交点をG，辺ACとEDとの交点をHとする。四角形AGDHは平行四辺形であることを証明しなさい。　（岐阜県　改）

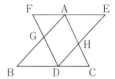

4 　表現　右の図のように，AB＜ADである平行四辺形ABCDを，対角線BDを折り目として折り返す。折り返したあとの頂点Cの位置をEとし，ADとBEの交点をFとする。
　このとき，△ABF ≡ △EDFであることを証明しなさい。　（岩手県）

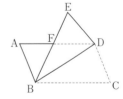

5 　表現　右の図1で，四角形ABCDは，∠ABCが鋭角の平行四辺形である。点Pは辺BC上にある点で，頂点B，頂点Cのいずれにも一致しない。
　頂点Aと点P，頂点Dと点Pをそれぞれ結ぶ。
　次の各問に答えなさい。　（東京都　改）

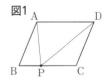

(1) 図1において，∠ABC = 75°，△ABPの内角である∠BAPの大きさをa°とするとき，△APDの内角である∠PADの大きさをaを用いた式で表しなさい。

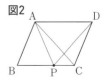

(2) 右の図2は，図1において，頂点Aと頂点Cを結んだとき，AC＞ABとなる場合を表している。図2において，AB = APのとき，△APD ≡ △DCAであることを証明しなさい。

6

思考 数学の授業で，次の【問題】について，班に分かれて考えた。□□□内は，そのときの1班と2班の生徒と先生の会話である。

あとの (1)，(2) の問いに答えなさい。　　　　　　　　　　　　　（宮城県）

【問題】

右の図のような，OA = OB，AB = 8cm の直角二等辺三角形がある。辺 AB の中点を M とし，線分 AM 上に，点 A，M のいずれにも一致しない点 P をとり，線分 MB 上に点 Q を，PQ = 4cm となるようにとる。

点 P，Q から直線 OM に平行な直線をひき，線分 OA，OB との交点をそれぞれ R，S とするとき，四角形 ORMS の面積を求めなさい。

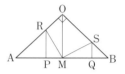

《1班》

生徒：点 P の位置を変えると四角形 ORMS の形が変わってしまう。どう考えたらよいのだろう。

先生：何か，変わらないものはありませんか。

生徒：対角線 OM で，長さは ア cm です。

先生：よいところに気づきましたね。それに，OM と2つの直線がつねに平行ですね。

生徒：そうか。平行線を使って，面積を考えればよいのですね。

《2班》

生徒：例えば，AP = 1cm なら，△OMR の面積は，　イ　cm² で，△OMS の面積を加えて答えが求められると思いますが。

先生：そうですね。

生徒：でも，AP の長さは 1cm とは限らないので，どうしたらよいか困っています。

先生：2班は，1班とは違った考え方ですね。この場合は，どこかの線分の長さを $x$cm として，文字を使って考えてはどうですか。

(1) 上の　ア　，　イ　にあてはまる数をそれぞれ求めなさい。

(2) 四角形 ORMS の面積の求め方を，言葉や式，図などを用いて書き，その面積が何 cm² か，答えなさい。なお，求め方は，1班や2班の会話を参考にしてもかまいません。

7

思考 右図のように，放物線 $y = \dfrac{1}{2}x^2$ のグラフ上に3点 A，B，C がある。点 A，B の x 座標はそれぞれ -3，2，点 C の x 座標は -3 から2の間の値で，直線 AB の式は，$y = -\dfrac{1}{2}x + 3$ である。△ABC の面積が5になるとき点 C の座標を求めなさい。

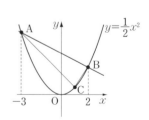

（東海大学付属浦安高　改）

要点まとめ

§1 相似な図形

- 相似…1つの図形を，形を変えずに一定の割合に拡大，あるいは縮小して得られる図形はもとの図形と**相似**であるという。

  相似な図形では，対応する辺の比はすべて等しく，対応する角はそれぞれ等しい。また，相似な図形の対応する辺の比のことを相似比という。

- 三角形の相似条件…2つの三角形は，次のどれかが成り立つとき相似である。
  (1) 3組の辺の比がすべて等しい。
  (2) 2組の辺の比とその間の角がそれぞれ等しい。
  (3) 2組の角がそれぞれ等しい。

  例 右の図で，△ABC と△DEF は，
  ∠B ＝∠E，∠C ＝∠F より，
  2組の角がそれぞれ等しいので
  △ABC ∽△DEF。また，△ABC と△DEF の相似比は，AC：DF ＝ 4：9
  である。これを利用して DE の長さは，AB：DE ＝ 4：9，3：DE ＝ 4：9，
  $4 \times DE = 3 \times 9$，$DE = \dfrac{27}{4}$ （cm）

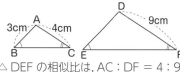

§2 図形と線分の比

- 三角形と比の定理…△ABC で，辺 AB，AC 上の点をそれぞれ D，E とする。DE//BC ならば，
  ① AD：AB ＝ AE：AC ＝ DE：BC
  ② AD：DB ＝ AE：EC

- 三角形と比の定理の逆…△ABC で，辺 AB，AC 上の点をそれぞれ D，E とすると，
  ① AD：AB ＝ AE：AC ならば DE//BC
  ② AD：DB ＝ AE：EC ならば DE//BC

- 中点連結定理…△ABC で辺 AB，AC の中点をそれぞれ M，N とすると，MN//BC，$MN = \dfrac{1}{2} BC$

  例 右の図で，M，N がそれぞれ辺 AB，AC の中点で，
  BC ＝ 10cm のとき，中点連結定理より，$MN = \dfrac{1}{2} \times 10 = 5$ （cm）

§3 相似と計量

- 相似な図形の面積の比…相似比が $m：n$ の相似な図形の面積の比は $m^2：n^2$
- 相似な立体の表面積の比と体積の比…相似比が $m：n$ の相似な立体において，表面積の比は $m^2：n^2$ であり，体積の比は $m^3：n^3$

  例 右の図で，直方体 A と直方体 B は相似である。このとき，相似比は 2：3 なので，
  表面積の比は $2^2：3^2 = 4：9$，
  体積の比は $2^3：3^3 = 8：27$

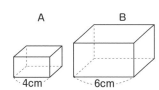

あらゆる問題を解くうえで必要な基礎となる問題です。必ず解けるようにしよう。

§1 相似な図形

1 下の図で，四角形 ABCD と相似な図形を1つ選び，記号∽を使って表しなさい。また，相似比を最も簡単な整数で求めなさい。

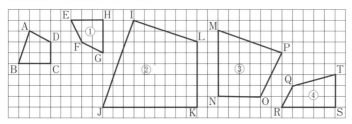

2. 右の図で，△ABC ∽△DEF である。

(1) 次の辺や角に対応する辺や角を求めなさい。

（ア）辺 BC （イ）辺 FD （ウ）∠A （エ）∠E

(2) △ABC と△DEF の相似比を最も簡単な整数で求めなさい。

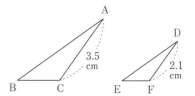

3 下の図で相似な三角形を選び，記号∽を用いて答えなさい。また，そのときに使った相似条件を答えなさい。

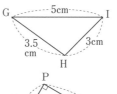

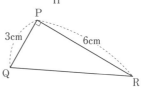

4 △ABC と△DEF の間に次の関係があるとき，△ABC ∽△DEF となるものを選び，記号で答えなさい。また，そのときに使った相似条件を答えなさい。

① AB = 4DE，AC = 4DF，∠A = ∠D

② 3BC = 2EF，3CA = 2FD，3AB = 2DE

③ 2AB = 5DE，2CB = 5FE，∠C = ∠F

④ 3BC = EF，∠B = ∠E，∠C = ∠F

5 右の図のように，AD//BC の台形 ABCD がある。点 A と点 C，点 B と点 D を結び，その交点を E とするとき，△ADE ∽ △CBE であることを証明しなさい。

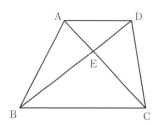

6 右の図のような△ABC で，点 D は辺 AC 上の点である。

(1) △ABC ∽ △BDC を証明しなさい。

(2) 辺 AB の長さを求めなさい。

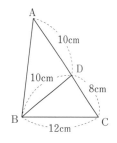

7 下の図で，DE // BC であるとき，x の値を答えなさい。

(1)

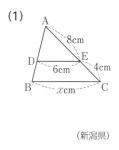

（新潟県）

(2)

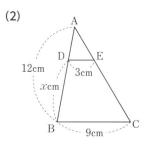

(3)

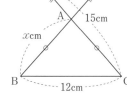

8 下の図で，ℓ // m // n // o であるとき，x，y の値を答えなさい。

(1)

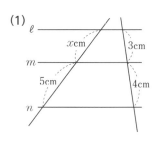

(2)

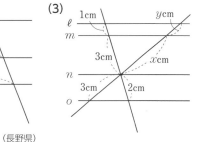

（長野県）

(3)

9 下の図で，AB // CD // EF であるとき，x の値を答えなさい。

(1)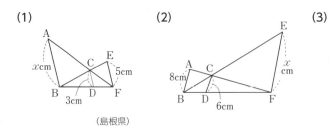

(2)

(3)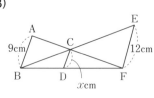

（島根県）

10 右の図のような AD // BC の台形がある。2 辺 AB，CD の中点をそれぞれ M，N とする。AD = 8cm，BC = 14cm のとき，MN の長さを求めなさい。

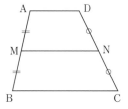

11 右の図のような △ ABC がある。辺 AB，AC の中点をそれぞれ点 M，N とし，線分 BN と CM の交点を O とする。MO = 2.5cm，NO = 2cm のとき，BO の長さを求めなさい。

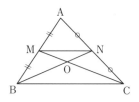

12 右の図のような AD // BC の台形がある。2 辺 AB，CD の中点をそれぞれ M，N とし，線分 MN と線分 BD，AC との交点をそれぞれ O，P とする。AD = 7cm，BC = 9cm のとき，OP の長さを求めなさい。

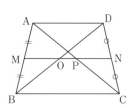

右の図のような△ABCで，辺AB，BC，CAの中点をそれぞれ点D，E，Fとするとき，△ABC ∽ △EFDであることを証明しなさい。

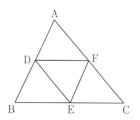

§3 相似と計量

右の図のような△ABCで，辺AB，AC上にそれぞれ，AD:DB = 2:1，AE：EC = 3：5となる点D，Eをとる。このとき次の面積の比を最も簡単な整数で求めなさい。

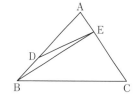

(1) △EAD：△EBD

(2) △BAE：△BCE

(3) △EAD：△BCE

右の図のように，平行四辺形ABCDの辺BCの中点をEとし，線分DEとACとの交点をFとする。平行四辺形ABCDの面積が60cm²のとき，△CEFの面積を求めなさい。

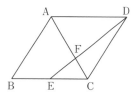

右の図のようなAD // BCの台形ABCDがある。対角線ACとBDの交点をOとし，AD = 4cm，BC = 6cm，△ODAの面積が8cm²である。

(日本大東北高)

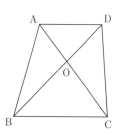

(1) △OBCの面積を求めなさい。

(2) 台形ABCDの面積を求めなさい。

17 右の図のような，2つの球がある。2つの球の半径の比は 1：2 である。小さい球の表面積を S，大きい球の表面積を S' とするとき，$S：S'$ を最も簡単な整数の比で求めなさい。

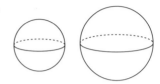

18 右の図のように，△ABC において，AB = 12cm，BC = 15cm，CA = 10cm であり，線分 BE，CD はそれぞれ∠B，∠C の二等分線で，その交点を F とする。このとき次の面積の比を最も簡単な整数で求めなさい。

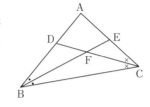

(1) △FBC：△FEC

(2) △FBC：△ABC

19 右の図のように，円すいを，その底面に平行な平面で，高さが 2 等分となるように 2 つの立体に分ける。上の立体の体積が 10π cm^3 となるとき，下の立体の体積を求めよ。

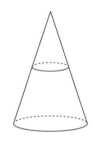

20 右の図のように，正四面体 O–ABC の辺 AB，BC，OB の中点をそれぞれ D，E，F とする。この正四面体から三角すい F–BDE を切り取ったとき，三角すいの体積 V と，残りの立体の体積 V' の体積比 $V：V'$ を最も簡単な整数で求めなさい。

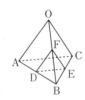

発展問題

1

表現 右の図のように、△ABC と平行四辺形 ADEC があり、点 E は辺 BC 上の点である。辺 AB と辺 DE との交点を F とする。また、線分 BF 上に点 G、辺 CE 上に点 H があり、DG = DA、∠CAH = ∠BAD である。このとき、△ABH ∽△DGF であることを証明しなさい。（広島県　改）

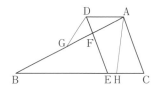

2

理解 右の図のような△ABC で、辺 AB、BC、CA の中点をそれぞれ点 D、E、F とし、さらに△DEF で、辺 DE、EF、FD の中点をそれぞれ点 G、H、I とするとき、AB と IG の長さの比を最も簡単な整数で求めなさい。

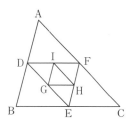

3

理解 右の図で△ABC と△BDE は、1 辺の長さがそれぞれ 8cm、3cm の正三角形で、頂点 E は BC 上にある。AC の中点を F とし、AD と BF、BC との交点をそれぞれ G、H とする。　（成城高）

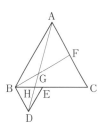

(1) BH と HC の長さの比を最も簡単な整数で求めなさい。

(2) △BDH の面積は△ABC の面積の何倍か求めなさい。

(3) 四角形 GHCF の面積は△ABC の面積の何倍か求めなさい。

要点まとめ

§1 円周角の定理

■ **円周角と中心角**…1 つの円 O の $\overset{\frown}{AB}$ に対して，$\overset{\frown}{AB}$ を除いた円周上に点 P をとるとき，∠APB を $\overset{\frown}{AB}$ に対する**円周角**，∠AOB を $\overset{\frown}{AB}$ に対する**中心角**という。

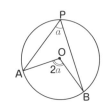

■ **円周角の定理**…1 つの弧に対する円周角の大きさは一定であり，その弧に対する中心角の大きさの $\dfrac{1}{2}$ に等しい。

例 (1) ∠x は $\overset{\frown}{AB}$ に対する円周角であるから，∠x = 23°
また，∠y は $\overset{\frown}{AB}$ に対する中心角であるから，∠y = 23° × 2 = 46°

(2) ∠PQO = ∠PRO = 90° だから，
四角形 PROQ で，∠x = 360° − (90° + 90° + 40°) = 140°
∠y は $\overset{\frown}{QSR}$ の円周角だから，∠y = 140° ÷ 2 = 70°
∠z は $\overset{\frown}{QTR}$ の円周角だから，∠z = (360° − 140°) ÷ 2 = 110°

(1)   (2) PQ，PR は円 O の接線

 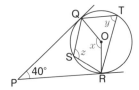

■ **弧と円周角**…1 つの円で次のことが成り立つ。

(1) 等しい円周角に対する弧は等しい。

(2) 等しい弧に対する円周角は等しい。
また，弧の長さは円周角に比例する。

例 右の図で，$\overset{\frown}{AD}$ = 3$\overset{\frown}{CD}$ であるとき，∠x = 3 ∠CED = 60°
また，∠AFB = ∠CED より，$\overset{\frown}{AB}$ = $\overset{\frown}{CD}$

■ **円周角の定理の逆**…2 点 P，Q が直線 AB に対して同じ側にあるとき，∠APB = ∠AQB ならば 4 点 A,B,P,Q は 1 つの円の円周上にある。

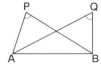

例 右の図で，2 点 C，D が直線 AB に対して同じ側にあって ∠ACB = ∠ADB より，4 点 A,B,C,D は 1 つの円の円周上にある。

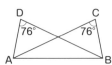

あらゆる問題を解くうえで必要な基礎となる問題です。必ず解けるようにしよう。

§1 円周角の定理

次の∠xの大きさを求めなさい。

(1)

（青森県）

(2)

（東京都）

(3)

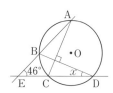

（神奈川県立小田原高）

(4)

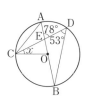

（滋賀県）

(5)

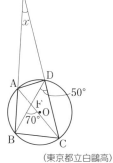

（東京都立白鷗高）

(6)

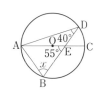

（長野県）

2 次の∠xの大きさを求めなさい。

(1)

（秋田県）

(2)

（愛知県 A）

(3)

（神奈川県立鎌倉高）

3 右の図で，点 C は，線分 AB を直径とする半円 O の$\overarc{AB}$ 上にある。
点 C における半円の接線と，線分 AB を B の方向に延ばした直線
との交点を D とする。点 E は，$\overarc{AC}$ 上にあり，点 A，点 C とは一
致しない。点 B と点 E，点 C と点 E をそれぞれ結ぶ。
∠BDC ＝ 26°のとき，鋭角である∠BEC の大きさは何度か。

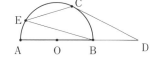

（東京都立新宿高　改）

4 Sさんは，「一つの弧に対する円周角は，その弧に対する中心角の半分 図1
である」ことについて考えた。

図1において，A，B，Pは，点Oを中心とする円Oの周上の点であ
り，Bは直線POについてAと反対側にある。OとA，OとB，PとA，
PとBとをそれぞれ結ぶ。Qは，直線POと円Oとの交点のうちPと
異なる点である。このとき，次のア～カのうちの二つのことがらを根
拠として用いることによって「$\overset{\frown}{AQB}$ に対する円周角は，$\overset{\frown}{AQB}$ に対す
る中心角の半分である」ことを証明することができる。その二つのこ
とがらを選び，記号で答えなさい。 (大阪府B)

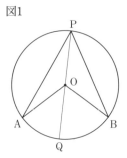

ア　対頂角は等しい。

イ　二等辺三角形の底角は等しい。

ウ　相似な二つの三角形の対応する角は等しい。

エ　正三角形の一つの内角の大きさは60°である。

オ　二つの角が等しい三角形は，二等辺三角形である。

カ　三角形の外角は，それととなり合わない二つの内角の和に等しい。

5 右の図において，4点A，B，C，Dは円Oの周上の点で，線分BDは円O
の直径である。三角形ACDはAC = AD，∠CAD = 32°の二等辺三角
形である。

また，点Eは線分ACと線分BDとの交点である。

このとき，∠AEBの大きさを求めなさい。 (神奈川県立平塚江南高)

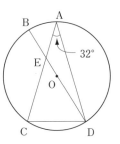

6 右の図のように，円Oの周上に5点A，B，C，D，Eがあり，線分
AD，線分CEはともに直径である。

∠AOE = 26°，$\overset{\frown}{AB} : \overset{\frown}{BC} = 5 : 2$ のとき，x で示した∠ADBの大
きさは何度か。ただし，$\overset{\frown}{AB}$ と $\overset{\frown}{BC}$ はともに点Eを含まない弧である。

(東京都立武蔵高)

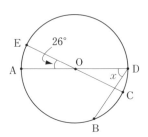

7 右図の円において，∠x，∠y の大きさはそれぞれ何度になるか，求めなさい。

（日本大学習志野高）

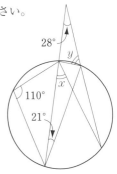

8 線分 AB を直径とする半円 O の円周上に，2 点 C，D があり，
∠CAB = 43°，∠DBA = 67° のとき，x，y の大きさを求めなさい。

（中央大学杉並高）

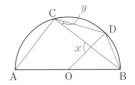

9 右の図のように，円 O の周上に 4 点 A，B，C，D がある。
点 A と点 B，点 B と点 C，点 C と点 D，点 D と点 A，点 O と点 A，
点 O と点 D，点 B と点 D をそれぞれ結ぶ。
AD//BC，∠AOD = 46°，∠BCD = 67° のとき，∠CBD の大きさ
を求めなさい。

（東京都立西高）

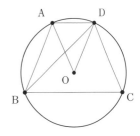

10 右の図のように円 O に内接する正方形 ABCD がある。
点 P を線分 BD 上にあって，BC = BP となるようにとり，線分
CP を P の方向に延ばした直線と円 O との交点を R とし，点 B
と点 R，点 D と点 R をそれぞれ結ぶ。
△RBP ≡ △RCD であることを証明せよ。

（東京都立立川高）

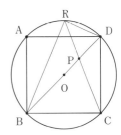

図形編

6
円の性質

11 右の図のように，円Oの円周上に4点A，B，C，Dがあり，ACは円Oの直径である。点Dにおける円Oの接線と，ACの延長との交点をEとする。

∠AED = 42°のとき，∠ABDの大きさを求めなさい。　（広島県）

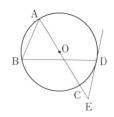

12 右の図において，円Oは直線 ℓ と点Pで接し，直線 m と2点で交わっている。このとき，∠x の大きさを求めなさい。

（国立工業高等専門学校）

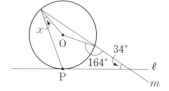

13 右の図のように，線分ABを直径とする円Oの周上に∠AOCが鋭角となる点Cがある。点Bにおける円Oの接線 ℓ にCから垂線を引き，円O，ℓ との交点をそれぞれD，Eとする。また，線分BCとADとの交点をF，BCとOEとの交点をG，OCとADとの交点をHとする。∠ABCの大きさを∠ABC = a°としたとき，∠AHCの大きさを a を使った式で表しなさい。　（富山県　改）

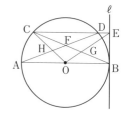

14 右の図1で，円Oは線分ABを直径とする円である。円Oの周上に点Pをとり，点Pにおける円Oの接線と直線ABとの交点をQとする。ただし，∠AOPは鋭角である。このとき次の問いに答えなさい。

（東京都立八王子東高　改）

(1) $\overarc{AP} : \overarc{PB} = 2 : 3$ のとき，∠QAPの大きさは何度か。

(2) 右の図2は，図1において，∠OQP = 30°の場合を表している。点Bにおける円Oの接線と点Pにおける円Oの接線との交点をRとする。線分ROと円Oとの交点をSとするとき，PS//QBであることを証明せよ。

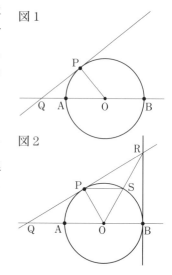

図1

図2

発展問題

1

【理解】 右の図のように，円 O の円周上に 4 点 A，B，C，D があり，∠ABD = ∠ADB です。また，線分 BC 上に点 E があり，AE//DC です。

これについて，次の問いに答えなさい。 (広島県)

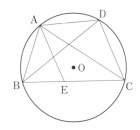

(1) △ECA は二等辺三角形であることを証明しなさい。

(2) AB = 5cm，∠ADB = 30° のとき，$\overparen{AB}$ の長さは何 cm ですか。ただし，$\overparen{AB}$ は小さい方の弧をさすものとし，円周率は π とします。

2

【理解】 右図において，3 点 A，B，C は円 O の円周上の点であり，AB = AC である。また，点 D は，∠DAB = ∠DBA である AC 上の点である。BD の延長と円 O との交点を E とし，AC の延長上に∠CBE = ∠CBF となる点 F をとる。EC の延長と BF との交点を G とする。

このとき，△CBE ≡△CBF であることを証明しなさい。

(静岡県)

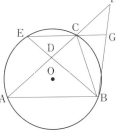

3

【理解】 右図のように，AC，BC を直径とする 2 つの半円があり，大きい半円の弦 AQ が点 P で小さい半円に接している。∠APC = 120°，小さい半円の半径を 6cm として，次の各問いに答えなさい。 (青雲高 改)

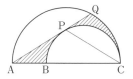

(1) ∠PAC の大きさを求めよ。

(2) 大きい半円の半径を求めよ。

4

【思考】 右の図で，4 点 A，B，C，D は円 O の円周上の点である。また，点 B を通り CD に平行な直線と，DA を延長した直線との交点を E とする。 (岐阜県)

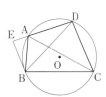

(1) △ABC ∽△BED であることを証明しなさい。

(2) AE = 2cm，BE = 3cm，CD = 5cm，BC = 2AB のとき，
　（ア）AD の長さを求めなさい。
　（イ）△BCD の面積は△ABD の面積の何倍か求めなさい。

図形編

6

円の性質

三平方の定理

要点まとめ

§1 三平方の定理

- **三平方の定理**…直角三角形の直角をはさむ 2 辺の長さを a, b, 斜辺の長さを c とすると，$a^2 + b^2 = c^2$ の関係が成り立つ。

  例 右の図で x の値を求めなさい。

  辺 AB が斜辺だから，
  $7^2 + x^2 = 15^2$
  $x^2 = 176$
  $x > 0$ より，$x = \sqrt{176}$　　よって，$x = 4\sqrt{11}$

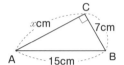

- **三平方の定理の逆**…三角形の 3 辺の長さ a, b, c の間に $a^2 + b^2 = c^2$ という関係が成り立てば，その三角形は長さ c の辺を斜辺とする直角三角形である。

- **三角形の形**…三平方の定理をもとにすると，三角形の形を判断することができる。

  三角形の 3 辺の長さを a, b, c ($a < c$, $b < c$) とすると，

  (1) $a^2 + b^2 > c^2$ ならば，鋭角三角形である。

  (2) $a^2 + b^2 = c^2$ ならば，直角三角形である。(三平方の定理の逆)

  (3) $a^2 + b^2 < c^2$ ならば，鈍角三角形である。

§2 三平方の定理の平面図形への利用

- **長方形の対角線の長さ**…対角線によって直角三角形ができるので，三平方の定理を利用して求める。

  例 横 12cm，縦 4cm の長方形 ABCD の対角線 AC の長さを求めるとき，三角形 ABC は直角三角形なので，三平方の定理より，AC $= x$ とすると，

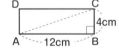

  $x^2 = 12^2 + 4^2 = 160$
  $x > 0$ より，$x = \sqrt{160} = 4\sqrt{10}$　　(答)　$4\sqrt{10}$cm

- **特殊な直角三角形の辺の長さの比**

  例 (1) 直角二等辺三角形　　　(2) 30°，60°，90°の直角三角形

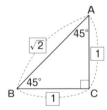

§3 三平方の定理の空間図形への利用

- **直方体の対角線の長さ**…直方体の対角線を斜辺とする直角三角形を見つける。

  例 1 辺が 3cm，4cm，5cm の直方体の対角線の長さは，

  $\sqrt{3^2 + 4^2 + 5^2} = 5\sqrt{2}$　　(答)　$5\sqrt{2}$ cm

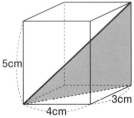

あらゆる問題を解くうえで必要な基礎となる問題です。必ず解けるようにしよう。

§1 三平方の定理

1 次の x の値を求めなさい。

(1)
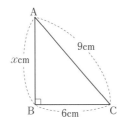

(2)
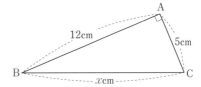

(3)
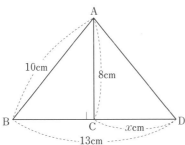

(4)
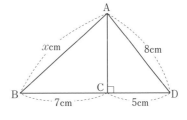

2 次の長さを3辺とする三角形は，鋭角三角形，直角三角形，鈍角三角形のうちどれか。

(1) 7cm，4cm，8cm

(2) 9cm，7cm，$\sqrt{30}$ cm

(3) 8cm，15cm，17cm

3 右の図のように，2つの対角線の長さが4cm，6cmのひし形がある。このひし形の1辺の長さを求めなさい。 (山口県)

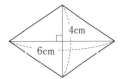

4 右の図のように，BC = 20cm，CD = 15cm，AD//BC，∠ADC = 90°の台形ABCDがある。AD = 15cmとしたとき，辺ABの長さを求めなさい。

(北海道 改)

5 右の図のように，1辺の長さが $2\sqrt{5}$ cmの正方形のまわりに，1つの辺の長さが $a$cmである直角三角形を4つかくと1辺の長さが6cmの正方形ができる。このとき，a の値を求めなさい。ただし，$0 < a < 3$ とする。

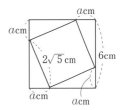

でる! ··· **6** 次の図形の対角線の長さを求めなさい。

(1) 正方形　　　　　**(2)** 長方形　　　　　**(3)** ひし形の対角線 BD

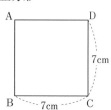

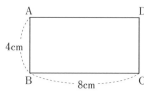

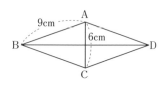

7 右の図のように，1 組の三角定規を並べた。

AB = 15cm のとき，辺 BC と辺 CD の長さを求めなさい。

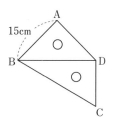

8 右の図のような，AB = 3cm, ∠A = 60°, ∠B = 90° の直角三角形 ABC がある。

この三角形を辺 BC を軸として 1 回転させてできる立体の体積は何 cm³ か。　(岡山県)

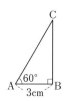

9 右の図のように，1 組の三角定規を重ねた。斜線部の面積を求めなさい。

(青森県　改)

10 次の長さを 1 辺とする正三角形の面積を求めなさい。

(1) 8cm　　　　　　　　　　**(2)** $\dfrac{a}{3}$ cm

11 円 O の直径が 12cm のとき，次の長さや距離を求めなさい。

(1) 線分 OA の長さ

（ただし，AP は接線，点 P は接点）

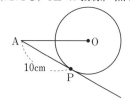

(2) 弦 AB と中心との距離

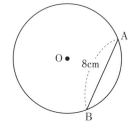

次の座標をもつ2点 A（−1, 2）, B（2, 4）がある。この2点間の距離を求めなさい。ただし, 座標軸の1目もりを1cmとする。

（島根県）

座標平面上に, 3点 A（2, 3）, B（−4, 1）, C（4, −3）があり, 各点を線分で結び三角形 ABC をつくる。次の問いに答えなさい。ただし, 座標軸の1目もりを1cmとする。

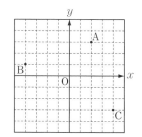

(1) 辺 AB, BC, CA の長さをそれぞれ求めなさい。

(2) ∠A, ∠B, ∠C の大きさをそれぞれ求めなさい。

右の図で, 線分 AB の長さを2cmとするとき, 長さが $\sqrt{2}$ cm である線分 AC を作図しなさい。

A————————————B

右の図のように, AB：AD = $\sqrt{2}$：1 の長方形 ABCD がある。辺 AD が辺BC に重なるように折り, その折り目を EF とする。折った部分をもとにもどし, 次に, 点 C が点 E に重なるように折り, その折り目を GH とする。折った部分をもとにもどし, 点 E と点 G, H をそれぞれ結ぶ。長方形 ABCD が, AB = $20\sqrt{2}$ cm, AD = 20cm のとき, 線分 BG の長さを求めなさい。

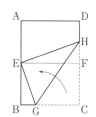

（徳島県　改）

右の図のような, 半径6cmで中心角90°のおうぎ形 OAB がある。点 B を通る線分を折り目として, 中心 O が $\overset{\frown}{AB}$ 上の点と重なるように折ったとき, 折り目の線を BC, 中心 O の移った点を D とする。このとき, 図のかげ▨をつけた部分の面積を求めなさい。

（埼玉県）

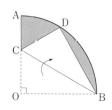

§3 三平方の定理の空間図形への利用

次の対角線の長さを求めなさい。

(1) 縦6cm, 横4cm, 高さ8cm の直方体

(2) 1辺が7cm の立方体

18 右の図のような直方体 ABCD–EFGH があり，辺 CG 上に∠ BPD = 60° となるように点 P をとる。3つの頂点 B，P，D を通る平面でこの直方体を切ったときにできる切り口の面積を求めなさい。

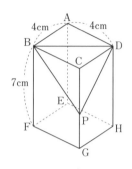

19 1辺が 2m の立方体の容器 ABCD–EFGH に半径 1m の球が，右の図のように，ちょうど収まっている。容器と球のすき間に，水面の高さが容器の底から 1.6m になるまで水を入れた。このとき，水面と球の境界線でできる円の面積を求めなさい。ただし，容器は水平に置いてあるものとする。

（筑波大学附属駒場高　改）

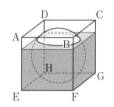

でる！ ⸱⸱⸱▶ **20** 次の立体の体積を求めなさい。

(1) 円すい

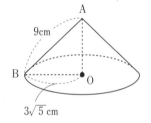

(2) 正四角すい

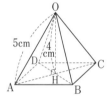

（宮城県　改）

21 右の図のように，底面の円の直径 AB が 4cm，母線の長さが 4cm の円すいがある。このとき，次の **(1)**，**(2)** の問いに答えなさい。 （京都府）

(1) 円すいの体積と表面積をそれぞれ求めなさい。

(2) 点 A から円すいの側面にそって点 B までひもをかける。ひもの長さが最も短くなるようにするとき，このひもの長さを求めなさい。

22 右の図の正四角すい ABCDE はどの辺も 8cm であり，点 M は辺 AB の中点である。辺 AC 上に点 N を，MN ＋ ND の長さがもっとも短くなるようにとるとき，MN ＋ ND の長さを求めなさい。

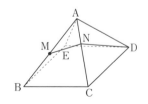

発展問題

1

思考 図1のように，3点 A $(-4, 8)$，B $(4, 2)$，C $(10, 2)$ がある。
次の **(1)**，**(2)** の問いに答えなさい。 （和歌山県　改）

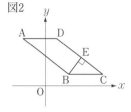

図1

(1) △AOB が直角三角形であることを証明しなさい。

(2) 図2のように，四角形 ABCD が平行四辺形となるように
点 D をとる。さらに，点 B から直線 CD に垂線をひき，
CD との交点を E とする。
このとき，BE の長さを求めなさい。

図2

2

思考 1辺が6cmの2つの正方形 ABCD と EFGH がある。
頂点 A，B，C，D にそれぞれ頂点 E，F，G，H が一致するよ
うに重ね，対角線 AC，BD の交点 O を中心にして正方形
EFGH を回転させると，図1のように，辺 AB と辺 EF，EH が
交わった。辺 AB と辺 EF の交点を P，辺 AB と辺 EH の交点
を Q とする。
このとき，次の **(1)**，**(2)** の問いに答えなさい。 （茨城県）

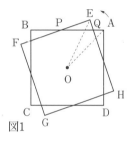

図1

(1) 図1において，次の（Ⅰ），（Ⅱ）が成り立つ。□□□にあて
はまる数を書きなさい。

（Ⅰ）△EPQ と合同な三角形は，△EPQ を除いて全部で7個
ある。

（Ⅱ）△EPQ について，EP＋PQ＋QE －□□□cmである。

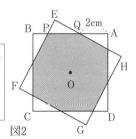

図2

(2) 図2のように，AQ＝2cmとなるとき，2つの正方形が重なり合っている部分（八角形）
の面積を求めなさい。

3

思考 平行四辺形 ABCD の頂点 B を，辺 CD の中点 T に重
なるように折り返したら，右の図のようになった。折り目を線
分 PQ とし，頂点 A の移った点を R，線分 RT と辺 AD との交
点を S とする。AB ＝ 2cm，BC ＝ 5cm，∠ABC ＝ 60°のとき，
線分 QT の長さを求めなさい。 （福井県　改）

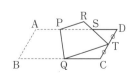

4 🤔 **思考** 右の図の△ABCにおいて，Mは辺BCの中点であり，AB = 12cm，BC = 16cm，CA = 10cm である。AMの長さを求めなさい。

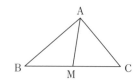

5 🤔 **思考** 図で，四角すいOABCDは，側面がすべて正三角形の正四角すいである。頂点Oから底面ABCDまでの高さが6cmであるとき，この正四角すいの体積は何 cm³ か。　　（愛知県）

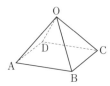

6 🤔 **思考** 図1のように，AB = 10cm，AC = 8cm，∠C = 90°の直角三角形ABCがある。この直角三角形ABCを，図2のように，直線ABを軸として30°だけ回転させたとき頂点Cが移動した点をDとし，三角すいABCDをつくる。また，辺AB上に，CH⊥ABとなるように点Hをとる。このとき，次の(1)〜(5)の各問いに答えなさい。

（佐賀県）

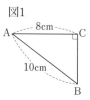

(1) BCの長さを求めなさい。

(2) CHの長さを求めなさい。

(3) △CDHの面積を求めなさい。

(4) 三角すいABCDの体積を求めなさい。

(5) 直角三角形ABCを，直線ABを軸として60°だけ回転させたとき，頂点Cが移動した点をEとし，三角すいABCEをつくる。このとき，三角すいABCEの体積は，三角すいABCDの体積の何倍か。

7 🤔 **思考** 底面が1辺4cmの正方形で，他の辺の長さがすべて6cmの正四角すいOABCDがある。右の図のように，ひもを頂点Aから頂点Cまで正四角すいOABCDの側面にそって，辺OBと交わるようにかけ，その交点をPとする。
ひもの長さが最も短くなるとき，ひもの長さを求めなさい。

（鳥取県　改）

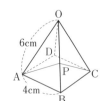

中学総合的研究 数学
P.456~465

データのちらばりと代表値

要点まとめ

§1 ヒストグラム

- **範囲**…データの最大値と最小値との差。
- **度数分布表**…表1を**度数分布表**という。
- **階級**…整理して分けた区間を**階級**といい，各階級の中央の値を**階級値**という。また，区間の大きさを**階級の幅**といい，各階級に入っているデータの個数を，その**階級の度数**という。

データ1：1組女子のハンドボール投げ

番号	距離（m）
1	19
2	19
3	17
4	19
5	16
6	12
7	18
8	18
9	16
10	20
11	15
12	10
13	21
14	14
15	16

表1：1組女子のハンドボール投げ

階級（m）	度数（人）
10以上 ～ 12未満	1
12 ～ 14	1
14 ～ 16	2
16 ～ 18	4
18 ～ 20	5
20 ～ 22	2
計	15

図1：1組女子のハンドボール投げ

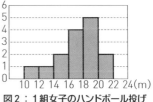

- **ヒストグラム（柱状グラフ）**…階級の幅を底辺とし，**度数**を高さとする長方形を順に並べてかいたグラフ（図1）。
- **度数分布多角形（度数折れ線）**…ヒストグラムの各長方形の上の辺の中点をとって順に結んでできる折れ線グラフ（図2）。

図2：1組女子のハンドボール投げ

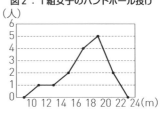

§2 代表値

- **平均値**…（平均値）＝（データの値の合計）÷（データの個数の総数）
- **中央値（メジアン）**…データを小さい順に並べたとき，**中央の順位にくる**値。データの数が偶数のときは，中央の2つの値の平均値とする。
- **最頻値（モード）**…度数分布表でもっとも**度数の多い階級の階級値**。
- **代表値**…データ全体の特徴を表す値を**代表値**という。平均値，中央値，最頻値など。

§3 平均値を求める

- 度数分布表の階級値を使って，データのおおよその平均値を求めることができる。

§4 数値を求める

- **相対度数**…（その階級の度数）÷（度数の合計）を，その階級の**相対度数**という。

§5 累積度数

- **累積度数**…最小の階級からある階級までの度数の総和の値。
- ●**累積相対度数**…最小の階級からある階級までの相対度数の総和の値。

例

階級（m）	度数（人）	相対度数	累積度数（人）	累積相対度数
10以上～ 15未満	5	0.10	5	0.10
15 ～ 20	15	0.30	20	0.40
20 ～ 25	22	0.44	42	0.84
25 ～ 30	8	0.16	50	1.00
合計	50	1.00		

標準問題

あらゆる問題を解くうえで必要な基礎となる問題です。必ず解けるようにしよう。

§1 ヒストグラム

1 右の表は，中学生の男子40人のハンドボール投げの記録をまとめたものである。この表をもとにヒストグラムをかきなさい。

(群馬県　改)

〈ハンドボール投げの記録〉

距離 (m)	人数 (人)
15以上～ 20未満	6
20　～25	8
25　～30	14
30　～35	10
35　～40	2
計	40

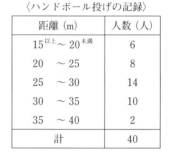

2 下の資料は，ある中学校の男子生徒12人のハンドボール投げの結果である。

(北海道)

<資料>

14　20　25　28　18　26
23　21　24　32　15　22　（単位m）

〈ハンドボール投げ〉

階級 (m)	度数 (人)
10以上～ 15未満	
15　～20	
20　～25	
25　～30	
30　～35	
計	12

(1) この資料から右の度数分布表を完成させなさい。

(2) 記録が20m未満の生徒は全体の何％ですか。

3 右の図は，あるクラスの生徒40人の体重をヒストグラムに表したものである。この図を用いて，次の各問いに答えなさい。　(沖縄県)

(1) 体重の軽い方から数えて，15番目の生徒が属している階級の人数を求めなさい。

(2) 体重が50kg以上の生徒は，全体の何％にあたるか求めなさい。

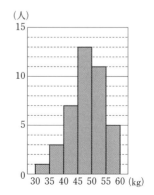

§2 代表値

4 下の表は，生徒25人の反復横とびの記録である。これについて，次の各問いに答えなさい。

（山口県　改）

(回数)

55	34	47	54	39
48	44	37	44	49
43	40	51	38	43
49	38	45	53	39
51	47	48	42	56

階級 (回)	度数 (人)
30 以上 ～ 35 未満	
35　～ 40	
40　～ 45	
45　～ 50	
50　～ 55	4
55　～ 60	2
計	25

(1) 資料から平均値を求め，四捨五入して，小数第1位まで求めなさい。

(2) 右上の度数分布表を完成させ，最頻値を求めなさい。

(3) この記録の中央値と範囲を求めなさい。

§3 平均値を求める

5 下の表は，あるクラスの男子生徒の体重を度数分布表にまとめたものである。これについて，次の問いに答えなさい。

（石川県　改）

(1) 表の空欄を埋めて，表を完成させなさい。

階級 (kg)	階級値 (kg)	度数 (人)	(階級値) × (度数)
30 以上 ～ 40 未満		2	
40　～ 50		3	
50　～ 60		7	
60　～ 70		4	
計		16	

(2) このクラスの男子生徒の体重の平均値は何kgか，四捨五入して小数第1位まで求めなさい。

6 右の表は，生徒20人の垂直跳びの記録の度数分布表である。この分布表から，垂直跳びの記録の平均を小数第1位まで求めなさい。

（鳥取県）

階級 (cm)	度数 (人)
20 以上 ～ 30 未満	2
30　～ 40	4
40　～ 50	8
50　～ 60	5
60　～ 70	1
計	20

データの活用編

1 データのちらばりと代表値

7 秀美さんの学級で通学にかかる時間を調べた。右の表は，その中の女子20人について調べた結果を度数分布表に整理したものである。これについて，次の問いに答えなさい。 (宮崎県)

〈通学にかかる時間〉

階級（分）	度数（人）
0^{以上}～10^{未満}	3
10　～20	6
20　～30	8
30　～40	2
40　～50	1
計	20

(1) 通学にかかる時間が，30分以上の生徒の人数を求めなさい。

(2) この表から，通学にかかる時間の平均を求めなさい。

8 右の表は，生徒20人の握力の記録を度数分布表にまとめたものである。これについて，次の問いに答えなさい。 (山口県)

〈握力の記録〉

階級（kg）	階級値（kg）	度数（人）
16^{以上}～20^{未満}	18	2
□　～□	22	5
□　～□	26	9
□　～□	30	3
32　～36	34	1
計		20

(1) 階級値26kgの階級は，何kg以上何kg未満の階級ですか。求めなさい。

(2) この度数分布表から，記録の平均値を，四捨五入によって，小数第1位まで求めなさい。

9 下の表は，中学生A，B，C，D，Eの身長が，165cmより何cm高いかを示したものである。この5人の身長の平均を求めなさい。 (佐賀県)

中学生	A	B	C	D	E
165cmとの違い（cm）	＋7	－5	＋1	－4	＋11

10 右の表は，中学生A，B，C，D，Eの垂直とびの記録について，この5人の平均値45cmを基準にして，それよりも高いときは正の数，低いときは負の数で表したものである。表中の　　　　にあてはまる数を求めなさい。 (北海道)

生徒	平均値45cmとの違い（cm）
A	＋3
B	－4
C	＿＿＿＿
D	＋12
E	－9

§4 数値を求める

11 右の表は，生徒40人の垂直とびの記録を，相対度数の分布表にまとめたものである。60cm以上とんだ生徒は何人いるか求めなさい。

階級（cm）	相対度数
40^{以上}～45^{未満}	0.10
45　～50	0.10
50　～55	0.15
55　～60	0.25
60　～65	0.20
65　～70	0.15
70　～75	0.05
計	1.00

12 右の図は，ある中学校の2年生女子40人の走り幅とびの記録をヒストグラムに表したものである。これについて，次の問いに答えなさい。 (香川県)

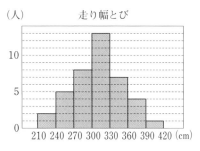

(人) 走り幅とび

(1) 330cm以上とんだ生徒は何人ですか。

(2) 270cm以上300cm未満の階級の相対度数を求めなさい。

§5 累積度数

13 右の表は，生徒20人の50m走の記録をまとめたものである。
(1) 右の表を完成させなさい。
(2) 記録が8.0秒未満の生徒は何人ですか。また，全体の何%にあたりますか。

記録（秒）	度数(人)	相対度数	累積度数(人)	累積相対度数
6.0 以上～ 7.0 未満	1	0.05		
7.0 ～ 8.0	7	0.35		
8.0 ～ 9.0	9	0.45		
9.0 ～10.0	3	0.15		
合計	20	1.00		

14 右の表は，あるクラスの生徒40人の50点満点のテストの結果を度数分布表にまとめたものである。次の問いに答えよ。
(1) 表中の**ア**，**イ**，**ウ**にあてはまる数を求めなさい。
(2) 40点以上50点未満の階級までの累積度数を求めなさい。
(3) 40点以上50点未満の階級までの累積相対度数を求めなさい。

階級（点）	度数（人）	相対度数
0 以上～ 10 未満	4	0.100
10 ～ 20	9	ア
20 ～ 30	イ	0.350
30 ～ 40		0.175
40 ～ 50		
50	1	0.025
計	40	ウ

15 あるクラスの生徒25人について，ハンドボール投げの記録を調べ，度数分布表にまとめた。この度数分布表の階級の幅は5mで，一番長い記録は34m，一番短い記録は13mであった。また，記録が25m未満の生徒は16人，25m以上30m未満の相対度数は0.24であった。次の問いに答えなさい。
(1) 30m以上35m未満の階級の相対度数を求めなさい。
(2) 25m以上30m未満の階級までの累積相対度数を求めなさい。

データの活用編

1 データのちらばりと代表値

発展問題

いろいろな知識を活用する問題です。
基礎がマスターできたら，活用できるかをためそう。

1

表現 右の表は，A，B 2つのグループで行った小テスト
の得点の度数分布表である。この小テストは5点満点であり，
2つのグループの得点の平均値は同じであった。このとき，
次の問いに答えなさい。 (長崎県)

得点	度数（人）	
	Aグループ	Bグループ
5	2	x
4	4	y
3	2	3
2	1	1
1	1	1
0	0	0
計	10	12

(1) Aグループの得点の平均値を求めなさい。

(2) Bグループの度数のみに着目して，x と y の間に成り立
つ式を求めなさい。

(3) A，B2つのグループの得点の平均値に着目して，x と y
の間に成り立つ式を求めなさい。

(4) x，y の値を求めなさい。

2

表現 40人のクラスで，A，B 2つの教科について 10 点満点のテストをしたところ，
点数の分布は下の表のようになり，いずれの教科も 0 点の生徒はいなかった。表中の (1)，
(2)について，次の問いに答えなさい。 (同志社高)

点／教科	3以下	4	5	6	7	8	9	10	平均点
A	0	2	8	11	13	4	1	1	(1)
B	(2)	3	5	11	11	2	3	2	6.2

(人)

(1) 教科Aの平均点を求めなさい。

(2) 教科Bの平均点は6.2点であった。このとき，1点，2点，3点の生徒はそれぞれ何人
いるか，考えられるすべての場合を求めなさい。

3

表現 次の表は，あるクラスの生徒 40 人の家から学校までの道のりを調べ，度数分布
表にまとめたものである。表の中の**ア〜オ**にあてはまる数を求めなさい。

階級（km）	度数（人）	相対度数	累積度数（人）	累積相対度数
0 以上〜 0.5 未満	6	0.150	6	
0.5 〜 1.0	13	**ア**	19	**イ**
1.0 〜 1.5		0.225		0.700
1.5 〜 2.0	**ウ**	0.175		**エ**
2.0 〜 2.5			40	**オ**
計	40	1		

表現 市内通話の料金は，通常の場合3分ごとに10円であるが，毎月定額料200円を支払うと，5分ごとに10円になるサービスがある。Sさんは，通常の場合とサービス利用の場合を比較するために，ある1か月間，電話を1回かけるごとに使用時間を記録し，その結果を2つの表に整理した。A表は階級の幅が3分，B表は階級の幅が5分の度数分布表であり，それぞれ階級ごとに，通話1回あたりの料金を記入したものである。次の(1)，(2)に答えなさい。

ただし，市内通話に限定して考えるものとし，通話料金の求め方については，それぞれの(注)にしたがうものとする。 (島根県 改)

電話の使用時間（ある一か月間）

A表（通常の場合）

階　級 （分）	階級値 （分）	度数 （回）	一回あたり料金 （3分ごとに10円）
より大　以内			
0 〜 3	1.5	1	10 円
3 〜 6	4.5	4	20 円
6 〜 9	7.5	6	30 円
9 〜 12	10.5	5	40 円
12 〜 15	13.5	4	50 円
計		20	

(注) 1か月の通話料金の求め方

使用料金のみ

B表（サービス利用の場合）

階　級 （分）	階級値 （分）	度数 （回）	一回あたり料金 （5分ごとに10円）
より大　以内			
0 〜 5	2.5	4	10 円
5 〜 10	7.5	8	20 円
10 〜 15	12.5	8	30 円
計		20	

(注) 1か月の通話料金の求め方

使用料金＋定額料 200 円

(1) A表とB表を利用して，次の問いに答えなさい。

(ア) A表から，通常の場合，この1か月の電話の通話料金はいくらになるか，求めなさい。

(イ) B表から，この1か月の電話の使用時間の平均は何分になるか，小数第1位まで求めなさい。

(2) Sさんはその後，電話の使用時間をさらに10回記録したところ，その記録は下のようになった。

5	4	4	11	1	13	10	7	2	11

この記録を上の度数分布表に追加して考えるとき，通話料金の合計は，通常の場合とサービス利用の場合では，どちらの場合がどれだけ安くなるか求めなさい。

データのちらばりと箱ひげ図

要点まとめ

§1 統計的
確率

■ **統計的確率**…多数の観察や多数回の試行によって得られる確率。
試行回数が少ないと不安定であり，多くなるにつれて安定して，信頼性が高まる。

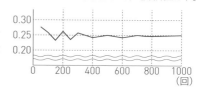

例 52 枚のトランプから 1 枚のカードを取り出すとき，ハートのカードが取り出される割合は，試行回数が多くなるにつれて，およそ 0.25 に近づいている。ハートのカードが取り出される確率は，およそ0.25である。

§2 四分位
範囲

■ **四分位数**…すべてのデータを，値の小さい順に並べ四等分したときの区切りの値。

■ **四分位範囲**…（第3四分位数）－（第1四分位数）

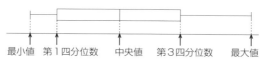

例 3 5 6 9 11 12 13 14 16 19 20

第 1 四分位数　　　第 2 四分位数　　　第 3 四分位数
(値の小さい方の　　　(中央値)　　　(値の大きい方の
半分の中央値)　　　　　　　　　　　半分の中央値)

四分位範囲…16－6＝10

§3 箱ひげ図

■ **箱ひげ図**…データの分布のようすを，長方形の箱とひげを用いて 1 つの図に表したもの。

最小値　第1四分位数　中央値　第3四分位数　最大値

§4 近似値・
有効数字

■ **近似値**…測定値などの真の値に近い値のこと。**誤差**は近似値と真の値との差。

■ **有効数字**…近似値を表す数字のうち，信頼できる数字のこと。

例 (1)測定値が12.6mであったとき，真の値Aの範囲を不等式で表すと，
　　　$12.55 \leqq A < 12.65$

(2)地球と太陽との距離 150000000km を，有効数字を 3 桁として整数部分が 1 桁の小数と 10 の累乗との積で表すと，1.50×10^8km

標準問題

あらゆる問題を解くうえで必要な基礎となる問題です。必ず解けるようにしよう。

§1 統計的確率

1 右のグラフは，あるペットボトルのキャップ
を投げたときの裏向きになる割合（相対度数）
を表したものである。
裏向きになる確率はおよそいくらといえますか。

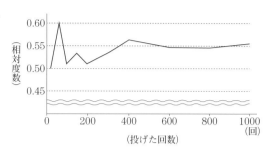

2 次の表は，ボタンを投げたとき，裏が出た回数を調べた結果である。このボタンを投げたときの裏が出る確率を小数第2位まで求めなさい。

投げた回数 (回)	100	200	300	400	500	1000
裏が出た回数 (回)	36	73	111	150	189	379
裏が出る相対度数						

§2 四分位範囲

3 次のデータについて，四分位数と四分位範囲を求めなさい。

35 39 40 43 45 46 47 47 49 51 55 60

§3 箱ひげ図

4 次の図は，あるクラスの生徒の家庭学習の時間を箱ひげ図に表したものである。次の問いに答えなさい。

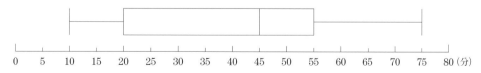

(1) 最小値，最大値をそれぞれ求めなさい。

(2) 四分位数を求めなさい。

(3) 四分位範囲を求めなさい。

でる! **5** 次の図は，A中学校とB中学校の通学時間のデータの箱ひげ図である。

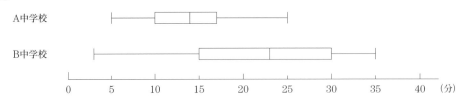

この図から読み取れることがらとして，正しいものをすべて選びなさい。

⑦　A中学校よりB中学校の方が生徒の人数が多い。

④　A中学校の半数以上の生徒が15分未満である。

⑨　A中学校で30分以上かかる生徒はいない。

㊤　B中学校で，15分未満の生徒の人数は，30分以上の生徒の2倍以上いる。

㋔　B中学校の方が通学時間のちらばりが大きい。

6 **3** のデータを箱ひげ図に表しなさい。

§4 近似値・有効数字

7 次のような測定値を得たとき，真の値Aは，どんな範囲にあると考えられますか。不等号を使って表しなさい。

(1) 4.5cm　　　　　(2) 20秒　　　　　(3) 100m

(4) 100.0m　　　　(5) 1.0×10^2m

8 次の測定値を有効数字3桁として，整数部分が1桁の小数と10の累乗との積の形で表しなさい。

(1)　富士山の高さ　3780m　　　　(2)　東京ドームの広さ　46800m^2

(3)　月までの距離　385000km

9 次の測定値を有効数字2桁として，整数部分が1桁の小数と$\dfrac{1}{10}$の累乗との積の形で表しなさい。

(1)　紙の厚さ　0.091mm　　　　(2)　雪の結晶　0.0010m

(3)　ミカヅキモの大きさ　0.00031m

10 次の数を四捨五入して，有効数字が3桁の近似値を求め，整数部分が1桁の小数と10の累乗との積，または，整数部分が1桁の小数と$\dfrac{1}{10}$の累乗との積の形に表しなさい。

(1)　48779　　　　　(2)　0.00003474

発展問題

1

でる！…▸

思考 次のデータは，1組と2組の生徒のうちの12人が，1か月で読んだ本の冊数を調べたものである。次の問いに答えなさい。

1組	11	7	14	19	4	2	16	9	17	14	7	5
2組	16	15	6	13	8	15	15	7	16	14	6	15

(1) 1組と2組の最小値と最大値をそれぞれ求めなさい。

	最小値	最大値
1組		
2組		

(2) 1組と2組の四分位数をそれぞれ求めなさい。

	第1四分位数	第2四分位数	第3四分位数
1組			
2組			

(3) 1組と2組のデータをそれぞれ箱ひげ図に表しなさい。

1組

2組

2

表現 円周率は，小数で表すと 3.1415926535… と無限に続く数である。また，円周率は建築や天文学などさまざまな分野で使われる数であるため，昔からできるだけ正確でなおかつ扱いやすい近似値が用いられてきた。下の表は，さまざまな時代で用いられた円周率の分数での近似値を表したものである。

古代バビロニア	古代エジプト	王蕃（呉の天文学者）	祖冲之（南朝の天文学者）
$\dfrac{22}{7}$，$\dfrac{25}{8}$	$\dfrac{256}{81}$	$\dfrac{142}{45}$	$\dfrac{355}{113}$

ここで，円周率の近似値を 3.14159 とし，この値と上の表であたえられた分数での近似値との誤差をそれぞれ求め，誤差の絶対値が小さい順に分数を並べなさい。ただし，割り切れない分数は四捨五入して小数第5位まで求め，誤差を計算しなさい。

場合の数

要点まとめ

§1　場合の数

■ **場合の数**…あることがらの起こりうる結果の総数が n 通りあるときの n のことをいう。

　例　(1) 1つのさいころを1回投げるとき，目の出方の場合の数は6通りである。

　　　(2) 2人で1回ジャンケンするとき，1人の手の出し方は3通りずつあるので，2人での手の出し方の場合の数は3×3＝9（通り）である。

■ **樹形図**…場合の数を数えるとき，数えモレや重複のないようにするためにかく図のことをいう。

　例　(1) 2枚のコインを1回投げるときの場合の数は4通り。樹形図をかくと図1のようになる。

　　　(2) AさんとBさんがジャンケンを1回するときの場合の数は9通り。樹形図をかくと図2のようになる。

図1

■ **和の法則**…2つのことがらが**同時に起こらない**ときは，それぞれの場合の数を求めて**たせばよい**。これを**和の法則**という。

　例　AさんとBさんがジャンケンを1回するとき，「あいこ」になる場合の数を求めなさい。

　　「あいこ」になるのは「2人ともグー」「2人ともチョキ」「2人ともパー」のときである。図2の樹形図から，「2人ともグー」になるのは，1通り。同様に「2人ともチョキ」「2人ともパー」になるのもそれぞれ1通り。この3つの場合は同時には起こらないので，「あいこ」になる場合の数は，

　　　　1＋1＋1＝3（通り）

図2

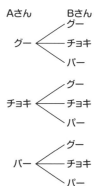

■ **積の法則**…1つのことがらの起こる場合の数が a 通りあり，それぞれに対してもう1つのことがらの起こる場合の数が b 通りあるとき，2つのことがらが**ともに起こる**場合の数は ab **通り**である。

　例　ある山には図のように登山道が3つある。登りと下りで同じ道は通らないものとしたとき，この山に登って下りる場合の数を求めなさい。

　　登り道の選び方は3通りあり，それぞれについて，下り道の選び方が2通りある。

　　よって，積の法則より，

　　　　3×2＝6（通り）

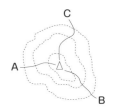

標準問題

あらゆる問題を解くうえで必要な基礎となる問題です。必ず解けるようにしよう。

§1 場合の数

1 3枚のコインA，B，Cを同時に投げる。これについて，次の問いに答えなさい。　　(和歌山県)

(1) 表と裏の出かたについて，起こりうるすべての場合を樹形図に表しなさい。

(2) 1枚が表で，2枚が裏となる場合は何通りあるか，求めなさい。

2 右のように，家から郵便局に行くのに，a，b，cの3つの道がある。

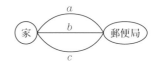

(1) 家を出発して郵便局に行き再び家に戻ってくる方法は何通りありますか。

(2) 家を出発して郵便局に行き，行きとは違う道で家に戻ってくる方法は何通りありますか。

発展問題

いろいろな知識を活用する問題です。
基礎がマスターできたら，活用できるかをためそう。

1　**? 思考** ABCD……のいくつかの駅があり，快速電車の走らせ方を検討している。快速電車とは，各駅停車であってもよく，また途中から各駅停車となった場合や途中まで各駅停車となった場合も，快速電車と見なすことにする。さらに，快速電車は始発駅のA駅から終着駅まで行くとき，途中のどの駅を通過してもよいが，連続する2つ以上の駅を通過してはならないものとする。これについて，以下の問いに答えなさい。　　(専修大学附属高)

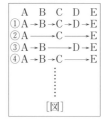

(1) 図の①～④はE駅が終着駅の場合の快速電車の走り方の例を示している。

図において，あと1通りの快速電車の走らせ方がある。例にならってそれを書きなさい。

(2) 図で駅の数を少なくして，ABCの3駅の場合やABCDの4駅の場合，また，駅の数を増やしてABCDEFの6駅の場合について同じ条件で快速電車の走らせ方を考え，5駅の場合も含めて相互の関係を見出してください。

すると，ABC……JKの11駅の場合の快速電車の走らせ方は，89通りあることがわかる。

さて，これにさらにL駅を終着駅として加えた12駅の場合，快速電車の走らせ方は何通りありますか。

(3) (2)で途中のG駅が通過駅になる快速電車の走らせ方は何通りありますか。

ゆいさんは，家族5人でイタリアンレストランに出かけ，全員がランチのセットメニューを注文することになった。ゆいさんは，「私はあさりが大好き。あさりのスパゲティは必ず注文するよ」と言っている。メニューのBの「あさりのスパゲティ」を注文して，メニューのAとCからそれぞれ1品ずつ選ぶとき，その選び方は全部で何通りありますか。

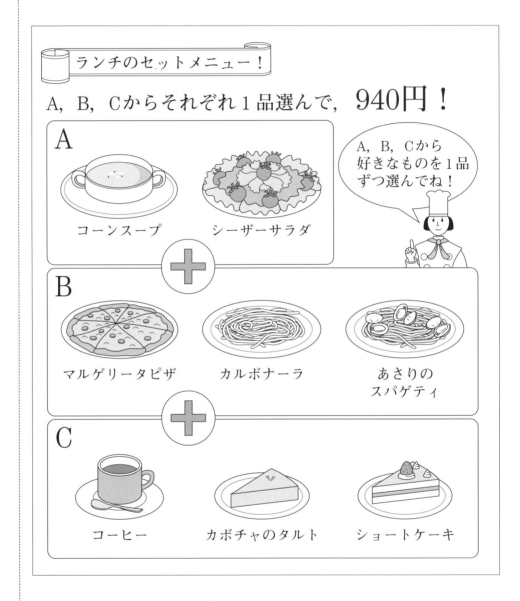

確率

要点まとめ

§1 確率

■ **確率**…あることがらが起こると期待される程度を数値で表したものを，そのことがらの起こる**確率**という。

■ **同様に確からしい**…いくつかのことがらが起こりうる場合で，起こることがどれも同じ程度に期待できるとき，どの結果が起こることも**同様に確からしい**という。

■ **確率の求め方**…ある実験または観察などにおいて，起こりうる結果が全部で n 通りあり，そのどれが起こることも同様に確からしいとする。ことがら A が起こるのは，上の n 通りのうちの a 通りの場合であるとき，A の起こる確率 p は，$p = \dfrac{a}{n}$ である。（$0 \leqq p \leqq 1$）

例 1つのさいころを1回投げるとき，偶数の目が出る確率を求めなさい。
　　起こりうる場合は全部で 6 通りあり，その中で偶数の目は 2，4，6 の3通りである。よって，（偶数の目が出る確率）$= \dfrac{3}{6} = \dfrac{1}{2}$

例 AさんとBさんがジャンケンを1回するとき，
(1) 「あいこ」になる確率を求めなさい。
　　右の樹形図から，起こりうる場合の数は全部で
　　3×3＝9（通り）
　　「あいこ」になるのは「パーとパー」「グーとグー」
　　「チョキとチョキ」の3通りである。
　　よって，確率は，$\dfrac{3}{9} = \dfrac{1}{3}$

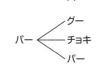

(2) 「Aさんが勝つ」確率を求めなさい。
　　「Aさんが勝つ」のは「チョキとパー」「グーとチョキ」「パーとグー」の3通りである。
　　よって，確率は，$\dfrac{3}{9} = \dfrac{1}{3}$

■ **ことがらAの起こらない確率**…（Aの起こらない確率）＝1－（Aの起こる確率）

例 AさんとBさんがジャンケンを1回するとき，「勝負がつく」確率を求めなさい。
　　「あいこ」になる確率は上の例より $\dfrac{1}{3}$ であるから，
　　（勝負がつく確率）＝1－（勝負がつかない（あいこになる）確率）
　　　　　　　　　　　　＝$1 - \dfrac{1}{3} = \dfrac{2}{3}$

〔別解〕「勝負がつく」のは，「Aさんが勝つ」場合と「Bさんが勝つ」場合である。樹形図よりAさんが勝つ場合の数は3通り。同様にBさんが勝つ場合の数は3通り。
　　よって，求める確率は，$\dfrac{3}{9} + \dfrac{3}{9} = \dfrac{2}{3}$

データの活用編

4
確率

標準問題

あらゆる問題を解くうえで必要な基礎となる問題です。必ず解けるようにしよう。

§1 確率

でる! ⋯➤ **1** Aさんは2, 3, 5の数字を1つずつ書いた3枚のカードを, Bさんは1, 3, 4の
数字を1つずつ書いた3枚のカードを持っている。

　2人とも, カードをよくきり, 自分の持っているカードの中から1枚取り出す。
このとき, Aさんの取り出したカードに書いてある数のほうが, Bさんの取り出
したカードに書いてある数よりも大きい確率を求めなさい。 （宮城県）

Aさんのカード

2	3	5

Bさんのカード

1	3	4

2 大, 小1つずつのさいころを同時に投げるとき, 出る目の数の2乗の和が25以下になる確率を求
めなさい。ただし, さいころの1から6の目の出る確率はすべて等しいものとする。

（東京都立日比谷高）

3 下の［　　　　］のようなルールで, ゲームをした。

| 1 図の⑤から出発して, ⑥をゴールとする。 |
| 2 さいころを投げて, 出た目の数だけ左回りにこまを進める。 |
| 3 さいころの目が大きすぎて⑥を通り過ぎる場合は, ⑥で止まらない |
| で, こまを進める。 |
| 4 ちょうど⑥で止まったときに終了する。 |

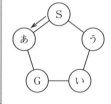

このとき, 次の問いに答えなさい。ただし, さいころの1から6までのどの目が出ることも同様に
確からしいとする。 （滋賀県 改）

(1) さいころを1回投げたとき, ⓐで止まる確率を求めなさい。
(2) さいころを2回投げたときに, このゲームが終了する確率を求めなさい。

でる! ⋯➤ **4** 1から7までの数字を書いたカードが1枚ずつある。この7枚のカードをよくきって, 同時に2枚
を取り出し, 数字の大きい順に左から右に並べて2桁の整数をつくる。このようにしてできた整数
について, 次の問いに答えなさい。 （佐賀県 改）

(1) 整数が奇数となる確率を求めなさい。
(2) 整数が3の倍数となる確率を求めなさい。
(3) 整数が, その整数の一の位の数でわり切れる確率を求めなさい。ただし, 整数の範囲内でわり
　　切れるとする。

5 3枚の封筒にそれぞれ1から3まで番号がつけてあり，3枚のカードにそれぞれ1から3までの数字が1つずつ書いてある。この3枚の封筒にそれぞれ1枚ずつのカードを入れたとき，カードの数字と封筒の番号とが全部異なっている確率を求めなさい。 (巣鴨高)

6 右の図のように，方眼紙上に点Aがあり，点Aの位置におはじきが置かれている。正しくつくられた1つのさいころを続けて投げる。さいころを投げるごとに，おはじきをそのとき置かれている位置から，1の目が出れば右へ，2の目が出れば上へ，3の目が出れば左へ，4の目が出れば下へ，それぞれ1目盛り移動するものとし，5，6の目が出れば移動しないものとする。さいころを続けて2回投げるとき，おはじきが点Aの位置にある確率を求めなさい。 (広島県 改)

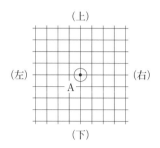

7 青色，黄色，赤色の直方体の積木が1つずつあり，どの積木も，となり合う3辺の長さは4.5cm，5cm，5.5cmである。これらの積木を水平な机の上に重ねていくとき，次の問いに答えなさい。ただし，積木を置くときには，積木の高さは4.5cm，5cm，5.5cmの3通りあり，どれが高さになることも同様に確からしいものとする。 (茨城県)

(1) 青色の積木を置き，その上に黄色の積木を重ねて置くとき，2つの積木の高さの合計が9cmになる確率を求めなさい。

(2) 青色の積木を置き，その上に黄色の積木を重ね，さらに赤色の積木を重ねて置くこととする。3つの積木の高さの合計を$h$cmとするとき，hが整数になる確率を求めなさい。

発展問題

1

でる! …▶

表現 正四面体の頂点にある球が，1秒ごとに他の頂点に次々と移るコンピュータのプログラムをつくった。ただし，どの頂点に移るかは，同じ程度に確からしいものとする。
これについて，次の問いに答えなさい。

(秋田県 改)

(1)右の**図1**のように，最初に球Pが頂点Aにある。球Pが，スタートしてから3秒後に頂点Aにもどる確率を求めなさい。

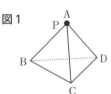

図1

(2) 右の**図2**のように，球Pが頂点Aに，球Qが頂点Bにある。2つの球が同時にスタートして，1秒後に同じ頂点で**重ならない**確率を求めなさい。

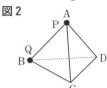

図2

2

表現 袋Aには色以外に区別がない赤玉3個，白玉3個，黒玉4個の計10個の玉が入っている。また，袋Bには色以外に区別のない赤玉2個，白玉5個，黒玉3個の計10個が入っている。

太郎は袋Aから1個の玉を，次郎は袋Bから1個の玉を取り出し，取り出した玉の色で勝敗を決めるゲームをすることにした。勝敗は，取り出した玉が赤玉と白玉では赤玉の勝ち，白玉と黒玉では白玉の勝ち，黒玉と赤玉では黒玉の勝ちとし，同じ色のときには引き分けとすることにした。

このとき，次の問いに答えなさい。

(海城高)

(1)太郎と次郎がともに黒玉を取り出し引き分けになる確率を求めなさい。

(2)赤玉で勝ちが決まる確率を求めなさい。

(3)太郎と次郎では，どちらが勝つ確率が高いですか。高い方の確率を求めなさい。

要点まとめ

§1 標本調査

■ **全数調査**…調査の対象**全部**についてもれなく行う調査を**全数調査**という。

■ **標本調査**…調査対象のうち，**一部**を取り出して全体の傾向を推定しようとする調査を**標本調査**という。

例 学校で行う健康診断 → 全数調査

日本全国の中学3年生の通塾率調査 → 標本調査

■ **母集団の推定**…調査の対象となる集団全体を**母集団**といい，母集団の一部分として取り出し，実際に調べたものを**標本**という。標本として取り出したデータの個数を**標本の大きさ**という。標本での比率をもとにして，母集団の数量を推定できる。

例 ある市の世帯数は 10000 世帯である。このうち 500 世帯を無作為に抽出し，購読している新聞を調べたところ右の表のようになった。

(1) 母集団，標本，標本の大きさを求めなさい。

母集団…市の全世帯，標本…無作為に選ばれた世帯，

標本の大きさ…500

A新聞	350
B新聞	70
C新聞	50
その他	30
計（世帯）	500

(2) この市で A 新聞を購読している世帯数を推定しなさい。

A新聞を購読している世帯数を x 世帯とすると，

$350 : 500 = x : 10000$，$500x = 350 \times 10000$，これを解いて，

$x = 7000$　　およそ 7000 世帯

■ **標本を選び出す**…標本をかたよりのない方法で選び出すことを**無作為に抽出する**という。

例 右の表は，栽培していたみかん 20 個を収穫し，重さをはかったものである。この中から 5 個を無作為に抽出して標本をつくるのに，乱数さいを 2 つ使って乱数をつくったところ，順に次のようになった。

14	86	23	13	2	24	64	10	2	4	…

番号	重さ(g)	番号	重さ(g)
1	130	11	130
2	130	12	169
3	149	13	168
4	162	14	131
5	141	15	162
6	140	16	134
7	170	17	159
8	162	18	170
9	138	19	146
10	165	20	167

(1) この乱数を利用して，表から 5 つの標本を選びなさい。

20 番までしかデータはないので，20 より大きい数や同じ数は除いて，番号 14，13，2，10，4 の標本を取り出せばよい。

よって，131g，168g，130g，165g，162g

(2) (1)の標本平均を求めなさい。

$$\frac{131 + 168 + 130 + 165 + 162}{5} = 151.2 \text{ (g)}$$

標準問題

あらゆる問題を解くうえで必要な基礎となる問題です。必ず解けるようにしよう。

§1 標本調査

1 次の調査について標本調査であるか，全数調査であるか答えなさい。

(1) 工場で加工されたみかんのかんづめの品質調査
(2) 東京都の都知事選挙
(3) 支持する政党についての世論調査
(4) テレビの視聴率についての調査
(5) 学校で行う健康診断

でる! **2** 袋の中に，白と黒のご石が合わせて300個入っている。10個ずつ取り出して，それぞれの個数を調べ，もとの袋に戻すことを8回くり返したところ，次の表のようになった。白いご石は袋におよそ何個入っていると考えられますか。

回	1	2	3	4	5	6	7	8
白	5	4	3	5	4	4	4	3
黒	5	6	7	5	6	6	6	7

発展問題

いろいろな知識を活用する問題です。
基礎がマスターできたら，活用できるかをためそう。

1 **？思考** 袋の中に，豆がたくさん入っている。その数を数える代わりに豆100個を取り出して赤く染め，袋に戻してよく混ぜた。袋の中から豆200個を取り出して調べたところ，15個が赤く染めた豆だった。袋の中にあるすべての豆は何個と推定できるか，有効数字を2桁として答えなさい。

2 **？思考** 袋の中に，いろいろな色のおはじきが1000個入っている。この袋から10個のおはじきを取り出して，赤色のおはじきの個数を調べ，もとの袋に戻すことを8回くり返し行った。この結果をまとめた次の表から，赤いおはじきの個数を小数第1位以下を四捨五入して推定したところ，363個になった。表の空欄にあてはまる数を求めなさい。

回	1	2	3	4	5	6	7	8
赤色のおはじきの個数	3	5		4	3	3	4	5

1

自然数xについて，各桁の数の和yを対応させる。

たとえば，$x = 15$のとき，$y = 1 + 5 = 6$で，$x = 108$のときは$y = 1 + 0 + 8 = 9$である。

このとき，次の各問いに答えなさい。

(城北高)

(1) $y = 20$となるxのうちで最小のものを求めなさい。

(2) xが3桁の3の倍数のとき，yの値は全部で何種類あるか。

(3) $x = 10^n - 1$（nは自然数）のとき，$y = 45$となった。nの値を求めなさい。

2

150051，25852，2222 のように前から読んでも後ろから読んでも同じ数になる数のことを回文数とよぶことにする。6けたの回文数のうち85で割り切れるものをすべて求めたい。次の空欄に適する数や文字を答えなさい。

(慶應義塾女子高)

6けたの回文数を$abccba$とすると，この回文数は

$$100000a + 10000b + 1000c + 100\boxed{\ \text{ア}\ } + 10\boxed{\ \text{イ}\ } + \boxed{\ \text{ウ}\ }$$

つまり，

$$\boxed{\ \text{エ}\ }a + \boxed{\ \text{オ}\ }b + \boxed{\ \text{カ}\ }c$$

とおける。これが85で割り切れるとき，

$$\boxed{\ \text{キ}\ }a + 65b + \boxed{\ \text{ク}\ }c$$

は85の倍数である。ただし，$\boxed{\ \text{キ}\ }$，$\boxed{\ \text{ク}\ }$はいずれも0以上84以下の整数とする。

よって，kを正の整数として

$$85k = \boxed{\ \text{キ}\ }a + 65b + \boxed{\ \text{ク}\ }c$$

と表せる。この式を

$$\boxed{\ \text{キ}\ }a = 85k - 65b - \boxed{\ \text{ク}\ }c \quad \cdots (\text{A})$$

とすると，$\boxed{\ \text{キ}\ }$と5は共通の素因数をもたないので，$a = \boxed{\ \text{ケ}\ }$である。

よって，(A) は

$$\boxed{\ \text{コ}\ }k = \boxed{\ \text{サ}\ } + \boxed{\ \text{シ}\ }b + 16c \quad \cdots (\text{B})$$

となる。

bとcは共に0以上9以下の整数であるから，(B) が成り立つ整数kは3以上17以下で考えればよい。この範囲の整数kを小さい方から順に調べると，最初に (B) が成り立つのは$k = 6$，$b = \boxed{\ \text{ス}\ }$，$c = \boxed{\ \text{セ}\ }$のときで，対応する回文数は$\boxed{\ \text{ソ}\ }$である。残りの回文数をすべて調べると507705，548845，554455，560065，589985，595595である。

下の**図**は，A駅とB駅を2本の平行なレールで一直線に結ぶモノレールを，真上から見たものである。車両が2台あり，1台はA駅，もう1台はB駅に止まっている状態から運行を開始する。2台の車両は同時に動き出し，両駅の中間地点ですれ違い，駅に到着するたびに10分間停車する。その後，再び同時に動き出し，A駅とB駅との間の往復をくり返す。A駅とB駅との間の距離は4800mであり，2台の車両はそれぞれ常に一定の速さで走り，その速さは毎分400mであるものとする。あとの問いに答えなさい。

ただし，駅と車両の大きさは考えないものとする。　　　　　　　　　　　　　(山形県)

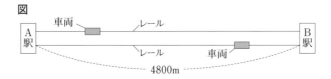

(1) A駅を出発した車両が初めてB駅に到着するのは，A駅を出発してから何分後か，求めなさい。

(2) 下の文章は，2台の車両がどのようにすれ違うかについて表したものである。 **ア** ， **イ** ， **エ** にはあてはまる数を， **ウ** にはあてはまる文字式を，それぞれ書きなさい。

> 　2台の車両が1回目にすれ違うのは運行を開始してから **ア** 分後で，すれ違ってから，2台の車両は **ア** 分かけてそれぞれの駅に到着する。そこで10分間停車し，再び動き出してから **ア** 分後に2回目のすれ違いがある。よって，2台の車両は **イ** 分間隔ですれ違うことになる。
>
> 　したがって，n回目にすれ違うのは，運行を開始してから（ **ウ** ）分後である。
> 　午前9時に2台の車両が運行を開始する場合，その日の午後1時30分には， **エ** 回目のすれ違いをすることになる。

(3) 下の**表**は，このモノレールの乗車券の金額を示したものである。ある日，A駅を午前9時に発車した車両を利用した大人と子どもの人数は合わせて32人であった。このうち，大人の$\dfrac{1}{4}$が往復乗車券を1人1枚ずつ購入し，残りの大人と子ども全員とが片道乗車券を1人1枚ずつ購入し，その合計金額は7040円であった。この32人のうち，大人全員の人数をx人，子ども全員の人数をy人として，連立方程式をつくり，大人全員の人数と子ども全員の人数をそれぞれ求めなさい。解き方は書かなくてよい。

表

	往復乗車券	片道乗車券
大人 （1人）	400円	240円
子ども （1人）	200円	120円

4 次の問いに答えなさい。 (東大寺学園高)

(1) $(a^2 - b^2)^2 + 4a^2b^2$ を因数分解しなさい。

(2) 斜辺の長さが $\sqrt{61}$，他の2辺の長さがそれぞれ自然数 a，b $(a \leq b)$ である直角三角形がある。a，b の値をそれぞれ求めなさい。

(3) 斜辺の長さが61，他の2辺の長さがそれぞれ自然数 ℓ，m $(\ell \leq m)$ である直角三角形がある。ℓ，m の値をそれぞれ求めなさい。

5 平行な2辺の長さが1cmと2cmで，他の2辺の長さがともに1cmである台形のタイルがたくさんある。このとき，次の問いに答えなさい。 (神奈川県立横浜翠嵐高)

(1) これらのタイルを平面上に重ならないようにすき間なくしきつめて，1辺の長さが6cmの正三角形をつくるとき，必要なタイルの枚数を求めなさい。

(2) これらのタイルを平面上に重ならないようにすき間なくしきつめて，1辺の長さが8cmの正六角形をつくるとき，必要なタイルの枚数を求めなさい。

(3) 正三角柱の形をした容器があり，この容器の底は1辺の長さが50cmの正三角形である。この容器の底にこれらのタイルを重ならないようにしくとき，タイルを最大何枚しくことができるか，その枚数を求めなさい。ただし，タイルは容器の中に入れ，容器の厚さは考えないものとする。

6 AB = AC = 4である二等辺三角形ABCがある。図のように，点Dは CA = CDを満たして辺BCの延長上に，また点EはBD = BEを満たして辺ABの延長上にある。

　辺ACが∠BADを二等分するとき，次の各問いに答えなさい。ただし，必要ならば2次方程式 $ax^2 + bx + c = 0$ の解が，
$x = \dfrac{-b \pm \sqrt{b^2 - 4ac}}{2a}$ で求められることを利用してもよい。

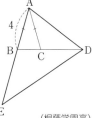
(桐蔭学園高)

(1) ∠BADを求めなさい。

(2) 辺BDと辺DEの長さを求めなさい。

(3) 辺ACのCの方の延長上に，CF = BDを満たすように点Fをとる。∠ADFを求めなさい。

(4) (3)の点Fに対して，四角形AEFDの周の長さを求めなさい。

7

3点 O (0, 0)，A (2, 0)，B (2, 2) を頂点とする三角形 OAB がある。今，辺 OA，OB，AB 上に点 P，Q，R をとり，三角形 PQR の周の長さ $\ell = PQ + QR + RP$ について考える。

(ラ・サール高)

(1) R (2, 1) とし，点 P，Q がそれぞれ OA，OB 上を動くとき，ℓ の最小値を求めなさい。

(2) R (2, k) とし，点 P，Q がそれぞれ OA，OB 上を動くとき，ℓ の最小値が $\sqrt{14}$ になった。k の値を求めなさい。

平面上で，点 P と線分 AB 上の点を結んでできる線分のうち，もっとも短いものの長さを，点 P と線分 AB との［距離］ということにする。

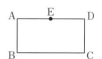

たとえば，右図は AB = 1，AD = 2 の長方形 ABCD であり，点 E は辺 AD の中点である。このとき，点 A と線分 AB との［距離］は 0，点 E と線分 AB との［距離］は 1 である。

このとき，次の各問いに答えなさい。

(東京学芸大学附属高)

(1) 右上の図において，点 A と線分 DE との［距離］および，点 B と線分 DE との［距離］をそれぞれ求めなさい。

(2) 平面上に点 O をとる。点 O との［距離］が 2 である長さ 1 の線分すべてによってできる図形の面積を求めなさい。

(3) 平面上に PQ $= \dfrac{5}{2}$ である 2 点 P，Q をとる。点 P との［距離］も，点 Q との［距離］もともに 1 である長さ 1 の線分 MN が，PQ に平行であるとき，MQ の長さを求めなさい。ただし，MP $<$ MQ とする。

9

原点 O，点 A (0, 2) を頂点とする正三角形 OAB をとる。ただし，点 B の x 座標は正とする。図のように，△OAB と合同な正三角形でしきつめる。次の各問いに答えなさい。

(近畿大学附属高)

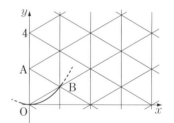

(1) 点 B の座標を求めなさい。

(2) 放物線 $y = ax^2$ が点 B を通るとき，定数 a の値を求めなさい。

(3) (2) の放物線上にある三角形の頂点を x 座標が正で小さいものから順に $B_1 (= B)$，B_2，B_3，……とする。

（ア）点 B_4 の座標を求めなさい。

（イ）原点から点 B_4 までの放物線が三角形の辺を何本横切るか求めなさい。ただし，三角形の頂点は数えないものとする。

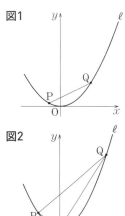

10 右の**図1**で，点Oは原点，曲線 ℓ は関数 $y = ax^2 \ (a > 0)$ のグラフを表している。曲線 ℓ 上に2点P, Qをとり，点Pと点Qを結ぶ。原点から点 $(1, 0)$ までの距離および，原点から点 $(0, 1)$ までの距離をそれぞれ1cmとして，次の各問に答えなさい。

(東京都立戸山高　改)

(1) $a = \dfrac{1}{2}$ とする。点Pの x 座標が $-\dfrac{1}{2}$，点Qの x 座標が $\dfrac{3}{2}$ のとき，2点P, Qを通る直線の傾きを求めなさい。

(2) 右の**図2**は，**図1**において，点Pの座標が $\left(-1, \dfrac{2}{3}\right)$ で，点Oと点P，点Oと点Qをそれぞれ結んだ場合を表している。$\angle POQ = 90°$ となるとき，点Qの座標を求めなさい。

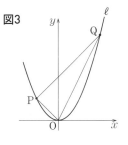

(3) 右の**図3**は，**図1**において，点Pの x 座標が -1，点Qの x 座標が2で，点Oと点P，点Oと点Qをそれぞれ結んだ場合を表している。$\angle OPQ = 90°$ となるとき，線分PQの長さは何cmか。

11 右の**図1**のような，縦と横の長さの比が $1 : \sqrt{2}$ の長方形ABCDを，次の①～③のように折る。

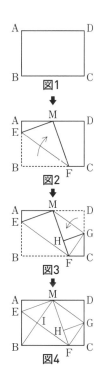

> ① **図2**のように，辺ADの中点をMとし，頂点Bが点Mに重なるように折る。このときの折り目の線と辺AB, BCとの交点をそれぞれE, Fとし，線分EM, MFをかく。
> ② **図3**のように，線分MDが線分MFに重なるように折ったとき，点Dの移った点をHとする。また，折り目をMGとし，線分HG, FGをかく。
> ③ **図4**のようにもとに戻し，折り目の線分EF, MGと線分BMをかき，線分BMとEFの交点をIとする。

　このとき，次の各問に答えなさい。

(埼玉県)

(1) 線分EFと線分MGが平行になることを証明しなさい。

(2) 線分AEとEBの長さの比を求めなさい。

(3) 四角形MIFGと長方形ABCDの面積の比を求めなさい。

12

半径4mの円Oの周上に定点Aがある。2点P，QはAを同時に出発し，円Oの周上を反対向きにそれぞれ一定の速さで動く。△APQは，P，QがAを出発してから60秒後にはじめて直角三角形になり，その15秒後にはじめて二等辺三角形になった。このとき，次の問いに答えなさい。 (筑波大学附属高)

(1) P，Qのうち，速く動く方の点が円Oを一周するのにかかる時間を求めなさい。

(2) P，QがAを出発してからはじめて同時にAに到着するまでの間に，△APQが直角三角形になることは何回ありますか。また，これらの直角三角形のうちで，面積が最も大きくなるものの面積を求めなさい。

図1は1辺が1cmの立方体である。また，図2は図1の立方体の展開図である。次の (1) ～ (3) に答えなさい。 (島根県)

図1

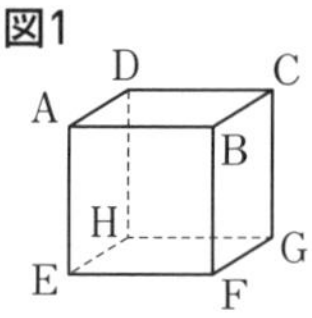

(1) 図1の立方体において，辺ABとねじれの位置にある辺を1つ答えなさい。

(2) 図2の展開図をもとにして立方体をつくるとき，頂点Hと重なり合う点すべてに○をつけなさい。

図2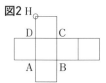

(3) 図1の立方体において，点Pは頂点Aを出発して，次の【操作】を繰り返しながら辺上を進む。

【操作】
　右のような3枚のカードがある。カードをよくきって1枚を取り出して，書いてある文字を確かめ，もとにもどす。書いてある文字が，x のとき，点Pは辺AB上，または辺ABと平行な辺上を1cm進む。y のとき，点Pは辺AD上，または辺ADと平行な辺上を1cm進む。z のとき，点Pは辺AE上，または辺AEと平行な辺上を1cm進む。

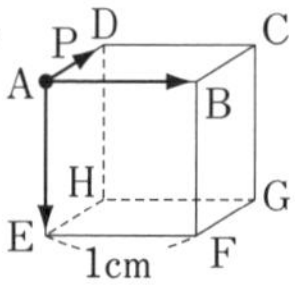

【例】
　この操作を3回繰り返し，取り出したカードの文字が順に x, z, z のとき，点Pは

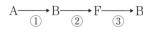

$$A \xrightarrow{①} B \xrightarrow{②} F \xrightarrow{③} B$$

と進む。

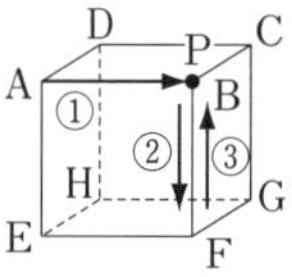

次の (ア) ～ (ウ) に答えなさい。

(ア) 図3はこの操作を4回繰り返したとき，点Pが立方体の辺上を進んだようすを展開図にかいたものである。取り出したカードに書いてあった文字を順に答えなさい。

図3

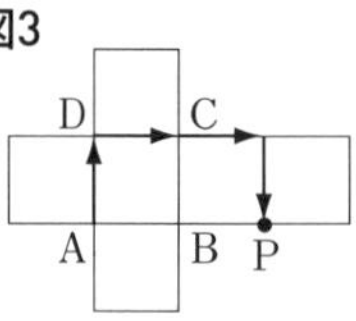

(イ) この操作を2回繰り返したとき，点Pが頂点Aにある確率を求めなさい。

(ウ) この操作を2回繰り返したとき，点Pが平面EFGH上にある確率を求めなさい。

右の**図1**において，原点はOで，線分OPにおける点Pの座標は (12, 6) である。

また，**図2**のように，1から6までの整数が1つずつ書かれた同じ大きさの6個の玉があり，これらの玉は1個の箱に入っている。この箱から2個同時に玉を取り出し，その2個の玉に書かれた整数のうち小さい方の数をa，大きい方の数をbとし，**図1**に，座標が $(0, a)$ となる点Aと座標が $(0, b)$ となる点Bをとる。

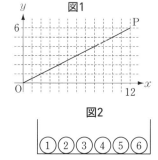

さらに，2点C，Dを線分OP上に，線分ACと線分BDがともにx軸に平行となるようにとり，点Eを線分BC上にOP//AEとなるようにとる。

例

箱から2個同時に玉を取り出し，その2個の玉に書かれた整数が2と5のとき，$a = 2$，$b = 5$だから，座標が $(0, 2)$ となる点Aと座標が $(0, 5)$ となる点Bをとる。

さらに，2点C，Dを線分OP上に，線分ACと線分BDがともにx軸に平行となるようにとり，点Eを線分BC上にOP//AEとなるようにとる。

この結果，5点A，B，C，D，Eは**図3**のようになる。

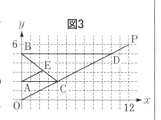

原点Oから点 $(1, 0)$ までの距離および原点Oから点 $(0, 1)$ までの距離を1cmとするとき，次の問いに答えなさい。

(神奈川県立光陵高)

(1) **図1**の状態で，**図2**の箱から2個同時に玉を取り出し，その2個の玉に書かれた整数が1と4のとき，三角形ACBと三角形ACDが重なった部分の面積を求めなさい。

(2) いま，**図1**の状態で，**図2**の箱から2個同時に玉を取り出すとき，三角形OCEの面積が三角形OEBの面積より大きくなる確率を求めなさい。ただし，1から6までの整数が書かれたどの玉を取り出すことも同様に確からしいものとする。

右の図に示した立体G－ABCDは，1辺の長さがすべて28cmの正四角すいである。

辺AGを4cmずつに7等分した点を，頂点Aに近い方から順にA_1，A_2，A_3，A_4，A_5，A_6とする。

辺BG，辺CG，辺DGについても同様に7等分した点をそれぞれ

B_1，B_2，B_3，B_4，B_5，B_6
C_1，C_2，C_3，C_4，C_5，C_6
D_1，D_2，D_3，D_4，D_5，D_6

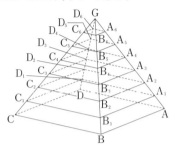

とする。辺AG，辺BG，辺CG，辺DGを稜線という。4点A_1，B_1，C_1，D_1を順に結んでできる四角形$A_1B_1C_1D_1$は，底面ABCDに平行な正方形である。順次，底面ABCDに平行な正方形$A_2B_2C_2D_2$，…，正方形$A_6B_6C_6D_6$をつくる。正方形の頂点をA→B→C→D→A→B→…と進むことを時計回りに進むという。武蔵君は大小2つのさいころを同時に投げることを繰り返し行い，次のルールにしたがって2つの点P，Qを進ませるゲームを行う。さいころの1から6の目の出る確率はすべて等しいものとする。　　　(東京都立武蔵高　改)

ルール

① 点P，Qはともに頂点Aからスタートさせる。

② 1回目に大小2つのさいころを同時に投げて，出た目の数によって点Pを進ませる。次に2回目を投げて，出た目の数によって点Qを進ませる。3回目は点Pを進ませ，4回目は点Qを進ませる。このように点P，点Qを交互に進ませる。

③ 同時に投げた大小2つのさいころのうち，まず大きいさいころの出た目の数と等しい数だけ，点Pまたは点Qをその点が止まっている位置から正方形の頂点を1ずつ時計回りに進ませ，続いて小さいさいころの出た目の数と等しい数だけ，稜線上の点を1ずつ頂点Gに向かって進ませる。ただし，点Pまたは点Qが頂点Gに達したら頂点Gでとどまる。例えば，点Pが点B_2に止まっているとき，大きいさいころの目が5，小さいさいころの目が4と出たとすると，点Pは，まず正方形の頂点をB_2→C_2→D_2→A_2→B_2→C_2と進み，続いて稜線CG上の点をC_2→C_3→C_4→C_5→C_6と進み，その結果，点C_6に達する。

④ 点Pまたは点Qの一方が頂点Gに達したときに，ゲームは終了する。

大きいさいころの出た目が5，小さいさいころの出た目が4のとき，大小2つのさいころの目の出方を [5, 4] と表す。大小2つのさいころを同時に投げ，ゲームを始めたところ，1回目の目の出方は [4, 1]，2回目の目の出方は [2, 5] であった。ルールにしたがって点Pと点Qを進ませた。次の各問に答えなさい。

(1) 2点P，Qを結んでできる線分PQの長さは何cmか。

(2) 3回目を投げて点Pを進ませたとき，点Pが，3点G，B_3，C_3を結んでできる三角形の周上の点に達する確率を求めなさい。

(3) 3回目を投げると目の出方は [5, 1] であった。その後4回目を投げ，さらに5回目を投げたところでゲームは終了した。4回目と5回目のさいころの目の出方の組は，全部で何通りあるか。

入試予想問題
第1回

解答・解説 ➡ 別冊 P.94

実際の問題形式で知識を定着させましょう。

制限時間

60分

得点

点／100点

1 次の問いに答えなさい。

〔各3点 計18点〕

(1) $5 - 4 \times (-2)^3 + 7$ を計算しなさい。

(2) $\dfrac{6}{5} a^3 b^2 \div \dfrac{3a^2}{b}$ を計算しなさい。

(3) $\sqrt{18} + \dfrac{8}{\sqrt{2}}$ を計算しなさい。

(4) $x^2 + x - 56$ を因数分解しなさい。

(5) 方程式 $(x+2)(x+5) = 4x + 15$ を解きなさい。

(6) 右の図において，$\angle x$ の大きさを求めなさい。

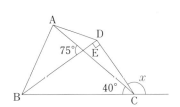

次の問いに答えなさい。 〔各4点 計12点〕

(1) 半径4cm, 中心角135°のおうぎ形の弧の長さを求めなさい。ただし, 円周率はπとする。

(2) 1つのさいころを2回投げ, 1回目に出る目の数をa, 2回目に出る目の数をbとする。このとき, $2a+b$が偶数となる確率を求めなさい。ただし, さいころはどの目が出ることも同様に確からしいとする。

(3) 次の表は, 数学のテスト (10点満点) の結果をもとに, 相対度数を求めたものである。このとき, x, yの値を求めなさい。

得点	度数 (人)	相対度数
10	2	0.05
9	x	0.1
8	9	y
⋮	⋮	⋮

ある食品工場の見学料は，10人以上の団体の場合，団体割引が適用される。ある日の見学者数を調べると，見学者数は全部で54人いた。そのうち，団体割引が適用されたのは15人で，団体割引が適用された人の中で，子どもの人数は大人の2倍であった。また，団体割引が適用されなかった子どもと大人の人数の割合は，9：4であった。その日の見学料の合計が8475円のとき，次の問いに答えなさい。　　　　　　　　　　　〔各5点　計15点〕

(1) 団体割引が適用された子どもと大人の人数を，それぞれ求めなさい。

(2) この日の子どもと大人の見学者数をそれぞれ求めなさい。

(3) さらに，この工場では子どもも大人もそれぞれ120円で試食ができる。見学料の合計と試食代の合計が，合わせて1万円を超えたのは，何人目が試食をしたときか求めなさい。ただし，試食には団体割引は適用されない。

4 図のような AB = 6cm，BC = 12cm の長方形 ABCD がある。点 P は，頂点 A を出発し，毎秒 2cm の速さで，辺上を反時計回りに動く。点 Q は，点 P と同時に頂点 A を出発し，毎秒 1cm の速さで辺上を時計回りに動く。2 点 P，Q が点 D まで動いて停止するとき，次の問いに答えなさい。

〔各 5 点　計 25 点〕

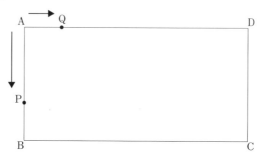

(1) 点 P が点 D に到達するのは，頂点 A を出発してから何秒後か。

(2) 2 点 P，Q が同時に頂点 A を出発してから 5 秒後の △APQ の面積を求めなさい。

(3) 2 点 P，Q が同時に頂点 A を出発してから x 秒後の △APQ の面積を $y$cm^2 とする。点 P が辺 AB 上にあるとき，次の問いに答えなさい。
　　①y を x の式で表しなさい。また，そのときの x の値の範囲を求めなさい。

　　②△APQ の面積が 8cm^2 になるとき，x の値を求めなさい。

(4) 点 P が辺 BC 上にあるとき，△APQ において AP = PQ となるときの x の値を求めなさい。

図のように，長方形 ABCD を，頂点 C が辺 AD 上に重なるように，折り曲げた。CD 上の折り目を点 E，AD 上に重なった点 C を点 F とするとき，次の問いに答えなさい。

〔各5点　計10点〕

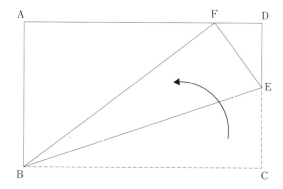

(1) △ AFB ∽△ DEF であることを証明しなさい。

(2) AB = 12cm，DF = 4cm，AF = 16cm のとき，EF の長さを求めなさい。

太郎さんと直子さんは，次のようなゲームをした。まず太郎さんが，表側に1から10の数字が1つずつ書かれている10枚のカードを持っていて，直子さんは，何も持っていない。この状態から，1回目は1の倍数のカードを直子さんにすべて渡す。2回目はそれぞれ2の倍数を交換する。3回目はそれぞれ3の倍数のカードを交換する。これを，10回目に10の倍数のカードを交換するまで繰り返す。

〔各5点　計20点〕

(1) 3回目の操作の後，直子さんが持っているカードは全部で何枚か答えなさい。

(2) 4回目の操作では，何枚のカードが移動するか答えなさい。

(3) 8のカードは，すべての操作が終わるまでに何回移動するか答えなさい。

(4) すべての操作の後，直子さんが持っているカードをすべて答えなさい。

入試予想問題
第2回

解答・解説➡ **別冊 P.95**

実際の問題形式で知識を定着させましょう。

制限時間
60分

得点
点/100点

---

1 次の問いに答えなさい。　　　　　　　　　　　　　　　　　　　　〔各4点　計32点〕

(1) $(-3^2) - 7 + 2 \times (-8)$　を計算しなさい。

(2) $\dfrac{2x + 3y}{4} - \dfrac{x - y}{6}$　を計算しなさい。

(3) $\sqrt{3} \times \sqrt{18} - \dfrac{\sqrt{48}}{2}$　を計算しなさい。

(4) $x = 2 + \sqrt{3}$, $y = 2 - \sqrt{3}$ のとき，$x^2 - y^2$　の値を求めなさい。

(5) 方程式 $-\dfrac{1}{4}x^2 + \dfrac{1}{2}x + 6 = 0$　を解きなさい。

(6) $a < 0$, $b > 0$ のとき，$x > 0$ の範囲で常に $y < 0$ であるものを，次のア〜エの中から選び，符号で答えなさい。

　　ア　$y = ax + b$　　　　　　　　　　　　**イ**　$y = -ax + b$

　　ウ　$y = ax - b$　　　　　　　　　　　　**エ**　$y = -ax - b$

(7) 右の表は，あるクラスの生徒の通学時間を調べ
てまとめたものである。15分以上20分未満の
階級の相対度数を求めなさい。

階級（分）		度数（人）	相対度数
以上　　　　未満 0　～　5		2	0.08
5　～ 10		5	
10　～ 15			0.28
15　～ 20			
20　～ 25		2	
25　～ 30			0.12
計			1

(8) 次の図において，∠AOB = 75°となる直線 OA を作図しなさい。

O　　　　　　　　　　　B

ある店では，A，Bの2種類の商品をそれぞれ1個の原価100円，120円で，合わせて600個仕入れた。A，Bとも原価に30%上乗せした値段を定価として売り出すと，Aは完売したが，Bは仕入れた数の40%が売れ残った。その後Bを定価の10円引きに値下げしたところ，完売した。A，Bすべての利益は18440円であった。A，Bをそれぞれ x 個，y 個仕入れたとして，次の問いに答えなさい。ただし，消費税は考えないものとする。

〔各4点　計16点〕

(1) A，Bの仕入れた個数の関係から，x と y を使って方程式をつくりなさい。

(2) Bが完売したとき，値下げ前と値下げ後を合わせたBの1個あたりの平均の利益は何円か求めなさい。

(3) A，Bをすべて売って得た利益の18440円から，x と y を使って方程式をつくりなさい。

(4) A，Bそれぞれ何個仕入れたか求めなさい。

図のように，関数 $y = x^2$ と直線 ℓ があり，2つのグラフ上の交点を A，B とする。また，直線 ℓ と x 軸との交点を P，直線 ℓ と y 軸との交点を C とする。2点 A，B の x 座標をそれぞれ -1，t $(t > 0)$ とし，原点を O とする。このとき，次の問いに答えなさい。

〔各5点 計20点〕

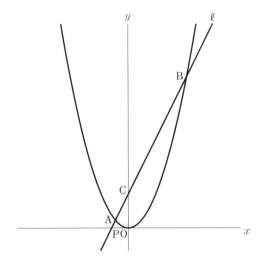

(1) 関数 $y = x^2$ について，x の変域が $-1 \leqq x \leqq 4$ のとき，y の変域は $a \leqq y \leqq b$ であった。このとき，a，b の値を求めなさい。

(2) $t = 3$ のとき，次の問いに答えなさい。
　① 直線 ℓ の式を求めなさい。

　② △OAB の面積を求めなさい。

(3) △OBC $=$ △OCP であるとき，点 P の座標を，t を使って表しなさい。

右の図のように，△ABC とその辺 BC を直径とする円がある。
この円と辺 AB，AC の交点をそれぞれ D，E，線分 CD と線
分 BE の交点を F とし，AE = 2cm，AB = CE = 4cm とす
るとき，次の問いに答えなさい。　〔各5点　計20点〕

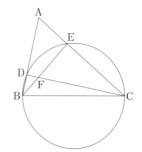

(1) △ABE ∽ △FCE を証明しなさい。

(2) BE の長さを求めなさい。

(3) CD の長さを求めなさい。

(4) △BCF の面積を求めなさい。

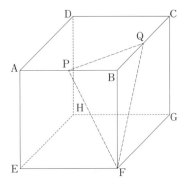

5 右の図のように, 1辺が10cmの立方体 ABCD－EFGH の辺 AB, BC の中点をそれぞれ P, Q とし, △FPQ で切り取る。このとき, 次の問いに答えなさい。

〔各4点 計12点〕

(1) 三角すい B－FPQ の体積を求めなさい。

(2) 三角すい B－FPQ の表面積を求めなさい。

(3) 三角すい B－FPQ において, △FPQ を底面としたときの高さを求めなさい。

旺文社
中学
総合的研究

三訂版

問題集

数学

解答
解説

旺文社

1 正負の数

標準問題

問題 ➡ **本冊 P.7**

解答

1 (1) －500gの減少　(2) －2時間前
　　(3) －10m低い

2 (1) 点A…－6　点B…－0.5　点C…＋2
　　　点D…＋4.5
　　(2) ＋2　(3) 点Aの絶対値

3 －1，0，1

4 (1) －1＜＋3　（または，＋3＞－1）
　　(2) －6＜－3＜＋2　（または，＋2＞－3＞－6）
　　(3) －1＜－0.1＜0　（または，0＞－0.1＞－1）
　　(4) $-\dfrac{2}{3}<-\dfrac{1}{2}<-\dfrac{1}{4}$ $\left(\text{または，} -\dfrac{1}{4}>-\dfrac{1}{2}>-\dfrac{2}{3}\right)$

5 (1) －1　(2) －12　(3) －11　(4) －14
　　(5) －2　(6) ＋11　(7) －4.4　(8) $+\dfrac{19}{24}$

6 (1) ＋4　(2) －5　(3) －6　(4) $-\dfrac{4}{15}$

7 (1) 5　(2) 2　(3) －1

8 (1) －24　(2) 28　(3) －6　(4) 4
　　(5) －9　(6) $-\dfrac{2}{3}$

9 (1) 2　(2) 8　(3) －12　(4) 12
　　(5) 10　(6) $\dfrac{49}{48}$　(7) 9　(8) －6
　　(9) $-\dfrac{25}{12}$　(10) $\dfrac{3}{80}$　（または，0.0375）

10 (1) －9　(2) －17　(3) －1　(4) －6
　　(5) 5　(6) 9　(7) －45　(8) －51
　　(9) 14　(10) －9　(11) $-\dfrac{1}{2}$　(12) $\dfrac{1}{6}$
　　(13) $-\dfrac{3}{2}$　(14) 3

11 (1) 900　(2) －25　　**12** ロンドン

13 (ア) －1　(イ) －2

14 (1) 9cm　(2) 171cm

解説

1

(1) 500の負の数は－500で，増加の反対の意味を表すことばは減少だから，－500gの減少。

(2) 「○時間後」は「－○時間前」。

(3) 「○m高い」は「－○m低い」。

2

(1) 10目もりで5の大きさを表すので，1目もりは0.5

である。
点Aは－5より2目もり分左にあるので，－6

(2) 自然数とは正の整数のことだから，＋2

(3) 点A，点Dの原点からの距離（絶対値）はそれぞれ6，4.5だから，Aの絶対値の方が大きい。

3

数直線上で原点からの距離が2より小さい整数を探す。「2より小さい」ので，2や－2はふくまれない。

ミス注意

整数は，0や負の整数をふくむ。
自然数は，0や負の整数をふくまない。

4

数直線上で表すと次のようになる。

(1) 　　(2)

(3)

(4) それぞれの分数を小数になおすと，
$$-\dfrac{1}{4}=-0.25, \quad -\dfrac{2}{3}=-0.66\cdots, \quad -\dfrac{1}{2}=-0.5$$

ミス注意

負の数は，小さくなるほど絶対値は大きくなる。

5

(1) $(+9)+(-10)=-(10-9)=-1$

(2) $(-3)+(-9)=-(3+9)=-12$

(3) $(-9)-(+2)=(-9)+(-2)=-(9+2)$
　　$=-11$

(4) $(-23)-(-9)=(-23)+(+9)=-14$

(5) $6+(-8)=-(8-6)=-2$

(6) $7-(-4)=7+4=+11$

(7) $(-1.5)+(-2.9)=-(1.5+2.9)=-4.4$

(8) $\dfrac{3}{8}-\left(-\dfrac{5}{12}\right)=\dfrac{3}{8}+\dfrac{5}{12}=\dfrac{9}{24}+\dfrac{10}{24}=+\dfrac{19}{24}$

6

(1) $-6+10=+(10-6)=+4$

(2) $-7+2=-(7-2)=-5$

(3) $-4-2=-(4+2)=-6$

(4) $\dfrac{1}{3}-\dfrac{3}{5}=\dfrac{5}{15}-\dfrac{9}{15}=-\left(\dfrac{9}{15}-\dfrac{5}{15}\right)=-\dfrac{4}{15}$

7

(1) $11-(-3)+(-9)=11+3-9=5$

(2) $-4+9-3=-4-3+9=-7+9=2$

(3) $1-7+5=1+5-7=6-7=-1$

(1) $4 \times (-6) = - (4 \times 6) = -24$

(2) $(-7) \times (-4) = + (7 \times 4) = +28 = 28$

(3) $(-42) \div 7 = (-42) \times \dfrac{1}{7} = - \left(42 \times \dfrac{1}{7}\right) = -6$

(4) $(-28) \div (-7) = (-28) \times \left(-\dfrac{1}{7}\right) = 4$

(5) $(-15) \times \dfrac{3}{5} = - \left(15 \times \dfrac{3}{5}\right) = -9$

(6) $\left(-\dfrac{8}{3}\right) \div 4 = - \left(\dfrac{8}{3} \times \dfrac{1}{4}\right) = -\dfrac{2}{3}$

9

(1) $18 \div (-3)^2 = 18 \div 9 = 2$

(2) $(-4)^2 \div 2 = 16 \div 2 = 8$

(3) $(-3) \times (-2)^2 = (-3) \times 4 = - (3 \times 4) = -12$

(4) $(-6^2) \div (-3) = (-36) \div (-3)$
$= (-36) \times \left(-\dfrac{1}{3}\right) = + \left(36 \times \dfrac{1}{3}\right) = 12$

(5) $(-8) \times 5 \div (-4) = + \left(8 \times 5 \times \dfrac{1}{4}\right) = 10$

(6) $\left(-\dfrac{7}{3}\right) \times \dfrac{7}{6} \div \left(-\dfrac{8}{3}\right) = \left(-\dfrac{7}{3}\right) \times \dfrac{7}{6} \times \left(-\dfrac{3}{8}\right)$
$= + \left(\dfrac{7}{3} \times \dfrac{7}{6} \times \dfrac{3}{8}\right) = \dfrac{49}{48}$

(7) $(-3^2) \times (-4)^2 \div (-2^4) = (-9) \times 16 \div (-16)$
$= + (9 \times 16 \div 16) = 9$

ミス注意

$(-3)^2$ と -3^2 のちがいに注意。
・$(-3)^2 = (-3) \times (-3) = 9$
・$-3^2 = - (3 \times 3) = -9$

(8) $3.2 \div (-0.3) \times \left(-\dfrac{3}{4}\right)^2 = \dfrac{32}{10} \times \left(-\dfrac{10}{3}\right) \times \dfrac{9}{16}$
$= - \left(\dfrac{32}{10} \times \dfrac{10}{3} \times \dfrac{9}{16}\right) = -6$

(9) $1\dfrac{2}{3} \div \left(-\dfrac{5}{9}\right) \times \left(\dfrac{5}{6}\right)^2 = \dfrac{5}{3} \times \left(-\dfrac{9}{5}\right) \times \dfrac{25}{36}$
$= - \left(\dfrac{5}{3} \times \dfrac{9}{5} \times \dfrac{25}{36}\right) = -\dfrac{25}{12}$

(10) $\left(-\dfrac{3}{4}\right) \times 0.25^2 \div \left(-1\dfrac{1}{4}\right)$
$= \left(-\dfrac{3}{4}\right) \times \left(\dfrac{1}{4}\right)^2 \div \left(-\dfrac{5}{4}\right)$
$= + \left(\dfrac{3}{4} \times \dfrac{1}{16} \times \dfrac{4}{5}\right) = \dfrac{3}{80}$

(1) $6 - 3 \times 5 = 6 - 15 = -9$

(2) $4 + 7 \times (-3) = 4 - 21 = -17$

(3) $4 + 10 \div (-2) = 4 - 5 = -1$

(4) $(-12) \div 3 - 2 = -4 - 2 = -6$

(5) $-2^2 + (-3)^2 = -4 + 9 = 5$

(6) $3^2 + (-3^2) + (-3)^2 = 9 - 9 + 9 = 9$

(7) $-3^2 - 4 \times (-3)^2 = -9 - 4 \times 9 = -9 - 36$
$= -45$

(8) $(-3)^3 - 2^3 \times 3 = -27 - 8 \times 3 = -27 - 24$
$= -51$

(9) $6 \div (-3) + (-4)^2 = -2 + 16 = 14$

(10) $(-3) \times 4 - 81 \div (-3)^3 = -12 - 81 \div (-27)$
$= -12 + 3 = -9$

(11) $\dfrac{1}{6} + 2 \times \left(-\dfrac{1}{3}\right) = \dfrac{1}{6} - \dfrac{2}{3} = -\dfrac{3}{6} = -\dfrac{1}{2}$

(12) $\dfrac{5}{8} \div \left(-\dfrac{5}{4}\right) + \dfrac{2}{3} = - \left(\dfrac{5}{8} \times \dfrac{4}{5}\right) + \dfrac{2}{3} = \dfrac{1}{6}$

(13) $12 \times \left(-\dfrac{1}{2}\right) - (-3^2) \times \dfrac{1}{2}$
$= - \left(12 \times \dfrac{1}{2}\right) - (-9) \times \dfrac{1}{2} = -\dfrac{3}{2}$

(14) $-2^3 \times \left(-\dfrac{2}{3}\right) \div (-2)^2 + \dfrac{5}{3}$
$= -8 \times \left(-\dfrac{2}{3}\right) \div 4 + \dfrac{5}{3} = + \left(8 \times \dfrac{2}{3} \times \dfrac{1}{4}\right) + \dfrac{5}{3} = 3$

11

(1) $(-21) \times (-9) + (-79) \times (-9)$
$= \{(-21) + (-79)\} \times (-9)$
$= (-100) \times (-9) = 900$

(2) $2.5^2 \times (-10.7) - 2.5^2 \times (-6.7)$
$= \left(\dfrac{25}{10}\right)^2 \times (-10.7 + 6.7) = \dfrac{25}{4} \times (-4) = -25$

(最高気温) $-$ (最低気温) を計算する。

ロンドン：$5 - (-1) = 6$ （℃）

バルセロナ：$11 - 7 = 4$ （℃）

ベルリン：$0 - (-2) = 0 + 2 = 2$ （℃）

モスクワ：$-4 - (-8) = -4 + 8 = 4$ （℃）

よって，温度差が最も大きい都市はロンドン。

13

-3 から 5 までのすべての整数を使うので，すべての整数の和を求めると，

$(-3) + (-2) + (-1) + 0 + 1 + 2 + 3 + 4 + 5 = 9$

よって，縦，横，斜めのそれぞれの和は，$9 \div 3 = 3$

左の列の和は，$0 + (ア) + 4 = 3$　よって，$(ア) = -1$

右の列の一番下の整数を $(ウ)$ とすると，下の行の和は，

$4 + (-3) + (ウ) = 3$　よって，$(ウ) = 2$

右の列の和は，

$(イ) + 3 + (ウ) = 3$

よって，$(イ) = -2$

0	5	(イ) -2
(ア) -1	1	3
4	-3	(ウ) 2

(1) 身長の一番高い部員は A，一番低い部員は E だから，その差は，$+6 - (-3) = 6 + 3 = 9$ （cm）

(2) $(+6)+(-2)+(+4)+0+(-3)=5$

だから，170cmとの違いの平均は，$5\div5=1$

よって，5人の身長の平均は，$170+1=171$（cm）

発展問題
問題 ➡ 本冊 P.10

解答

1 $a^2<ab<b^2$

2 $(-4,\ 5)$，$(-3,\ 4)$，$(-2,\ 3)$，$(-1,\ 2)$

のうちの1組

3 (1) $-\dfrac{1}{6}$　(2) $\dfrac{13}{16}$　(3) $\dfrac{43}{5}$　(4) -2

4 (1) 11時　説明は解説を参照

(2) 7時間　説明は解説を参照

解説

1

a，bが正の数であるので，$a>0$，$b>0$

$a<b$　…①のとき，

両辺に $a\ (>0)$ をかけて，$a^2<ab$　…②

また①の両辺に $b\ (>0)$ をかけて，$ab<b^2$　…③

②，③より，$a^2<ab<b^2$

2

aは負の整数で，絶対値が -5 の絶対値より小さいから，

-4，-3，-2，-1　このとき，bは式からそれぞれ

5，4，3，2である。よって，$(-4,\ 5)$，$(-3,\ 4)$，

$(-2,\ 3)$，$(-1,\ 2)$ のうち1組を書けばよい。

3

(1) $\dfrac{7}{4}\div\left(-\dfrac{14}{3}\right)\times\left(-\dfrac{2}{3}\right)^2=\dfrac{7}{4}\times\left(-\dfrac{3}{14}\right)\times\dfrac{4}{9}$

$=-\left(\dfrac{7}{4}\times\dfrac{3}{14}\times\dfrac{4}{9}\right)=-\dfrac{1}{6}$

(2) $1+3\div4\times\left(-\dfrac{1}{4}\right)=1+3\times\dfrac{1}{4}\times\left(-\dfrac{1}{4}\right)$

$=1-\left(3\times\dfrac{1}{4}\times\dfrac{1}{4}\right)=1-\dfrac{3}{16}=\dfrac{13}{16}$

(3) $7-10\times\left(-\dfrac{6}{5}\right)^2\div(-3^2)$

$=7-10\times\dfrac{36}{25}\times\left(-\dfrac{1}{9}\right)=7+\dfrac{8}{5}=\dfrac{43}{5}$

(4) $\left(-\dfrac{1}{3}\right)^3\div\dfrac{1}{6}-\left(-\dfrac{4}{3}\right)^2=-\dfrac{1}{27}\times\dfrac{6}{1}-\dfrac{16}{9}$

$=-\dfrac{2}{9}-\dfrac{16}{9}=-\dfrac{18}{9}=-2$

4

(1) 日本とカリフォルニアの時差は，$+9-(-8)=$
17（時間）だから，カリフォルニアが18時のとき，
日本は　$18+17=35$（時）

35時は次の日の $35-24=11$（時）のことを意味
しているので，日本で電話をかける時間は11時。

---

(2) 日本とハワイの時差は，$+9-(-10)=19$（時間）

ハワイが6時のとき，日本は，$6+19=25$（時）

飛行機に乗っている時間は，$25-18=7$（時間）

2 数編 数の性質

標準問題
問題 ➡ 本冊 P.12

解答

1 22個　　**2** 26個

3 3の倍数　①1644，③3528

4の倍数　①1644，③3528

5の倍数　②7565

9の倍数　③3528

4 8

5 2，3，5，7，11，13，17，19，23，29，

31，37，41，43，47

6 (1) $18=2\times3^2$　(2) $120=2^3\times3\times5$

(3) $4235=5\times7\times11^2$

(4) $90090=2\times3^2\times5\times7\times11\times13$

7 1，2，3，4，5，6，10，12，15，20，25，

30，50，60，75，100，150，300

約数の個数は18個

8 21　　**9** 6　　**10** 1260　　**11** $\dfrac{40}{3}$

解説

1

1から100までの自然数の中で，

6の倍数は，$100\div6=16\cdots4$より，16個

9の倍数は，$100\div9=11\cdots1$より，11個

6と9の公倍数（18の倍数）は，

$100\div18=5\cdots10$より，5個

6と9の公倍数は，6の倍数と9の倍数にともにふくま
れるので，$16+11-5=22$（個）

ミス注意

「〇の倍数，または，△の倍数の個数」は
〇の倍数と△の倍数に〇と△の公倍数が重複する
ので注意。

2

既約分数にするとき，分母が7になるので，$21\div7=3$
より，□には2けたの3の倍数のうち，7の倍数でな

い整数が入る。

99までの自然数で，3の倍数の個数は，99÷3＝33（個），

1けたの3の倍数の個数は，9÷3＝3（個）

だから，2けたの自然数で3の倍数の個数は，

33－3＝30（個）

この30個のうちで，7の倍数は，3と7の最小公倍数

21の倍数だから，99÷21＝4…15で，4個。

したがって，30－4＝26（個）

3

・3と9の倍数は，各位の数の和がそれぞれ3と9の倍
　数のとき。

　　① 　1＋6＋4＋4＝15で，3の倍数だから，
　　　　1644は3の倍数

　　③ 　3＋5＋2＋8＝18で，3と9の倍数だから，
　　　　3528は3と9の倍数

・4の倍数は下2けたが00か4の倍数のとき。

　　① 　44は4の倍数だから1644は4の倍数

　　③ 　28は4の倍数だから3528は4の倍数

・5の倍数は一の位が0か5のとき。

　　② 　一の位が5だから，7565は5の倍数

4

12の倍数になるための条件は，

　3の倍数であり，かつ　4の倍数

であること。まず，3の倍数であるには，各位の数字

の和が3の倍数であればよいので，

　7＋9＋8＋4＋□＝28＋□

が3の倍数になる。これを満たすものは，□＝2，5，8

一方，7984□は4の倍数でもあるので，4□が4の倍数。

2，5，8のうち4□が4の倍数となるのは，□＝8

5

素数とは1とその数のほかに約数がない数で，1をふく
まない。1から50までの数を書き出し，順に素数であ
るか考え，素数ならその数を残し，その倍数を消して
いく。

6

(1)
```
2)18
3) 9
    3
```
よって，18＝2×3²

(2)
```
2)120
2) 60
2) 30
3) 15
    5
```
よって，120＝2³×3×5

(3)
```
 5)4235
 7) 847
11) 121
     11
```
よって，4235＝5×7×11²

(4)
```
 2)90090
 3)45045
 3)15015
 5) 5005
 7) 1001
11)  143
      13
```
よって，

90090＝2×3²×5×7×11×13

7

300を素因数分解すると，

　300＝2²×3×5²＝12×5²

12の約数は1，2，3，4，6，12だから

これらと5²の約数1，5，25をかけあわせていく。

```
2)300
2)150
3) 75
5) 25
    5
```

	1	2	3	4	6	12
1	1	2	3	4	6	12
5	5	10	15	20	30	60
25	25	50	75	100	150	300

よって，300の約数は，1，2，3，4，5，6，10，12，

15，20，25，30，50，60，75，100，150，300の

18個である。

[約数の個数を求める別解]

300＝2²×3×5²だから，

　（2＋1）×（1＋1）×（2＋1）＝18（個）

8

84を素因数分解すると，

　84＝2²×3×7

2乗にするためには，すべての累乗の

指数が偶数になればよい。よって，3×7をかけると，

　（2²×3×7）×（3×7）＝2²×3²×7²＝（2×3×7）²

となり，2乗となる。よって，3×7＝21

```
2) 84
2) 42
3) 21
    7
```

9

共通な素因数で同時に割って

いくと，右のようになる。

よって，最大公約数は2×3＝6

```
2) 84  90
3) 42  45
   14  15
```

10

9 の素因数分解より，最小公倍数は，

　2×3×14×15＝1260

11

求める分数の分母は，分子15，21の最大公約数

求める分数の分子は，分母8，20の最小公倍数

```
3)15  21
   5   7
```

```
2) 8  20
2) 4  10
   2   5
```

最大公約数＝3　　　最小公倍数＝$2^3 \times 5 = 40$

よって，求める分数は，$\dfrac{40}{3}$

問題 ➡ 本冊 P.13

発展問題

解答

1 41　　**2** (1) 7　(2) 3　　**3** 108

4 (1) 2, 5, 7, 11　(2) 2, 7, 17, 47, 97

5 段ボール箱の3辺の長さ　35cm, 42cm, 42cm
　　料金　1470円

解説

1

2つの整数の素因数分解をすると，

$$\begin{array}{r} 41\,)\overline{\,1271\quad 1517\,} \\ \hline 31\qquad 37 \end{array}$$

$1271 = 41 \times 31$

$1517 = 41 \times 37$

よって，最大公約数は41

2

(1) $3^1 = \underline{3}$, $3^2 = \underline{9}$, $3^3 = 2\underline{7}$, $3^4 = 8\underline{1}$, $3^5 = 24\underline{3}$, …より，一の位の数は，3，9，7，1の4個の数をこの順で繰り返す。よって，123について調べると，

$\qquad 123 \div 4 = 30 \cdots 3$

余りが3なので，一の位の数は7

(2) $7^1 = \underline{7}$, $7^2 = 4\underline{9}$, $7^3 = 34\underline{3}$, $7^4 = 240\underline{1}$, $7^5 = 1680\underline{7}$, …より，一の位は，7，9，3，1の4個の数をこの順で繰り返す。

$\qquad 6543 \div 4 = 1635 \cdots 3$

余りが3なので，一の位の数は3

3

n は12の正の倍数だから，$n = 12m$（m は自然数）とおける。

$\qquad n + 36 = 12m + 36 = 12 \, (m + 3)$

ここで，$12 = 2^2 \times 3$ より，（$n + 36$）がある正の整数の2乗になるためには，$m + 3 = 3 \times k^2$（k は2以上の自然数）とならなければならない。これを満たす最小のものは，$k = 2$，$m = 9$ のときである。よって，

$\qquad n = 12 \times 9 = 108$

ミス注意

文字をおいたらその文字のとりうる範囲に注意。

4

(1) $\dfrac{770}{n}$ が整数になるためには，n が770の約数であればよい。770を素因数分解すると，

$\qquad 770 = 2 \times 5 \times 7 \times 11$

n は素数だから，2，5，7，11

(2) $\dfrac{100}{n + 3}$ が整数になるためには，$n + 3$ が100の約数であればよい。100を素因数分解すると，

$\qquad 100 = 2^2 \times 5^2$

	1	2	4
1	1	2	4
5	5	10	20
25	25	50	100

約数は，　　　　　1, 2, 4, 5, 10, 20, 25, 50, 100

3をひいて，　　$-2, -1, 1, 2, 7, 17, 22, 47, 97$

このうち素数は，2，7，17，47，97

5

180を素因数分解すると，

$\qquad 180 = 2^2 \times 3^2 \times 5$

3辺の長さの合計がもっとも小さくなるようにするには，なるべく立方体に近い形にすればよいから，

$\qquad 180 = 6 \times 6 \times 5$

つまり，縦，横，高さは，6個，6個，5個ずつ並べればよい。よって，3辺の長さは，42cm，42cm，35cmであり，その合計は，$42 + 42 + 35 = 119$ (cm)

これは，料金表より，120サイズ　…①

一方，重さは，$50 \times 180 = 9000$ (g)　つまり9kgであり，料金表より，100サイズ　…②

①，②より，サイズ区分は120，料金は1470円

3 数編　平方根

標準問題

問題 ➡ 本冊 P.15

解答

1 (1) ± 12　(2) $\pm\sqrt{15}$　(3) $\pm\dfrac{3}{10}$

2 (1) $\sqrt{(-3)^2} < \sqrt{15} < 4$

　　(2) $-\sqrt{0.8} < -\sqrt{0.5^2} < -0.3$

3 5

4 (1) 6　(2) $5\sqrt{2}$　(3) 5

　　(4) $2\sqrt{5}$　(5) $4\sqrt{2}$　(6) $\dfrac{4}{3}$

5 (1) $\sqrt{3}$　(2) $\dfrac{2\sqrt{5}}{3}$　(3) $\sqrt{2}$

　　(4) $\dfrac{3\sqrt{7}}{7}$

6 (1) $5 + 3\sqrt{3}$　(2) $21 + 8\sqrt{5}$　(3) 11

　　(4) 4　(5) $3\sqrt{2}$　(6) $3 - \sqrt{2}$

7 ア…$(x + y)(x - y)$　イ…$12\sqrt{2}$

1

(1) $\pm\sqrt{144}=\pm\sqrt{12^2}=\pm 12$

(2) 15の平方根なので$\pm\sqrt{15}$

(3) $\pm\sqrt{\dfrac{9}{100}}=\pm\sqrt{\dfrac{3^2}{10^2}}=\pm\dfrac{3}{10}$

ミス注意

「144の平方根」と「$\sqrt{144}$」のちがい
・144の平方根は，$\pm\sqrt{144}=\pm\sqrt{12^2}=\pm 12$
・$\sqrt{144}=\sqrt{12^2}=12$

2

(1) $4=\sqrt{16}$，$\sqrt{(-3)^2}=\sqrt{9}$ だから，
$\sqrt{9}<\sqrt{15}<\sqrt{16}$より，$\sqrt{(-3)^2}<\sqrt{15}<4$

(2) $-0.3=-\sqrt{0.09}$，$-\sqrt{0.5^2}=-\sqrt{0.25}$ だから，
$-\sqrt{0.8}<-\sqrt{0.25}<-\sqrt{0.09}$より，
$-\sqrt{0.8}<-\sqrt{0.5^2}<-0.3$

3

$\sqrt{3n}$ の値が自然数になるためには，$n=3m^2$（m は自然数）となればよい。$n\leqq 100$より，$m=1$，2，3，4，5となる。
よって，$n=3$，12，27，48，75
nの個数は5個

4

(1) $\sqrt{12}\times\sqrt{3}=2\sqrt{3}\times\sqrt{3}=2\times 3=6$

(2) $\sqrt{5}\times\sqrt{10}=\sqrt{5\times 10}=\sqrt{5^2\times 2}=5\sqrt{2}$

(3) $\sqrt{75}\div\sqrt{3}=\sqrt{\dfrac{75}{3}}=\sqrt{25}=5$

(4) $\sqrt{200}\div\sqrt{10}=\sqrt{\dfrac{200}{10}}=\sqrt{20}=\sqrt{2^2\times 5}=2\sqrt{5}$

(5) $\sqrt{24}\times 2\sqrt{2}\div\sqrt{6}=2\sqrt{6}\times 2\sqrt{2}\div\sqrt{6}$
$=2\times 2\times\sqrt{\dfrac{6\times 2}{6}}=4\sqrt{2}$

(6) $\sqrt{12}\div\sqrt{54}\times\sqrt{8}=\sqrt{\dfrac{12\times 8}{54}}=\sqrt{\dfrac{16}{9}}=\dfrac{4}{3}$

5

(1) $\dfrac{3}{\sqrt{3}}=\dfrac{3\times\sqrt{3}}{\sqrt{3}\times\sqrt{3}}=\dfrac{3\times\sqrt{3}}{3}=\sqrt{3}$

(2) $\dfrac{10}{3\sqrt{5}}=\dfrac{10\times\sqrt{5}}{3\sqrt{5}\times\sqrt{5}}=\dfrac{10\times\sqrt{5}}{3\times 5}=\dfrac{2\sqrt{5}}{3}$

(3) $\dfrac{4}{\sqrt{8}}=\dfrac{4}{2\sqrt{2}}=\dfrac{2}{\sqrt{2}}=\dfrac{2\times\sqrt{2}}{\sqrt{2}\times\sqrt{2}}=\sqrt{2}$

(4) $\dfrac{6}{\sqrt{28}}=\dfrac{6}{2\sqrt{7}}=\dfrac{3}{\sqrt{7}}=\dfrac{3\times\sqrt{7}}{\sqrt{7}\times\sqrt{7}}=\dfrac{3\sqrt{7}}{7}$

6

(1) $(\sqrt{3}+1)(\sqrt{3}+2)=3+(1+2)\sqrt{3}+2$
$=5+3\sqrt{3}$

(2) $(\sqrt{5}+4)^2=(\sqrt{5})^2+2\times 4\times\sqrt{5}+4^2$

$=5+8\sqrt{5}+16=21+8\sqrt{5}$

(3) $(4+\sqrt{5})(4-\sqrt{5})=4^2-(\sqrt{5})^2=16-5=11$

(4) $(\sqrt{3}-1)(\sqrt{3}+3)+(1-\sqrt{3})^2$
$=3+3\sqrt{3}-\sqrt{3}-3+1-2\sqrt{3}+3=4$

(5) $\sqrt{6}(\sqrt{2}+\sqrt{3})-2\sqrt{3}=\sqrt{12}+\sqrt{18}-2\sqrt{3}$
$=2\sqrt{3}+3\sqrt{2}-2\sqrt{3}=3\sqrt{2}$

(6) $\sqrt{3}(\sqrt{6}+\sqrt{3})-\dfrac{8}{\sqrt{2}}$
$=\sqrt{18}+\sqrt{9}-\dfrac{8\times\sqrt{2}}{\sqrt{2}\times\sqrt{2}}$
$=3\sqrt{2}+3-4\sqrt{2}=3-\sqrt{2}$

7

$x^2-y^2=(x+y)(x-y)$
ここで，$x+y=(3+\sqrt{2})+(3-\sqrt{2})=6$
$x-y=(3+\sqrt{2})-(3-\sqrt{2})=2\sqrt{2}$
よって，$x^2-y^2=(x+y)(x-y)$
$=6\times 2\sqrt{2}=12\sqrt{2}$

発展問題

問題 ➡ 本冊 P.16

解答

1 (1) $\dfrac{2\sqrt{6}}{3}$　　(2) 16

2 (1) $17-7\sqrt{7}$　　(2) 6

3 8, 11, 15, 16　　**4** 3, 4

5 $\sqrt{6}+\sqrt{5}$

6 (1) $6\sqrt{5}-3\sqrt{10}$　　(2) $2-\sqrt{6}$

7 (1) 0　　(2) $50-18\sqrt{7}$

解 説

1

(1) $a+b=\left(\dfrac{1}{\sqrt{6}}+1\right)+\left(\dfrac{1}{\sqrt{6}}-1\right)=\dfrac{2}{\sqrt{6}}=\dfrac{\sqrt{6}}{3}$
$a-b=\left(\dfrac{1}{\sqrt{6}}+1\right)-\left(\dfrac{1}{\sqrt{6}}-1\right)=2$
よって，
$a^2-b^2=(a+b)(a-b)=\dfrac{\sqrt{6}}{3}\times 2=\dfrac{2\sqrt{6}}{3}$

(2) $(a+b)^2-(a-b)^2$
$=\{(a+b)+(a-b)\}\{(a+b)-(a-b)\}=4ab$
また，
$a=\dfrac{6}{\sqrt{3}}+2=\dfrac{6\times\sqrt{3}}{\sqrt{3}\times\sqrt{3}}+2=2(\sqrt{3}+1)$
よって，
$4ab=4\times 2(\sqrt{3}+1)\times(\sqrt{3}-1)$
$=8\{(\sqrt{3})^2-1^2\}=8\times(3-1)=16$

2

(1) $\sqrt{7}=2.6457\cdots$だから，整数部分は2

よって，小数部分は $a = \sqrt{7} - 2$ と表せる。

$a^2 - 3a = a(a-3) = (\sqrt{7} - 2)\{(\sqrt{7} - 2) - 3\}$

$= (\sqrt{7} - 2)(\sqrt{7} - 5) = 17 - 7\sqrt{7}$

(2) $\sqrt{5} = 2.236\cdots$ だから，$5 - \sqrt{5}$ の整数部分は2

よって，$5 - \sqrt{5} = 2 + (3 - \sqrt{5})$ と変形すると，

小数部分 a は $3 - \sqrt{5}$

$a^2 - 6a + 10 = (3 - \sqrt{5})^2 - 6(3 - \sqrt{5}) + 10$

$= 3^2 - 6\sqrt{5} + (\sqrt{5})^2 - 18 + 6\sqrt{5} + 10$

$= 6$

3

$\sqrt{49 - 3n} = m$ （m は正の整数）とすると，

$49 - 3n = m^2$ $3n = 49 - m^2$ $n = \dfrac{49 - m^2}{3}$ …①

$m = 1$ から順に①に代入し，n が正の整数になるもの

を探すと，m が1，2，4，5のとき，n はそれぞれ，

16，15，11，8となる。

4

$0 < 2 < \sqrt{2n - 1} < 3$ だから，各辺を2乗しても大小は

変わらない。

$4 < 2n - 1 < 9$ $5 < 2n < 10$ $\dfrac{5}{2} < n < 5$

これを満たす自然数は，$n = 3$，4

5

$\dfrac{1}{\sqrt{6} - \sqrt{5}} = \dfrac{\sqrt{6} + \sqrt{5}}{(\sqrt{6} - \sqrt{5})(\sqrt{6} + \sqrt{5})}$

$= \dfrac{\sqrt{6} + \sqrt{5}}{(\sqrt{6})^2 - (\sqrt{5})^2} = \dfrac{\sqrt{6} + \sqrt{5}}{6 - 5} = \sqrt{6} + \sqrt{5}$

6

(1) $\{(2\sqrt{5} - \sqrt{10})^2 + 5\sqrt{2}\} \div \sqrt{5}$

$= \{(30 - 20\sqrt{2}) + 5\sqrt{2}\} \div \sqrt{5}$

$= \dfrac{30 - 15\sqrt{2}}{\sqrt{5}} = 6\sqrt{5} - 3\sqrt{10}$

(2) $\dfrac{3\sqrt{32} + \sqrt{12}}{\sqrt{3}} = \dfrac{12\sqrt{2} + 2\sqrt{3}}{\sqrt{3}} = 4\sqrt{6} + 2$

$(3\sqrt{2} + \sqrt{3})(\sqrt{2} - 2\sqrt{3}) = -5\sqrt{6}$

よって，

$\dfrac{3\sqrt{32} + \sqrt{12}}{\sqrt{3}} + (3\sqrt{2} + \sqrt{3})(\sqrt{2} - 2\sqrt{3})$

$= 4\sqrt{6} + 2 - 5\sqrt{6} = 2 - \sqrt{6}$

7

(1) $xy - 2x^2 = x(y - 2x)$

$= (1 + \sqrt{3})\{(2 + 2\sqrt{3}) - 2(1 + \sqrt{3})\}$

$= (1 + \sqrt{3}) \times 0 = 0$

(2) $\sqrt{25} < \sqrt{28} < \sqrt{36}$ だから，$5 < \sqrt{28} < 6$

よって，整数部分 a は，$a = 5$

小数部分 b は，$b = \sqrt{28} - 5$

$a - 2ab + b = (a + b) - 2ab$

$= \{5 + (\sqrt{28} - 5)\} - 2 \times 5 \times (\sqrt{28} - 5)$

$= 50 - 9\sqrt{28} = 50 - 18\sqrt{7}$

式編

文字と式

問題 ➡ 本冊 P.18

解答

1 (1) $(1000 - 80 \times n)$ 円　(2) $\{2 \times (a+b)\}$ cm
または $(2 \times a + 2 \times b)$ cm　(3) $(200 \div x)$ 時
間　(4) $500 + m \times 10 + n$ または
$500 + 10 \times m + n$

2 (1) $\dfrac{3x}{2}$　(2) $-\dfrac{5a}{b}$　(3) $2x + \dfrac{1}{2}y^2$

(4) $\dfrac{1}{x^2}$　(5) $-6(3a - 4b)$　(6) $x + 2y$

(7) $\dfrac{1}{3}(a + b^2 c)$　(8) $\dfrac{x}{2} - \dfrac{1}{x}$

3 (1) $a \times b \times c \div 3$ または $a \times b \times c \times \dfrac{1}{3}$

(2) $(a + b + c) \div 3$ または $(a + b + c) \times \dfrac{1}{3}$

(3) $3 \times (x - 2 \times y) \div 2 \div z$

　　または $3 \times (x - 2 \times y) \times \dfrac{1}{2} \times \dfrac{1}{z}$

(4) $x \times y \times y - (x + y) \div 3$

　　または $x \times y \times y - (x + y) \times \dfrac{1}{3}$

4 (1) $5x + y$　(2) $5(x + y)$　(3) $x + 5y$

(4) $a^2 + b$　(5) $(a + b)^2$　(6) $a + b^2$

5 (1) $\dfrac{a + b + c}{3}$ 点

(2) $\dfrac{103}{100}x$ 人　または　$1.03x$ 人

(3) $8000\left(1 - \dfrac{a}{10}\right)$ 円 または

　　$(8000 - 800a)$ 円

(4) $100\left(\dfrac{10 + 0.03x}{200 + x}\right)$ %　(5) 時速 $\dfrac{4a}{3}$ km

6 (1) $(3a - 100b)$ 円　(2) $(50 + 20a)$ cm²

(3) $\dfrac{4}{5}a$ 個　(4) $\dfrac{5a + 6b}{11}$ kg

(5) $\dfrac{a - 2b}{3}$ 円　(6) $(24 - 0.04x)$ g

7 (1) 中学生3人と大人2人の入館料の合計
(2) イ

8 (1) 3　(2) 35　(3) $-\dfrac{3}{4}$　(4) -0.19

9 (1) $\dfrac{28}{27}$　(2) -1

10 (1) $5 - 5x$　(2) $x - 1$　(3) $3.4y$

(4) $\dfrac{1}{6}x$　(5) $\dfrac{7}{5}a$

(6) $-\dfrac{1}{6}x - 1$ または $-\dfrac{x}{6} - 1$

11 (1) $24y$　(2) $-10x$　(3) $\dfrac{15}{2}x$

(4) $-3a + 9$　(5) $40 - 5x$

(6) $\dfrac{2}{9}x + \dfrac{4}{3}$　(7) $4a - 14$　(8) $-4x + 4$

12 (1) $-6a$　(2) $\dfrac{5}{2}x$　(3) $-18y$

(4) $-3x + \dfrac{3}{2}$　(5) $5a - 4$　(6) $4x - 6$

13 (1) $11a - 2$　(2) $-3x - 10$　(3) $x - 4$

(4) $2.4y - 1$　(5) $2a + \dfrac{2}{3}$　(6) $\dfrac{1}{4}x - 1$

(7) $-\dfrac{1}{2}a - 2$　(8) $-x - \dfrac{2}{3}$

14 (1) $7a - 1$　(2) 5　(3) $5a - 7$

(4) -11　(5) $x - 2$　(6) $-10x + 5$

(7) $4 - 2a$　(8) $\dfrac{-2x + 1}{12}$

15 (1) $120x + 20a = 800$

(2) $y - 500 = \dfrac{1}{2}x$ または $2(y - 500) = x$

(3) $a = 5b + 4$

16 (1) $x\left(1 - \dfrac{a}{10}\right) = 1280$　(2) $2x + 3y = 20$

(3) $y = \dfrac{180}{x}$　(4) $y = \dfrac{4500}{x}$

17 (1) $a + b + c + d > 300$　(2) $3x > 200$

(3) $895 \leqq x \leqq 904$　　$8.95 \leqq y < 9.05$

解説

1

単位がつく場合は，単位が式全体につくわけだから，式全体をかっこでくくる。式全体が×や÷でまとまっているときは，かっこがなくてもかまわない。単位の方にかっこをつける場合もある。

(1) 1000円から(単価×本数)の代金を引くことになる。

(2) 縦 a cmが2辺，横 b cmが2辺あるので，
　　$2 \times (a + b)$ となる。答えは，中カッコを使って，
　　$\{2 \times (a + b)\}$ cmと書く。

(3) (道のり) ÷ (速さ) = (時間) だから，$200 \div x$ となるが，(速さ) × (時間) = (道のり) の公式から，$x \times$ (時間) = 200，つまり (時間) = $200 \div x$ というように逆算で時間を求める式を導いてもよい。

(4) たとえば，
　　$573 = 500 + 70 + 3$
　　　　　$= 5 \times 100 + 7 \times 10 + 3$
　　である。

2

(1) $\dfrac{3}{2}x$ でもよい。

(2) b だけが分母にくる。$a \div \{b \times (-5)\}$ ならば

$-\dfrac{a}{5b}$ となる。

(3) 数と文字の積では，数が文字の前になるから，

$x \times 2$ は $2x$，$\dfrac{1}{2} \times y \times y$ は $\dfrac{1}{2}y^2$ となる。

(4) $1 \div (x \times x)$ と同じことになる。

(5) かっこのある式と数の積で，数がかっこの前にくるから，$-6(3a - 4b)$

(6) $x - y \times (-2)$ となるから，$x + 2y$

(7) $\dfrac{a + b^2 c}{3}$ でもよい。　(8) $\dfrac{1}{2}x - \dfrac{1}{x}$ でもよい。

3

(1) $(a \times b \times c) \div 3$ とかっこをつけてもよい。

(2) $(a + b + c)$ のかっこは必要。かっこがないと，

$a + b + \dfrac{c}{3}$ の意味になる。

(3) $3 \times (x - 2 \times y) \div (2 \times z)$ でもよい。

(4) 2乗は y だけにかかっている。x にもかかっている場合は，$(xy)^2$ とかっこがある。

4

(1) （x の5倍）と（y）・の和

(2) （x）と（y）の和・の5倍

(3) （x）と（y の5倍）・の和

(4) （a の2乗）と（b）・の和

(5) （a）と（b）の和・の2乗

(6) （a）と（b の2乗）・の和

5

(1) 平均点＝総得点÷人数

(2) 3%増加とは，100%が3%増えて $103\% = 1.03$ 倍になったということ。

(3) 3割引きとは，10割（$= 1$）から3割（$= 0.3$）引いて7割（$= 0.7$）になること。1割は 0.1 倍 $= \dfrac{1}{10}$ 倍だから，a 割は，$0.1a$ 倍 $= \dfrac{1}{10}a$ 倍。

a 割引きで，$(1 - 0.1a)$ 倍になる。答えは，

$8000\left(1 - \dfrac{1}{10}a\right)$ 円でもよい。

(4) 濃度5%の食塩水200gに入っている食塩の重さは $200 \times \dfrac{5}{100} = 10\,(\text{g})$，濃度3%の食塩水 xg に入っている食塩の重さは $x \times \dfrac{3}{100} = \dfrac{3}{100}x\,(\text{g})$，混ぜてできる食塩水の重さは $(200 + x)$g，食塩の重さは $\left(10 + \dfrac{3}{100}x\right)$g

濃度（%）＝$\dfrac{食塩の重さ}{食塩水の重さ} \times 100$

だから，求めたい濃度は，

$\left(10 + \dfrac{3}{100}x\right) \div (200 + x) \times 100$

$= 100\left(\dfrac{10 + 0.03x}{200 + x}\right)$ (%)

(5) 道のりは，$a \times 4 = 4a$ (km)

速さ＝$\dfrac{道のり}{時間}$ だから，帰りの時速は，$\dfrac{4a}{3}$ km

時速 $\dfrac{4}{3}a$ km でもよい。

6

(1) 出し合ったお金は $3a$ 円。りんごの代金は $100b$ 円。残った金額は $(3a - 100b)$ 円。

(2) 底面積は上と下に $5 \times 5 = 25\,(\text{cm}^2)$ が2個。側面積は $5 \times a = 5a\,(\text{cm}^2)$ が4個。したがって，$25 \times 2 + 5a \times 4 = 50 + 20a\,(\text{cm}^2)$

(3) 先月作られた製品の個数を x 個とすると，

$x \times \left(1 + \dfrac{25}{100}\right) = a$，$\dfrac{5}{4}x = a$，$x = \dfrac{4}{5}a$

(4) 全部の重さは $a \times 5 + b \times 6 = 5a + 6b$ (kg)

したがって，平均の重さは $\dfrac{5a + 6b}{11}$ kg

(5) 子ども1人の入園料＝$\dfrac{全体の入園料 - 大人2人の入園料}{子どもの人数}$

だから，$\dfrac{a - 2b}{3}$ 円

(6) 残った食塩水は $(600 - x)$ g

食塩＝食塩水の重さ×濃度　だから

$(600 - x) \times 0.04 = 600 \times 0.04 - 0.04x$

$ = 24 - 0.04x$ (g)

$24 - \dfrac{1}{25}x$ (g) と，分数にして，単位の方にかっこをつける書き方でもよい。

7

(1) a 円が3つと b 円が2つの合計だから，中学生3人と大人2人の入館料の合計ということになる。

(2) ア は，$2a + 2b$

イ は，底面積2つと側面積の和が表面積となる。

ウ は，$a^2 b$

8

(1) $3^2 - 2 \times 3 = 9 - 6 = 3$

(2) $(-5)^2 - 2 \times (-5) = 25 + 10 = 35$

(3) $\left(\dfrac{1}{2}\right)^2 - 2 \times \dfrac{1}{2} = \dfrac{1}{4} - 1 = -\dfrac{3}{4}$

(4) $0.1^2 - 2 \times 0.1 = 0.01 - 0.2 = -0.19$

9

(1) $1 - \left(-\dfrac{1}{3}\right)^3 = 1 + \dfrac{1}{27} = \dfrac{28}{27}$

(2) $\dfrac{1+\left(-\dfrac{1}{3}\right)}{2\times\left(-\dfrac{1}{3}\right)}=\dfrac{2}{3}\div\left(-\dfrac{2}{3}\right)=-\dfrac{2\times3}{3\times2}=-1$

10

同じ文字の項は文字の項どうし，数の項は数の項どうしを計算する。

(1) $(-x)$ の項の係数は (-1)
$5-x-4x=5-5x$

(2) $1x$ の係数1は書かない。
$2+7x-6x-3=x-1$

(3) $2.3y+2y$ と，＋の項を先にたすと，
$2.3y-0.9y+2y=4.3y-0.9y=3.4y$

(4) 分母を6で通分する。
$\dfrac{1}{2}x-\dfrac{1}{3}x=\dfrac{3}{6}x-\dfrac{2}{6}x=\dfrac{1}{6}x$

(5) $a+\dfrac{2}{5}a=\dfrac{5}{5}a+\dfrac{2}{5}a=\dfrac{7}{5}a$

$1\dfrac{2}{5}a$ と係数を帯分数にはしない。$1\dfrac{2}{5}a$ では，

1と$\dfrac{2}{5}$の間に省略されているのは「＋」，$\dfrac{2}{5}$とa

の間に省略されているのは「×」とおかしなことになる。

(6) x の項を，$-\dfrac{2}{6}x+\dfrac{1}{6}x$ と通分して計算する。
$-\dfrac{x}{3}+\dfrac{1}{4}+\dfrac{x}{6}-\dfrac{5}{4}$
$=-\dfrac{2}{6}x+\dfrac{1}{6}x+\dfrac{1}{4}-\dfrac{5}{4}$
$=\left(-\dfrac{2}{6}+\dfrac{1}{6}\right)x-\dfrac{4}{4}=-\dfrac{1}{6}x-1$

11

(1) $(-4)\times(-6y)=(-4)\times(-6)\times y=24y$

(2) $2.5x\times(-4)=2.5\times x\times(-4)=-10x$

(3) $9x\times\dfrac{5}{6}=\dfrac{15}{2}x$

(4) $-3(a-3)=-3\times a+(-3)\times(-3)$
$=-3a+9$

(5) $(8-x)\times5=8\times5-x\times5=40-5x$

(6) $\dfrac{4}{9}\left(\dfrac{1}{2}x+3\right)=\dfrac{4}{9}\times\dfrac{1}{2}x+\dfrac{4}{9}\times3=\dfrac{2}{9}x+\dfrac{4}{3}$

(7) $6\times\dfrac{2a-7}{3}=2\times(2a-7)=2\times2a-2\times7$
$=4a-14$

(8) $\dfrac{x-1}{2}\times(-8)=(x-1)\times(-4)$
$=x\times(-4)-1\times(-4)$
$=-4x+4$

12

(1) $36a\div(-6)=-\dfrac{36}{6}a=-6a$

(2) $(-10x)\div(-4)=\dfrac{10x}{4}=\dfrac{5}{2}x$

(3) $-6y\div\dfrac{1}{3}=-6y\times3=-18y$

(4) $(12x-6)\div(-4)=-\dfrac{12}{4}x+\dfrac{6}{4}=-3x+\dfrac{3}{2}$

(5) $\dfrac{10a-8}{2}=\dfrac{10}{2}a-\dfrac{8}{2}=5a-4$

(6) $(-6x+9)\div\left(-\dfrac{3}{2}\right)$
$=-6x\times\left(-\dfrac{2}{3}\right)+9\times\left(-\dfrac{2}{3}\right)=4x-6$

13

(1) かっこの前が＋ならそのままかっこをはずせる。
$(2a+8)+(9a-10)=2a+8+9a-10$
$=11a-2$

(2) かっこの前が－ならかっこをはずすとき，＋－の符号を変える。
$(x-5)-(4x+5)=x-5-4x-5$
$=-3x-10$

(3) $2x-5-(x-1)=2x-5-x+1=x-4$

(4) $(1.5y-0.8)-(-0.9y+0.2)$
$=1.5y-0.8+0.9y-0.2=2.4y-1$

(5) $\left(\dfrac{2}{3}a+\dfrac{5}{6}\right)+\left(\dfrac{4}{3}a-\dfrac{1}{6}\right)$
$=\dfrac{2}{3}a+\dfrac{5}{6}+\dfrac{4}{3}a-\dfrac{1}{6}=\dfrac{6}{3}a+\dfrac{4}{6}=2a+\dfrac{2}{3}$
最後の約分を忘れないこと。

(6) $\left(\dfrac{5}{8}x-\dfrac{5}{4}\right)-\left(\dfrac{3}{8}x-\dfrac{1}{4}\right)$
$=\dfrac{5}{8}x-\dfrac{5}{4}-\dfrac{3}{8}x+\dfrac{1}{4}=\dfrac{2}{8}x-\dfrac{4}{4}=\dfrac{1}{4}x-1$
最後の約分を忘れないこと。

(7) $\left(a-\dfrac{5}{3}\right)-\left(\dfrac{3}{2}a+\dfrac{1}{3}\right)=\dfrac{2}{2}a-\dfrac{5}{3}-\dfrac{3}{2}a-\dfrac{1}{3}$
$=-\dfrac{1}{2}a-\dfrac{6}{3}=-\dfrac{1}{2}a-2$

(8) $\dfrac{2}{5}x-\dfrac{1}{2}-\left(\dfrac{7}{5}x+\dfrac{1}{6}\right)=\dfrac{2}{5}x-\dfrac{1}{2}-\dfrac{7}{5}x-\dfrac{1}{6}$
$=\dfrac{2}{5}x-\dfrac{7}{5}x-\dfrac{3}{6}-\dfrac{1}{6}$
$=-\dfrac{5}{5}x-\dfrac{4}{6}=-x-\dfrac{2}{3}$

数の項は通分して，最後に約分すること。

14

(1) $2(2a+1)+3(a-1)=4a+2+3a-3=7a-1$

(2) $5x-5(x-1)=5x-5x+5=5$

(3) $4(2a-3)-(3a-5)=8a-12-3a+5$
$=5a-7$

(4) $\dfrac{2}{3}(9x-3)-\dfrac{3}{2}(4x+6)$

$=\dfrac{2}{3}\times 9x-\dfrac{2}{3}\times 3-\dfrac{3}{2}\times 4x-\dfrac{3}{2}\times 6$

$=6x-2-6x-9=-11$

(5) $\dfrac{3}{5}x+\dfrac{2x-10}{5}$

$=\dfrac{3}{5}x+\dfrac{2}{5}x-\dfrac{10}{5}=\dfrac{5}{5}x-\dfrac{10}{5}=x-2$

あるいは $\dfrac{3x+2x-10}{5}=\dfrac{5x-10}{5}=x-2$

後の式を $\dfrac{5x-10}{5}$ でやめずに約分する。

(6) $\dfrac{x-2}{3}\times 6-\dfrac{3}{2}(8x-6)$

$=(x-2)\times 2-\dfrac{3}{2}\times 8x+\dfrac{3}{2}\times 6$

$=2x-4-12x+9=-10x+5$

(7) $1-\dfrac{6a-9}{3}=1-\dfrac{6}{3}a+\dfrac{9}{3}=1-2a+3$

$=4-2a$

あるいは $\dfrac{3-6a+9}{3}=\dfrac{12-6a}{3}=4-2a$

後の式を $\dfrac{12-6a}{3}$ でやめずに約分する。

(8) 12で通分する。

$\dfrac{x-2}{3}-\dfrac{2x-3}{4}=\dfrac{4(x-2)-3(2x-3)}{12}$

$=\dfrac{4x-8-6x+9}{12}=\dfrac{-2x+1}{12}$

15

(1) 文字式の積の項では数字が前だから，単価×個数の順になることも，個数×単価の順になることもある。

$120\times x+a\times 20=800$

$120x+20a=800$

(2) （弟の持っている金額）＝（兄の持っている金額の半分）という等式にすればよい。

$y-500=x\times\dfrac{1}{2}$　　$y-500=\dfrac{1}{2}x$

(3) $a\div 5=b$ 余り4の式から，b を a で表して，

$b=\dfrac{a-4}{5}$ でもよいが，a を b で表す $a=5b+4$

の方がやさしい。

16

(1) a 割は，$\dfrac{a}{10}$ または $0.1a$ だから，

a 割引きは，$\left(1-\dfrac{a}{10}\right)$ または $(1-0.1a)$

したがって，x 円の a 割引きの値段は $x\left(1-\dfrac{a}{10}\right)$ 円。

これが1280円と等しい。

(2) （食塩の重さ）＝（食塩水の重さ）×（濃度）だから，左辺を混ぜる前，右辺を混ぜた後の食塩の重さで表すと，

$200\times\dfrac{x}{100}+300\times\dfrac{y}{100}=(200+300)\times\dfrac{4}{100}$

計算して整理すると，$2x+3y=20$

(3) $xy=180$　という関係がある。これを $y=$ の式にすると，$y=\dfrac{180}{x}$

(4) 道のりは，$300\times 15=4500\,(m)$

時間＝$\dfrac{道のり}{速さ}$だから，$y=\dfrac{4500}{x}$

17

(1) 4人の体重の合計が 300kg を超えた（オーバーした）ということである。

(2) $3x$ 本の鉛筆が必要なのに，200本では足りなかった。200は $3x$ より少ないということである。

(3) 一の位を四捨五入して 900 になる最も小さい自然数は 895，最も大きい自然数は 904 であるから，求める範囲は，895以上，904以下になる。

　　小数第2位を四捨五入して 9.0 になる最も小さい数は8.95だが，9.0になる最も大きい数は9.05ではない。9.05の小数第2位を四捨五入すると9.1になる。9.05 は小数第2位を四捨五入して 9.1 になる最も小さい数である。つまり，9.05 より小さい数ならば，小数第 2 位を四捨五入すると 9.0 になる。小数第 2 位が 4 ならば，9.04999999 という数も小数第 2 位を四捨五入すると 9.0 になる。

発展問題　　　　問題 ➡ **本冊 P.22**

解答

1 (1) $\dfrac{4}{9}$　　(2) $\dfrac{5}{14}x-\dfrac{3}{14}$　　(3) $\dfrac{5x-11}{6}$

または $\dfrac{5}{6}x-\dfrac{11}{6}$　　(4) $-\dfrac{5}{2}$

2 $\dfrac{1}{2}$

3 (1) $a=4b+1$　　(2) $2a^2+4ah\,(cm^2)$

(3) $y=\dfrac{1}{8}x$　　(4) 分速 $\dfrac{p+2q}{3}m$

(5) $y=138x$　　(6) $2n+2$(本)

解説

1

(1) $\dfrac{1}{9}(3x+7)-\dfrac{1}{3}(x+1)$

$$=\frac{3}{9}x+\frac{7}{9}-\frac{1}{3}x-\frac{1}{3}$$

$$=\frac{3}{9}x-\frac{3}{9}x+\frac{7}{9}-\frac{3}{9}=\frac{4}{9}$$

(2) $\frac{1}{7}(6x-5)-\frac{1}{2}(x-1)$

$$=\frac{6}{7}x-\frac{5}{7}-\frac{1}{2}x+\frac{1}{2}$$

$$=\frac{12}{14}x-\frac{7}{14}x-\frac{10}{14}+\frac{7}{14}=\frac{5}{14}x-\frac{3}{14}$$

(3) $\frac{4x-1}{3}-\frac{x+3}{2}$

$$=\frac{2(4x-1)-3(x+3)}{6}$$

$$=\frac{8x-2-3x-9}{6}=\frac{5x-11}{6}$$

(4) $2x-3-\frac{4x-1}{2}=\frac{2(2x-3)-(4x-1)}{2}$

$$=\frac{4x-6-4x+1}{2}=-\frac{5}{2}$$

2

$\frac{1+2a}{a}$ の式に $a=-\frac{2}{3}$ を代入すると,

$$\frac{1+2a}{a}=\left\{1+2\times\left(-\frac{2}{3}\right)\right\}\div\left(-\frac{2}{3}\right)$$

$$=\left(-\frac{1}{3}\right)\div\left(-\frac{2}{3}\right)=\frac{1}{3}\times\frac{3}{2}=\frac{1}{2}$$

3

(1) $a\div4$ は b 余り 1

これを等式で表すと, $a=4\times b+1$

(2) 底面積は上下にそれぞれ $a^2\mathrm{cm}^2$, 側面積は, 縦 $h\mathrm{cm}$, 横 $a\mathrm{cm}$ の長方形が 4 つある。

(3) 1g の長さは, $\frac{4}{32}\mathrm{m}=\frac{1}{8}\mathrm{m}$

だから, $x\mathrm{g}$ の長さは

$\frac{1}{8}\times x=\frac{1}{8}x$ (m) となる。これが y と等しい。

(4) 分速 $p\mathrm{m}$ で 20 分走った道のりは $20p\mathrm{m}$, 分速 $q\mathrm{m}$ で 40 分走った道のりは $40q\mathrm{m}$, 全体の道のりは $(20p+40q)$ m, 全体の時間は $20+40=60$ (分), 平均の速さは, 速さ $=\frac{道のり}{時間}$ だから,

$$\frac{20p+40q}{60}=\frac{p+2q}{3}$$

(5) 午前中に入館した人数は, $150\times0.4=60$(人)

午後に入館した人数は, $150-60=90$(人)

よって, その日の中学生の入館料の合計金額は,

$y=(1-0.2)\times x\times60+x\times90$

$=48x+90x$

$=138x$

(6)
1番目	4本	縦2＋横2＝2＋2×1
2番目	6本	縦2＋横4＝2＋2×2

3番目	8本	縦2＋横6＝2＋2×3
4番目	10本	縦2＋横8＝2＋2×4
⋮	⋮	⋮　　⋮
n番目	$2n+2$(本)	縦2＋横$2n$＝2＋2×n

2 式編　式と計算

標準問題

問題 ➡ 本冊 P.24

解答

1 (1) 単項式　(2) 多項式　項…x, $-xy$
(3) 単項式　(4) 単項式
(5) 多項式　項…$2y^3$, x^2, -1

2 (1) 3　(2) 1　(3) 2
(4) 3　(5) 3

3 (1) $x-4y$　(2) $5a^2-7a$
(3) $3xy-3x+y-9$
(4) $\frac{13}{12}a+\frac{1}{2}b-\frac{1}{6}c$

4 (1) $-3x-4y$　(2) $6a+3b-10$
(3) $-x^2-x$　(4) $4xy^2-8$

5 (1) $6x-4y$　(2) $-4a+7b$
(3) $-2x-3y+7$　(4) $-a-c$

6 (1) $4ab$　(2) $-2b$　(3) $18a^3$
(4) $\frac{1}{2}a$　(5) $\frac{3}{2x}$　(6) $2x^4y^3$

7 (1) $3b^2$　(2) $3a^2b$　(3) $3x^2$
(4) $4x^2y$　(5) $3a^2b$　(6) $2a^2b$
(7) $8x^3y$　(8) $3x^2y$　(9) $6xy$
(10) $\frac{4b}{5c}$　(11) $9a^3b$　(12) $\frac{2}{5}a^2$

8 (1) $15x-6y$　(2) $-2a-4b$
(3) $2x-5y+3$　(4) $4a-b+\frac{1}{5}$
(5) $4x+3y-1$　(6) $14x+21y$

9 (1) $a-b$　(2) $17x-y$　(3) $4x-7y$
(4) $2x+8y$　(5) $-2a+5b$
(6) $-14x-3y+8$　(7) $2a+b-4$
(8) $-3x+8y-7$　(9) $x-2y$
(10) $4x-5y$

10 (1) $\frac{x-5y}{6}$　(2) $\frac{5x-4y}{18}$
(3) $\frac{9x-5y}{2}$　(4) $\frac{19a+19b}{40}$
(5) $\frac{13a-b}{6}$　(6) $\frac{19}{6}a$

11 (1) -6　(2) -9　(3) -15
(4) $-\frac{25}{12}$　(5) -0.18　(6) -3

12 (1) $36x^3y^2$ (2) $-10b^2$

(3) $54b^2$ (4) $\dfrac{1}{6}a^2$

13 ア：40000000 イ：0.02

14 (1) $b=\dfrac{12-a}{3}$ (2) $y=\dfrac{-2x+4}{3}$

(3) $b=\dfrac{S}{a}-c$ または $b=\dfrac{S-ac}{a}$

(4) $x=9$ (5) （ア）：（イ）$=b:a$

解説

1

(1) $3\times a\times b$と乗法だけの式だから単項式

(2) $x+(-xy)$と単項式の和の形だから多項式

(3) $(-1)\times x\times x$だから乗法だけの式

(4) $5\times a$だから乗法だけの式

(5) 項は$2y^3$とx^2と-1の3つ

2

(1) 単項式の次数はかけ合わされている文字の個数。xが3個

(2) aが1個

(3) 多項式の次数は，各項の次数のうちの最大の次数。2次と2次だから2次式。

(4) a2個とb1個で3個の文字をかけ合わせている。

(5) 2次の項，3次の項，数の項だから3次式

3

(1) $3x+y-2x-5y=3x-2x+y-5y=x-4y$

(2) $4a^2-3a-4a+a^2$
$=4a^2+a^2-3a-4a=5a^2-7a$

(3) 多項式の項の順番は，高次から低次へ，最後に数の項の順番にするのがよい。
$xy+2xy-5-3x+y-4$
$=xy+2xy-3x+y-5-4=3xy-3x+y-9$

(4) $\dfrac{1}{3}a-\dfrac{1}{6}b+\dfrac{1}{2}c+\dfrac{3}{4}a+\dfrac{2}{3}b-\dfrac{2}{3}c$
$=\dfrac{4}{12}a+\dfrac{9}{12}a-\dfrac{1}{6}b+\dfrac{4}{6}b+\dfrac{3}{6}c-\dfrac{4}{6}c$
$=\dfrac{13}{12}a+\dfrac{3}{6}b-\dfrac{1}{6}c=\dfrac{13}{12}a+\dfrac{1}{2}b-\dfrac{1}{6}c$

4

(1) $(4x-5y)-(7x-y)=4x-5y-7x+y$
$=-3x-4y$

(2) $(3a+2b-8)-(-3a-b+2)$
$=3a+2b-8+3a+b-2=6a+3b-10$

(3) $(x^2-2x)-(2x^2-x)=x^2-2x-2x^2+x$
$=-x^2-x$

(4) $(3xy^2+2xy-4)-(-xy^2+2xy+4)$
$=3xy^2+2xy-4+xy^2-2xy-4$

$=4xy^2-8$

5

(1) $(2x+y)+(4x-5y)$
$=2x+y+4x-5y=6x-4y$

(2) $a+6b-(5a-b)$
$=a+6b-5a+b=-4a+7b$

(3) $(x-4y+3)-(3x-y-4)$
$=x-4y+3-3x+y+4$
$=-2x-3y+7$

(4) $(3a+2b-5c)+(-4a-2b+4c)$
$=3a+2b-5c-4a-2b+4c=-a-c$

6

(1) $28ab^2\div7b=\dfrac{28ab^2}{7b}=4ab$

(2) $(-10ab^2)\div5ab=\dfrac{-10ab^2}{5ab}=-2b$

(3) $2a\times(-3a)^2=2a\times9a^2=18a^3$

(4) $2a^2b\div4ab=\dfrac{2a^2b}{4ab}=\dfrac{1}{2}a$

(5) $(-3x)^2\div6x^3=\dfrac{9x^2}{6x^3}=\dfrac{3}{2x}$

(6) $(2xy)^3\times\dfrac{1}{4}x=\dfrac{8x^3y^3\times x}{4}=2x^4y^3$

7

(1) $6ab\div2a\times b=\dfrac{6ab\times b}{2a}=3b^2$

(2) $9ab^2\times2a^2\div6ab=\dfrac{9ab^2\times2a^2}{6ab}=3a^2b$

(3) $2x\times6x^2y\div4xy=\dfrac{2x\times6x^2y}{4xy}=3x^2$

(4) $8xy^2\div6y\times3x=\dfrac{8xy^2\times3x}{6y}=4x^2y$

(5) $24a^3b^3\div4ab\div2b=\dfrac{24a^3b^3}{4ab\times2b}=3a^2b$

(6) $3ab^3\div(-3b)^2\times6a=\dfrac{3ab^3\times6a}{9b^2}=2a^2b$

(7) $12x^3y^2\times6x^2y\div(-3xy)^2=\dfrac{12x^3y^2\times6x^2y}{9x^2y^2}$
$=8x^3y$

(8) $9xy^2\times\dfrac{x^2}{3}\div xy=\dfrac{9xy^2\times x^2}{3\times xy}=3x^2y$

(9) $\dfrac{9x^3y^2}{2}\div\dfrac{3x^2y}{4}=\dfrac{9x^3y^2\times4}{2\times3x^2y}=6xy$

(10) $\dfrac{2}{3}b^2c\div\dfrac{5}{6}bc^2=\dfrac{2b^2c\times6}{3\times5bc^2}=\dfrac{4b}{5c}$

(11) かけ算の式全体に−が4個だから，符号は＋
$3ab^2\times(-2a)^3\div\left(-\dfrac{8}{3}ab\right)=\dfrac{3ab^2\times8a^3\times3}{8ab}$
$=9a^3b$

(12) $\dfrac{18}{5}a\div(-3b)^2\times ab^2=\dfrac{18a\times ab^2}{5\times9b^2}=\dfrac{2}{5}a^2$

8

(1) （　）の前の係数3は（　）の中の2つの項に分配されてかけられる分配法則である。

$3(5x - 2y) = 3 \times 5x - 3 \times 2y = 15x - 6y$

(2) $(3a + 6b) \times \left(-\dfrac{2}{3}\right) = 3a \times \left(-\dfrac{2}{3}\right) + 6b \times \left(-\dfrac{2}{3}\right)$

$= -2a - 4b$

(3) $(12x - 30y + 18) \div 6$

$= \dfrac{12x}{6} - \dfrac{30y}{6} + \dfrac{18}{6} = 2x - 5y + 3$

(4) $\dfrac{1}{5}(20a - 5b + 1)$

$= \dfrac{1}{5} \times 20a - \dfrac{1}{5} \times 5b + \dfrac{1}{5} \times 1 = 4a - b + \dfrac{1}{5}$

(5) $\dfrac{24x + 18y - 6}{6} = \dfrac{24x}{6} + \dfrac{18y}{6} - \dfrac{6}{6}$

$= 4x + 3y - 1$

(6) $(2x + 3y) \div \dfrac{1}{7} = 2x \times 7 + 3y \times 7 = 14x + 21y$

9

(1) $2(3a + b) - 5a - 3b$

$= 6a + 2b - 5a - 3b = a - b$

(2) $2(7x - 3y) + (3x + 5y)$

$= 14x - 6y + 3x + 5y = 17x - y$

(3) $5(2x - y) - 2(3x + y)$

$= 10x - 5y - 6x - 2y = 4x - 7y$

(4) $3(2x + y) - (4x - 5y)$

$= 6x + 3y - 4x + 5y = 2x + 8y$

(5) $a - b - 3(a - 2b)$

$= a - b - 3a + 6b = -2a + 5b$

(6) $4(x - 3y + 2) - 9(2x - y)$

$= 4x - 12y + 8 - 18x + 9y = -14x - 3y + 8$

(7) $3(2a - b) - 4(a - b + 1)$

$= 6a - 3b - 4a + 4b - 4 = 2a + b - 4$

(8) $3(x + 2y - 5) - 2(3x - y - 4)$

$= 3x + 6y - 15 - 6x + 2y + 8 = -3x + 8y - 7$

(9) $\dfrac{1}{3}(x - 3y) - \dfrac{1}{2}\left(2y - \dfrac{4}{3}x\right)$

$= \dfrac{1}{3}x - y - y + \dfrac{2}{3}x = \dfrac{3}{3}x - 2y = x - 2y$

(10) $\dfrac{2x - 6y}{2} + \dfrac{9x - 6y}{3} = \dfrac{2x}{2} - \dfrac{6y}{2} + \dfrac{9x}{3} - \dfrac{6y}{3}$

$= x - 3y + 3x - 2y = 4x - 5y$

10

(1) 6で通分する。

$\dfrac{x - 3y}{2} - \dfrac{x - 2y}{3}$

$= \dfrac{3(x - 3y) - 2(x - 2y)}{6} = \dfrac{3x - 9y - 2x + 4y}{6}$

$= \dfrac{x - 5y}{6}$

(2) 分母を，6と9の最小公倍数18で通分する。

$\dfrac{3x - 2y}{6} - \dfrac{2x - y}{9}$

$= \dfrac{3(3x - 2y) - 2(2x - y)}{18} = \dfrac{9x - 6y - 4x + 2y}{18}$

$= \dfrac{5x - 4y}{18}$

もしも，18で通分しないで，54で通分すると，

$\dfrac{9(3x - 2y) - 6(2x - y)}{54} = \dfrac{27x - 18y - 12x + 6y}{54}$

$= \dfrac{15x - 12y}{54}$　となるが，15，12，54には公約数があり，最大公約数3で約分しなければいけない。

(3) 2で通分する。

$4x - 6y + \dfrac{x + 7y}{2}$

$= \dfrac{8x - 12y + x + 7y}{2} = \dfrac{9x - 5y}{2}$

(4) 8と10の最小公倍数40で通分する。

$\dfrac{7a + 3b}{8} - \dfrac{4a - b}{10}$

$= \dfrac{5(7a + 3b) - 4(4a - b)}{40}$

$= \dfrac{35a + 15b - 16a + 4b}{40} = \dfrac{19a + 19b}{40}$

(5) 6で通分する。

$b + \dfrac{5a - b}{2} - \dfrac{a + 2b}{3}$

$= \dfrac{6b + 3(5a - b) - 2(a + 2b)}{6}$

$= \dfrac{6b + 15a - 3b - 2a - 4b}{6} = \dfrac{13a - b}{6}$

(6) 6で通分する。

$5a - \dfrac{3a - 2b}{6} - \dfrac{4a + b}{3}$

$= \dfrac{30a - (3a - 2b) - 2(4a + b)}{6}$

$= \dfrac{30a - 3a + 2b - 8a - 2b}{6} = \dfrac{19}{6}a$

18で通分すると，最後に約分をしなければならない。

11

はぶかれている×，÷の記号を元に戻して計算する。

(1) $4 \times (-1)^2 + 5 \times (-2) = 4 - 10 = -6$

(2) $4 \times 4 - (-5)^2 = 16 - 25 = -9$

(3) 与えられた式に数値をいきなり代入するのではなく，与えられた式をなるべく簡単な形にしてから代入する。

$a^2 - a(2a - b) = a^2 - 2a^2 + ab = -a^2 + ab$

$= -(-3)^2 + (-3) \times 2 = -9 - 6 = -15$

(4) $\dfrac{y}{x} + \dfrac{x}{y} = y \div x + x \div y$

$= -\dfrac{2}{3} \div \dfrac{1}{2} + \dfrac{1}{2} \div \left(-\dfrac{2}{3}\right)$

$$= -\frac{2}{3} \times \frac{2}{1} + \frac{1}{2} \times \left(-\frac{3}{2}\right) = -\frac{4}{3} - \frac{3}{4}$$

$$= -\frac{16}{12} - \frac{9}{12} = -\frac{25}{12}$$

(5) これは式を簡単にしないで代入をしたほうが簡単。

$0.3^2 \times (0.3 - 2.3) = 0.09 \times (-2) = -0.18$

(6) これは式を簡単にしてから代入する。

まず，かけ算で表されている式全体の符号を，

−（マイナス）が1個だから−と決める。

$$6ab \div (-3a^2) \times 9a^2b = -\frac{6ab \times 9a^2b}{3a^2}$$

$$= -18ab^2 = -18 \times \frac{3}{2} \times \left(-\frac{1}{3}\right)^2$$

$$= -\frac{18 \times 3 \times 1^2}{2 \times 3^2} = -3$$

12

(1) かけ算の式全体に−が2個だから，符号は＋

$$14x^2y \times (-3xy)^2 \div \frac{7}{2}xy = 14x^2y \times 9x^2y^2 \times \frac{2}{7xy}$$

$$= \frac{14x^2y \times 9x^2y^2 \times 2}{7xy} = 36x^3y^2$$

(2) かけ算の式全体に−が5個だから，符号は−

$$(-2ab)^3 \times \frac{ab}{5} \div \left(-\frac{2}{5}a^2b\right)^2$$

$$= -8a^3b^3 \times \frac{ab}{5} \times \frac{25}{4a^4b^2}$$

$$= -\frac{8a^3b^3 \times ab \times 25}{5 \times 4a^4b^2} = -10b^2$$

(3) かけ算の式全体に−が4個だから，符号は＋

$$(-3ab)^2 \div \left(-\frac{2}{3}a^2b\right) \times (-2^2b)$$

$$= 9a^2b^2 \times \left(-\frac{3}{2a^2b}\right) \times (-4b)$$

$$= \frac{9a^2b^2 \times 3 \times 4b}{2a^2b} = 54b^2$$

(4) かけ算の式全体に−が2個だから，符号は＋

$$\left(\frac{3}{2}ab\right)^3 \div ab^3 \times \left(-\frac{2}{9}\right)^2 = \frac{27a^3b^3}{8} \times \frac{1}{ab^3} \times \frac{4}{81}$$

$$= \frac{27a^3b^3 \times 1 \times 4}{8 \times ab^3 \times 81} = \frac{1}{6}a^2$$

13

地球の周囲と人体の周囲という，大きさがかけ離れたものどうしでも，円周の長さは，半径をrとすれば，$2\pi r$という式で表されます。半径が長くなった分をxとすれば，円周の長さは$2\pi(r+x)$という式で表されます。

もとの円周との差は，

$$2\pi(r+x) - 2\pi r = 2\pi r + 2\pi x - 2\pi r$$
$$= 2\pi x$$

となり，rの大きさに関係なく，xだけの式になります。感覚では納得しにくいことも文字式で考えると納得し

やすいでしょう。

14

(1) $a + 3b = 12$

$3b = 12 - a$ ← aを移項する

$b = \dfrac{12 - a}{3}$ ← 両辺を3でわる

(2) $2x + 3y - 4 = 0$

$3y = -2x + 4$ ← $2x$，-4を移項する

$y = \dfrac{-2x + 4}{3}$ ← 両辺を3でわる

(3) $S = a(b + c)$

$a(b + c) = S$ ← 左辺と右辺を入れかえる

$b + c = \dfrac{S}{a}$ ← 両辺をaでわる

$b = \dfrac{S}{a} - c$ ← cを移項する

あるいは，

$S = a(b + c)$

$a(b + c) = S$ ← 左辺と右辺を入れかえる

$ab + ac = S$ ← 左辺のかっこをはずす

$ab = S - ac$ ← acを移項する

$b = \dfrac{S - ac}{a}$ ← 両辺をaでわる

(4) $16\pi \times x = 36\pi \times 4$

$x = \dfrac{36\pi \times 4}{16\pi}$ $x = 9$

あるいは，$36\pi : 16\pi = x : 4$

の後の項は，16πを4πでわって4になっているから，前の項も36πを4πでわって，9

(5) (ア) の円柱の底面の半径をxとすると，

$2\pi x = b$ これから $x = \dfrac{b}{2\pi}$

(イ) の円柱の底面の半径をyとすると，

$2\pi y = a$ これから $y = \dfrac{a}{2\pi}$

(ア) と (イ) の体積は，次の式で表される。

(ア)：$\pi x^2 \times a = \pi a \left(\dfrac{b}{2\pi}\right)^2 = \dfrac{ab^2}{4\pi}$

(イ)：$\pi y^2 \times b = \pi b \left(\dfrac{a}{2\pi}\right)^2 = \dfrac{a^2b}{4\pi}$

体積の比は，(ア)：(イ) $= \dfrac{ab^2}{4\pi} : \dfrac{a^2b}{4\pi}$

$= b : a$

式編

2 式と計算

解 答

1 (1) $\dfrac{x-22y}{10}$　(2) $\dfrac{5x-7y}{2}$

2 (1) $-\dfrac{3}{8}y^2$　(2) $-2x^7y^5$

3 (1) 8　(2) $-\dfrac{9}{128}$

4 　$10x+y+10y+x$
　　$=11x+11y$
　　$=11(x+y)$
　　$(x+y)$ は自然数だから，$11(x+y)$ は 11 の倍数である。
　　よって，2 けたの自然数と，その数の十の位の数と一の位の数を入れかえた数の和は，11 の倍数になる。

解 説

1

(1) 中かっこ $\{\ \}$ の中の小かっこ $(\ )$ の前の符号（マイナス）は，中かっこの前のマイナスとあわせて，マイナスが 2 個になるからプラスになる。

$$\dfrac{3x-y}{5}-\left\{\dfrac{3x-2y}{2}-(x-3y)\right\}$$
$$=\dfrac{2(3x-y)-5(3x-2y)+10(x-3y)}{10}$$
$$=\dfrac{6x-2y-15x+10y+10x-30y}{10}$$
$$=\dfrac{x-22y}{10}$$

(2) $$\dfrac{6x-3y+4}{3}-\dfrac{-3x+7y+3}{2}+\dfrac{1}{6}-x+y$$
$$=\dfrac{2(6x-3y+4)-3(-3x+7y+3)+1-6x+6y}{6}$$
$$=\dfrac{12x-6y+8+9x-21y-9+1-6x+6y}{6}$$
$$=\dfrac{15x-21y}{6}=\dfrac{5x-7y}{2}$$

15，21，6 は 3 を公約数にもつから，最後の約分を忘れないこと。このように最小公倍数で通分しても，最後に約分が必要な場合もある。

2

(1) かけ算の式全体に－が 5 個だから，符号は－
$(x^2)^3=x^2\times x^2\times x^2=x\times x\times x\times x\times x\times x$
$=x^6$　つまり，$(x^2)^3=x^{2\times3}$ であって，x の 2^3
$=8$ 乗ではない。

$$\dfrac{9}{4}x^2y^3\div\left(-\dfrac{3}{2}x^2y\right)^3\times\left(-\dfrac{3}{4}x^2y\right)^2$$
$$=\dfrac{9}{4}x^2y^3\times\left(-\dfrac{8}{27x^6y^3}\right)\times\dfrac{9x^4y^2}{16}$$
$$=-\dfrac{9x^2y^3\times8\times9x^4y^2}{4\times27x^6y^3\times16}=-\dfrac{3}{8}y^2$$

(2) かけ算の式全体に－が 5 個だから，符号は－

$$24x^4y^4\div(-3xy)^3\times\left(-\dfrac{3}{2}x^3y^2\right)^2$$
$$=24x^4y^4\times\left(-\dfrac{1}{27x^3y^3}\right)\times\dfrac{9x^6y^4}{4}$$
$$=-\dfrac{24x^4y^4\times1\times9x^6y^4}{27x^3y^3\times4}=-2x^7y^5$$

3

(1) 与えられた式を簡単にしてから代入する。

$$ab^2\times(-2ac)^3\div(-abc)^2$$
$$=ab^2\times(-8a^3c^3)\times\dfrac{1}{a^2b^2c^2}$$
$$=-\dfrac{ab^2\times8a^3c^3}{a^2b^2c^2}=-8a^2c$$
$$=-8\times(-3)^2\times\left(-\dfrac{1}{9}\right)=8$$

(2) 与えられた式を簡単にしてから代入する。

$$\dfrac{1}{3}x^2y\times\left(-\dfrac{1}{2}xy^2\right)^3\div\dfrac{3}{2}x^4y^5$$
$$=\dfrac{1}{3}x^2y\times\left(-\dfrac{x^3y^6}{8}\right)\times\dfrac{2}{3x^4y^5}=-\dfrac{x^2y\times x^3y^6\times2}{3\times8\times3x^4y^5}$$
$$=-\dfrac{xy^2}{36}=-\dfrac{1}{36}\times\dfrac{9}{2}\times\left(-\dfrac{3}{4}\right)^2=-\dfrac{9}{128}$$

4

　$(10x+y)+(10y+x)$
$=10x+y+10y+x$
$=11x+11y$
$=11(x+y)$　　←分配法則

　もとの数と，もとの数の十の位の数と一の位の数を入れかえた数の和は，$11(x+y)$ と表されることがわかった。

　$11(x+y)$ は 11 に $(x+y)$ をかけた数ということだが，$(x+y)$ は自然数だから，$11(x+y)$ は 11 の倍数になることがわかる。

3 式編 | 展開と因数分解

標準問題

問題 ➡ 本冊 P.30

解 答

1 (1) $-3a^3b^2 + 2a^2b^3 - a^2b^2$　　(2) $3a - 2b$

2 (1) $a^3 + b^3$　　(2) $x^2 + 4x - 5$
(3) $4x^2 - 20xy + 25y^2$　　(4) $x^2 - 4$
(5) $x^2 - 14xy + 49y^2 + 10x - 70y + 25$
(6) $9a^2 - b^2 + 6b - 9$

3 (1) $2x^2 + 5x - 10$　　(2) $8x + 28$
(3) $x^2 - 35y^2$　　(4) $24ab$
(5) $25y^2 - 16xy$　　(6) $12b^2 - 12ab$

4 (1) $8abc(2a - 3b + 5c)$　　(2) $(x-8)(x+3)$
(3) $(x-6)(x-4)$　　(4) $(x-12)(x+2)$
(5) $(x-24)(x-1)$　　(6) $(x-5)^2$
(7) $(x-8)(x+7)$　　(8) $y(x+6)(x-6)$
(9) $b(a+6b)^2$　　(10) $(1+4x)(1-4x)$
(11) $a(3b+1)(3b-1)$
(12) $(ab-8)(ab-1)$

5 (1) $(x-6)(x+3)$　　(2) $3(x+1)(x-3)$
(3) $(x-14y)(x+4y)$　　(4) $3ax(x-y)^2$
(5) $(a+6)(a-1)$
(6) $(a+8)(a+3)$　　(7) $-(x-1)(x-9)$
(8) $(x+y-5)(x+y+4)$
(9) $2y(x-3)(x-5)$
(10) $(x+1)(x+2)(x+3)(x+4)$
(11) $(a-1)(b-2)$
(12) $(3a-b)(2a+b)$
(13) $(a+1)(a-1)(2x-y)$
(14) $(x-3y)(x-3y-4)$
(15) $4(2a+b)(a-2b)$
(16) $(x+1)(x-1)^2$　　(17) $(x+2)^2$
(18) $(x+y+1)(x+y-1)$

6 (1) 9025　　(2) 96　　(3) -8

解 説

1

(1) $-\dfrac{1}{3}ab(9a^2b - 6ab^2 + 3ab)$
$= -\dfrac{1}{3}ab \times 9a^2b + \dfrac{1}{3}ab \times 6ab^2 - \dfrac{1}{3}ab \times 3ab$
$= -3a^3b^2 + 2a^2b^3 - a^2b^2$

(2) $(9a^2b - 6ab^2) \div 3ab = \dfrac{9a^2b}{3ab} - \dfrac{6ab^2}{3ab} = 3a - 2b$

2

(1) $(a^2 + b^2 - ab)(a+b)$
$= (a^2 + b^2 - ab) \times a + (a^2 + b^2 - ab) \times b$
$= a^3 + ab^2 - a^2b + a^2b + b^3 - ab^2 = a^3 + b^3$

(2) $(x-1)(x+5) = x^2 + (-1+5)x - 5$
$= x^2 + 4x - 5$

(3) $(2x-5y)^2 = (2x)^2 - 2 \times 2x \times 5y + (5y)^2$
$= 4x^2 - 20xy + 25y^2$

(4) 乗法公式 $(x+a)(x-a) = x^2 - a^2$ を利用する。
$(x+2)(x-2) = x^2 - 2^2 = x^2 - 4$

(5) $x - 7y = A$ とおきかえる。
$(x-7y+5)^2 = (A+5)^2 = A^2 + 10A + 5^2$
$= (x-7y)^2 + 10(x-7y) + 25$
$= x^2 - 14xy + 49y^2 + 10x - 70y + 25$

(6) $(3a+b-3)(3a-b+3)$
$= \{3a + (b-3)\}\{3a - (b-3)\}$
$b - 3 = B$ とおきかえる。
$(3a+B)(3a-B) = (3a)^2 - B^2 = (3a)^2 - (b-3)^2$
$= 9a^2 - (b^2 - 6b + 9) = 9a^2 - b^2 + 6b - 9$

3

(1) $(x+4)(x-4) + (x+3)(x+2)$
$= x^2 - 16 + x^2 + 5x + 6 = 2x^2 + 5x - 10$

(2) $(x+5)^2 - (x-1)(x+3)$
$= x^2 + 10x + 25 - (x^2 + 2x - 3)$
$= x^2 + 10x + 25 - x^2 - 2x + 3 = 8x + 28$

(3) $(x-6y)(x+6y) + y^2 = x^2 - (6y)^2 + y^2$
$= x^2 - 36y^2 + y^2 = x^2 - 35y^2$

(4) $(3a+2b)^2 - (3a-2b)^2$
$= (3a)^2 + 2 \times 3a \times 2b + (2b)^2$
$\quad - \{(3a)^2 - 2 \times 3a \times 2b + (2b)^2\}$
$= 9a^2 + 12ab + 4b^2 - (9a^2 - 12ab + 4b^2)$
$= 9a^2 + 12ab + 4b^2 - 9a^2 + 12ab - 4b^2 = 24ab$

[別解] $3a + 2b = A$, $3a - 2b = B$ とおきかえる。
$A^2 - B^2 = (A+B)(A-B)$
$= (3a + 2b + 3a - 2b)(3a + 2b - 3a + 2b)$
$= 6a \times 4b = 24ab$

(5) $4(x-2y)^2 - (2x+3y)(2x-3y)$
$= 4(x^2 - 4xy + 4y^2) - (4x^2 - 9y^2)$
$= 4x^2 - 16xy + 16y^2 - 4x^2 + 9y^2 = 25y^2 - 16xy$

(6) $(3a-3b)^2 - 3(3a+b)(a-b)$
$= (9a^2 - 18ab + 9b^2) - 3(3a^2 - 2ab - b^2)$
$= 9a^2 - 18ab + 9b^2 - 9a^2 + 6ab + 3b^2$
$= 12b^2 - 12ab$

4

(1) 共通因数 $8abc$ をくくり出す。
$$16a^2bc - 24ab^2c + 40abc^2$$
$$= 8abc(2a - 3b + 5c)$$

(2) 積が -24，和が -5 は，-8，$+3$
$$x^2 - 5x - 24 = (x-8)(x+3)$$

(3) 積が $+24$，和が -10 は，-6，-4
$$x^2 - 10x + 24 = (x-6)(x-4)$$

(4) 積が -24，和が -10 は，-12，$+2$
$$x^2 - 10x - 24 = (x-12)(x+2)$$

(5) 積が $+24$，和が -25 は，-24，-1
$$x^2 - 25x + 24 = (x-24)(x-1)$$

(6) 公式を利用する。
$$x^2 - 10x + 25 = (x-5)^2$$

(7) 積が -56，和が -1 は，-8，$+7$
$$x^2 - x - 56 = (x-8)(x+7)$$

(8) 共通因数 y をくくり出して，因数分解の公式。
$$x^2y - 36y = y(x^2 - 36) = y(x+6)(x-6)$$

(9) 共通因数 b をくくり出して，公式を利用する。
$$a^2b + 12ab^2 + 36b^3$$
$$= b(a^2 + 12ab + 36b^2) = b(a+6b)^2$$

(10) $1 - 16x^2 = 1^2 - (4x)^2 = (1+4x)(1-4x)$

(11) 共通因数 a をくくり出して，因数分解の公式。
$$9ab^2 - a = a(9b^2 - 1)$$
$$= a\{(3b)^2 - 1\} = a(3b+1)(3b-1)$$

(12) $ab = A$ とおきかえる。
$$a^2b^2 - 9ab + 8 = (ab)^2 - 9ab + 8$$
$$= A^2 - 9A + 8 = (A-8)(A-1)$$
$$= (ab-8)(ab-1)$$

5

(1) 展開してから因数分解。
$$x(x-3) - 18 = x^2 - 3x - 18 = (x-6)(x+3)$$

(2) $x - 1 = A$ とおく。
$$3(x-1)^2 - 12 = 3(A^2 - 4) = 3(A+2)(A-2)$$
$$= 3(x-1+2)(x-1-2) = 3(x+1)(x-3)$$

(3) y は数につけて考える。積が -56，和が -10 は，
-14 と $+4$　これに y をつける。
$$x^2 - 10xy - 56y^2 = (x-14y)(x+4y)$$

(4) 共通因数 $3ax$ をくくり出して，公式を利用。
$$3ax^3 + 3axy^2 - 6ax^2y$$
$$= 3ax(x^2 + y^2 - 2xy) = 3ax(x-y)^2$$

(5) 展開して整理してから因数分解。
$$2a^2 - (a-2)(a-3)$$
$$= 2a^2 - (a^2 - 5a + 6) = a^2 + 5a - 6$$

$$= (a-1)(a+6)$$

(6) $(a+6)^2 - (a+3) - 9$
$$= a^2 + 12a + 36 - a - 3 - 9$$
$$= a^2 + 11a + 24 = (a+3)(a+8)$$

(7) $(2x+3)(2x-3) - 5x(x-2)$
$$= 4x^2 - 9 - 5x^2 + 10x = -x^2 + 10x - 9$$
$$= -(x^2 - 10x + 9) = -(x-1)(x-9)$$

(8) $x + y = A$ とおく。
$$(x+y)^2 - (x+y) - 20$$
$$= A^2 - A - 20 = (A-5)(A+4)$$
$$= (x+y-5)(x+y+4)$$

(9) 共通因数 $2y$ をくくり出して，かっこの中を計算
してから因数分解。
$$2(x-3)^2y - 4xy + 12y$$
$$= 2y\{(x-3)^2 - 2x + 6\} = 2y(x^2 - 6x + 9 - 2x + 6)$$
$$= 2y(x^2 - 8x + 15) = 2y(x-3)(x-5)$$

(10) $x^2 + 5x = A$ とおく。
$$(x^2+5x)^2 + 10(x^2+5x) + 24 = A^2 + 10A + 24$$
$$= (A+6)(A+4) = (x^2+5x+6)(x^2+5x+4)$$
$$= (x+2)(x+3)(x+1)(x+4)$$

(11) $(a-1)b + 2(1-a) = (a-1)b - 2(a-1)$
$a - 1 = A$ とおきかえると，
$$Ab - 2A = A(b-2) = (a-1)(b-2)$$

(12) $2a(3a-b) - b(b-3a)$
$$= 2a(3a-b) + b(3a-b)$$
$3a - b = A$ とおきかえると，
$$2aA + bA = A(2a+b) = (3a-b)(2a+b)$$

(13) $a^2(2x-y) + y - 2x = a^2(2x-y) - (2x-y)$
$2x - y = A$ とおきかえると，$a^2A - A = A(a^2 - 1)$
$$= (2x-y)(a+1)(a-1)$$

(14) $(x-3y)^2 - 4x + 12y = (x-3y)^2 - 4(x-3y)$
$$= (x-3y)(x-3y-4)$$

(15) $3a-b = A$，$a+3b = B$ とおきかえると，
$$(3a-b)^2 - (a+3b)^2 = A^2 - B^2 = (A+B)(A-B)$$
$$= (3a-b+a+3b)(3a-b-a-3b)$$
$$= (4a+2b)(2a-4b)$$　ここで終わらない。共通
因数 2 が 2 つある。
$$(4a+2b)(2a-4b) = 2(2a+b) \times 2(a-2b)$$
$$= 4(2a+b)(a-2b)$$

(16) $x^3 - x^2 - x + 1 = x^2(x-1) - (x-1)$
$$= (x-1)(x^2 - 1)$$
ここで終わらない。まだ因数分解ができる。
$$(x-1)(x^2-1) = (x-1)(x-1)(x+1)$$

$$= (x-1)^2 (x+1)$$

(17) $2(x^2+3x+2) - x(x+2)$

$$= 2(x+1)(x+2) - x(x+2)$$

$(x+2)$ が共通因数とわかるから，Aとおくと，

$$2(x+1)A - xA = A\{2(x+1) - x\}$$

$$= (x+2)(2x+2-x) = (x+2)(x+2) = (x+2)^2$$

最初に展開し整理してから因数分解してもよい。

(18) 展開して整理してから因数分解。

$$(x+1)(x-1) + y(2x+y)$$

$$= x^2 - 1 + 2xy + y^2 = x^2 + 2xy + y^2 - 1$$

$$= (x+y)^2 - 1 = (x+y+1)(x+y-1)$$

6

(1) $95^2 = (100-5)^2 = 100^2 - 2\times100\times5 + 5^2$

$$= 10000 - 1000 + 25 = 9025$$

(2) $x^2 + xy = x(x+y) = 9.6\times(9.6+0.4)$

$$= 9.6\times10 = 96$$

(3) $(a+1)(a-4) - a(a+7)$

$$= a^2 - 3a - 4 - a^2 - 7a$$

$$= -10a - 4 = -10\times\dfrac{2}{5} - 4 = -4 - 4 = -8$$

発展問題

問題 ➡ **本冊 P.32**

解答

1 (1) $12x^2 - 4y^2 - 4y - 1$　　(2) 18　　(3) 6

(4) $16\sqrt{6}$　　(5) 0　　(6) -15

(7) $(m=8,\ n=3)$, $(m=28,\ n=27)$

(8) 7で割ると1余る2つの数を，$7m+1$，$7n+1$ (m, nは0以上の整数) とする。その積は，

$(7m+1)(7n+1) = 49mn + 7m + 7n + 1$

$= 7(7mn + m + n) + 1$　という式で表せる。

$(7mn+m+n)$は0以上の整数だから，

$(7m+1)(7n+1)$は，7で割ると商が

$(7mn+m+n)$で1余る数である。

2 (1) $(x-y)(x+y-1)$　　(2) $(x+3)(x+5)$

(3) $(y+z)(xy-xz+1)$

(4) $(3a+2b-1)(3a-2b+1)$

(5) $(2a+1)(2a-1)(2b+c)$

(6) $(a-2)(a+2b+1)$

(7) $(a+2)(a-2)(a+3b-1)$

解説

1

(1) $(2\sqrt{3}\,x + 2y + 1)(2\sqrt{3}\,x - 2y - 1)$

$$= \{2\sqrt{3}\,x + (2y+1)\}\{2\sqrt{3}\,x - (2y+1)\}$$

$$= (2\sqrt{3}\,x)^2 - (2y+1)^2$$

$$= 12x^2 - (4y^2+4y+1) = 12x^2 - 4y^2 - 4y - 1$$

(2) $x^2 + 2x + 1 = (x+1)^2 = (3\sqrt{2} - 1 + 1)^2$

$$= (3\sqrt{2})^2 = 18$$

(3) $3x^2 + 3y^2 - 6xy$

$$= 3(x^2 + y^2 - 2xy) = 3(x-y)^2$$

$$= 3\times\left(\dfrac{\sqrt{5}+\sqrt{2}}{2} - \dfrac{\sqrt{5}-\sqrt{2}}{2}\right)^2$$

$$= 3\times\left(\dfrac{\sqrt{5}+\sqrt{2}-\sqrt{5}+\sqrt{2}}{2}\right)^2$$

$$= 3\times\left(\dfrac{2\sqrt{2}}{2}\right)^2 = 3\times(\sqrt{2})^2 = 6$$

(4) $a^2 - 2ab - 3b^2 = (a+b)(a-3b)$

$$= (3\sqrt{3}+\sqrt{2}+\sqrt{3}-\sqrt{2})\times(3\sqrt{3}+\sqrt{2}$$
$$-3\sqrt{3}+3\sqrt{2}) = 4\sqrt{3}\times4\sqrt{2} = 16\sqrt{6}$$

(5) $x^2 + 8x + y^2 - 8y - 2xy + 7$

$$= x^2 - 2xy + y^2 + 8x - 8y + 7$$

$$= (x-y)^2 + 8(x-y) + 7$$

$x - y = -1$ より，

$(-1)^2 + 8\times(-1) + 7 = 1 - 8 + 7 = 0$

(6) 展開して計算してもよいが，係数だけに着目すると，x^2 の係数 a は，3，8，15 の和で 26。x の係数 b は，6，-4，12，-10，20，-18 の和で 6。数の項 c は，-8，-15，-24 の和で -47。したがって $a + b + c = 26 + 6 - 47 = -15$

(7) 55 は自然数の積としては，11×5 または 55×1 の組み合わせだけ。$m^2 - n^2 = (m+n)(m-n)$ だから，$m + n = 11$，$m - n = 5$ または $m + n = 55$，$m - n = 1$ ということになる。したがって，連立方程式 $m + n = 11$，$m - n = 5$ と，$m + n = 55$，$m - n = 1$ の2組を解く。

$$\begin{cases} m+n = 11 \\ m-n = 5 \end{cases}$$
を解くと，$m = 8$, $n-3$

$$\begin{cases} m+n = 55 \\ m-n = 1 \end{cases}$$
を解くと，$m = 28$, $n = 27$

(8) 7で割ると1余る数は，m を0以上の整数とすると，$7m + 1$ と表せる。

2

(1) $x^2 - x - y^2 + y = x^2 - y^2 - x + y$

$$= (x-y)(x+y) - (x-y) = (x-y)(x+y-1)$$

(2) 展開して整理すると，

$$(x+1)^2 + (x+2)^2 - (x-3)^2 - 4x + 19$$

$$= x^2 + 2x + 1 + x^2 + 4x + 4$$

$$\quad - (x^2 - 6x + 9) - 4x + 19$$

$$= x^2 + 2x + 1 + x^2 + 4x + 4$$

$$-x^2+6x-9-4x+19$$
$$=x^2+8x+15=(x+3)(x+5)$$

(3) $xy^2+y+z-xz^2$
$$=xy^2-xz^2+y+z=x(y+z)(y-z)+(y+z)$$
$$=(y+z)\{x(y-z)+1\}=(y+z)(xy-xz+1)$$

(4) $9a^2-1-4b^2+4b=9a^2-(4b^2-4b+1)$
$$=9a^2-(2b-1)^2=(3a)^2-(2b-1)^2$$
$$3a=A,\ 2b-1=B$$
とおきかえると,
$$A^2-B^2=(A+B)(A-B)$$
$$=\{3a+(2b-1)\}\{3a-(2b-1)\}$$
$$=(3a+2b-1)(3a-2b+1)$$

(5) $8a^2b-2b+4a^2c-c$
$$=8a^2b+4a^2c-2b-c=4a^2(2b+c)-(2b+c)$$
$$=(2b+c)(4a^2-1)=(2b+c)(2a+1)(2a-1)$$

(6) $(a+b)^2-(b+2)^2-a+2$
$$=\{(a+b)+(b+2)\}\{(a+b)-(b+2)\}-(a-2)$$
$$=(a+2b+2)(a-2)-(a-2)$$
$$=(a-2)(a+2b+2-1)=(a-2)(a+2b+1)$$

(7) $a^3+3a^2b-a^2-4a-12b+4$
$$=a^3-4a+3a^2b-12b-a^2+4$$
$$=a(a^2-4)+3b(a^2-4)-(a^2-4)$$
$$=(a^2-4)(a+3b-1)=(a+2)(a-2)(a+3b-1)$$

標準問題

問題 ➡ 本冊 P.34

解 答

1 (1) $x=2$　(2) $x=3$

2 $a=-\dfrac{10}{3}$

3 (1) $x=3$　(2) $x=-2$　(3) $x=2$

(4) $x=\dfrac{2}{5}$

4 (1) $x=-2$　(2) $x=2$　(3) $x=-4$

(4) $x=7$

5 (1) $x=2$　(2) $x=4$　(3) $x=-9$

(4) $x=\dfrac{3}{5}$　(5) $x=-\dfrac{7}{2}$　(6) $x=-7$

6 (1) $x=-22$　(2) $x=4$

(3) $x=-10$　(4) $x=5$

7 2年後

8 31

9 95

10 150円

11 1500円

12 140個

13 800個

14 120ページ

15 3分間

16 (1) $\dfrac{x}{60}-\dfrac{x}{75}=12$

(2) $60x=75\,(x-12)$

17 3g

解 説

1

0, 1, 2, 3をそれぞれ方程式に代入して，(左辺)＝(右辺) となるものを選ぶ。

(1) $x=2$のとき，左辺＝6　右辺＝6

(2) $x=3$のとき，左辺＝4　右辺＝4

2

$x=-2$を代入する。

$5\times(-2)-3a+2=-(-2)$

$-10-3a+2=2$　　$-3a=10$　　$a=-\dfrac{10}{3}$

3

(1) $7x-8=13$

$7x=13+8$　　$7x=21$　　$x=3$

(2) $2x-6=5x$

$2x-5x=6$　　$-3x=6$　　$x=-2$

(3) $4x-10=-5x+8$

$4x+5x=8+10$　　$9x=18$　　$x=2$

(4) $2x+5=7-3x$

$2x+3x=7-5$　　$5x=2$　　$x=\dfrac{2}{5}$

4

(1) $5\,(x+1)=x-3$

$5x+5=x-3$

$5x-x=-3-5$　　$4x=-8$　　$x=-2$

(2) $3\,(3x-4)=10-2x$

$9x-12=10-2x$

$9x+2x=10+12$　　$11x=22$　　$x=2$

(3) $7x-(11x+2)=14$

$7x-11x-2=14$

$7x-11x=14+2$　　$-4x=16$　　$x=-4$

(4) $4\,(2x-7)-3=3x+4$

$8x-28-3=3x+4$

$8x-3x=4+28+3$　　$5x=35$　　$x=7$

5

(1) $1.2x+0.7=3.5-0.2x$

$12x+7=35-2x$　⟵ 両辺を10倍

$14x=28$　　$x=2$

(2) $0.75x-1=0.5x$

$75x-100=50x$　⟵ 両辺を100倍

$25x=100$　　$x=4$

(3) $0.8x+1.2=0.4\,(x-6)$

$8x+12=4\,(x-6)$　⟵ 両辺を10倍

$8x+12=4x-24$　　$4x=-36$　　$x=-9$

(4) $2x-1=\dfrac{x}{3}$

$6x-3=x$　⟵ 両辺を3倍

$5x=3$　　$x=\dfrac{3}{5}$

(5) $3x-\dfrac{1}{4}=\dfrac{5x-4}{2}$　⟵ 両辺を4倍

$12x-1=2\,(5x-4)$

$12x-1-10x=8$　　$2x=-7$　　$x=-\dfrac{7}{2}$

(6) $\dfrac{3x+5}{8}=\dfrac{x-5}{6}$　⟵ 両辺を24倍

$3\,(3x+5)=4\,(x-5)$

$9x+15=4x-20$　　$5x=-35$　　$x=-7$

6

(1) $0.2(x - 3) - 1 = \dfrac{1}{2}x + 5$ ← 両辺を 10 倍

$2(x - 3) - 10 = 5x + 50$

$2x - 6 - 10 = 5x + 50$　　$-3x = 66$　　$x = -22$

(2) $2 - \dfrac{x - 4}{3} = 0.5x$ ← 両辺を 6 倍

$12 - 2(x - 4) = 3x$

$12 - 2x + 8 = 3x$　　$-5x = -20$　　$x = 4$

(3) $0.6x + 3 = \dfrac{x + 1}{3}$ ← 両辺を 15 倍

$9x + 45 = 5(x + 1)$

$9x + 45 = 5x + 5$　　$4x = -40$　　$x = -10$

(4) 比の性質を利用する。

$a : b = c : d$ ならば，$ad = bc$

$8 : (x + 5) = 4 : x$

$8x = 4(x + 5)$　　$8x = 4x + 20$

$4x = 20$　　$x = 5$

7

今から x 年後に父の年齢が子どもの年齢の 3 倍になるとすると，x 年後の年齢は，父は $(43 + x)$ 歳で，子どもは $(13 + x)$ 歳だから，

$43 + x = 3(13 + x)$

$43 + x = 39 + 3x$

$-2x = -4$　　$x = 2$

今から 2 年後とすると，問題にあう。

8

ある数を x とすると，4 を加えて 3 倍すると 33 になったのだから，

$3(x + 4) = 33$　　$x + 4 = 11$　　$x = 7$

ある数が 7 だから，正しい答えは，

$7 \times 4 + 3 = 31$

9

ある数の十の位の数字を x とすると，一の位の数字は，$14 - x$ になる。

もとの数　$10x + (14 - x)$

入れかえた数　$10(14 - x) + x$

入れかえた数は，もとの数より 36 小さいから，

$10(14 - x) + x = 10x + (14 - x) - 36$

$140 - 10x + x = 10x + 14 - x - 36$

$-18x = -162$　　$x = 9$

もとの数の一の位の数字は，$14 - 9 = 5$

よって，もとの数は 95 で，これは問題にあう。

10

ノート 1 冊の値段を x 円として，持っているお金を 2 通りに表す。

10 冊買うには 200 円足りないことから，

$(10x - 200)$ 円

8 冊買うと 100 円余ることより，

$(8x + 100)$ 円　これらは等しいから，

$10x - 200 = 8x + 100$　　$x = 150$ (円)

ノート 1 冊の値段を 150 円とすると問題にあう。

11

シャツ A の定価が x 円だから，10% 引きの価格は，

$(1 - 0.1)x = 0.9x$ (円)

30% 引きの価格は，$(1 - 0.3)x = 0.7x$ (円)

シャツ A をまとめて 4 着買った代金は，

$x + 0.9x + 0.7x \times 2 = 3.3x$ (円)

よって，$3.3x = 4x - 1050$

これより，$x = 1500$

シャツ A の定価を 1500 円とすると問題にあう。

12

昨年のバザーで作ったおにぎりを x 個とする。

昨年と今年の作ったおにぎりと売れたおにぎりの個数を表にすると，次のようになる。

	作った個数	売れた個数
昨年	x	$x - 20$
今年	$0.9x$	$1.05(x - 20)$

今年作ったおにぎりは全部売れたので，

$0.9x = 1.05(x - 20)$

$90x = 105x - 2100$　　$-15x = -2100$

$x = 140$ (個)

昨年 140 個作ったとすると問題にあう。

13

仕入れた個数を x 個とする。

(利益) = (売上げ) - (仕入れ代金) より，

$20000 = 500 \times x \times (1 - 0.15) - 400x$

$20000 = 425x - 400x$

$20000 = 25x$　　$x = 800$ (個)

800個仕入れたとすると問題にあう。

14

本のページ数をxページとする。

1日目に読んだページは，$\frac{1}{3}x$ページで，

次の日に読んだページは，

$x \times \left(1 - \frac{1}{3}\right) \times \frac{2}{5} = \frac{4}{15}x$（ページ）

よって，$\frac{1}{3}x + \frac{4}{15}x + 48 = x$

$5x + 4x + 720 = 15x \qquad -6x = -720$

$x = 120$（ページ）

この本を120ページとすると問題にあう。

15

Aさんが途中から走った時間をx分間とする。
歩いた時間は，$11 - x$（分）だから，速さ，時間，道のりの関係で方程式をつくると，

$70(11 - x) + 180x = 1100$

$770 - 70x + 180x = 1100$

$110x = 330 \qquad x = 3$（分）

走った時間を3分間とすると問題にあう。

16

(1) A，B間（xm）を分速60mで歩くとき，かかる時間は$\frac{x}{60}$分で，分速75mのときは，$\frac{x}{75}$分。

よって，$\frac{x}{60} - \frac{x}{75} = 12$

ミス注意

分母の整数にまどわされて，

$\frac{x}{75} - \frac{x}{60} = 12$としない。$\frac{x}{60} > \frac{x}{75}$である。

(2) 分速60mで歩いた時間をx分とすると，分速75mでは，$x - 12$（分）かかる。
AB間の道のりを2通りに表して，
$60x = 75(x - 12)$

17

18%の食塩水120gの中には，$120 \times 0.18 = 21.6$（g）の食塩がふくまれている。加える食塩をxgとすれば，

$(120 + x) \times 0.2 = 21.6 + x$

$2(120 + x) = 216 + 10x$

$8x = 24 \qquad x = 3$（g）

加える食塩を3gとすると，問題にあう。

発展問題 問題 ➡ 本冊 P.37

解答

1 (1) $x = \frac{39}{29}$ (2) $x = -\frac{2}{3}$

(3) $x = \frac{200}{49}$ (4) $x = \frac{3}{7}$

2 17秒後

3 （黒石）42個 （白石）28個

4 (1) $x = 40$ (2) 8人

解説

1

(1) 両辺を12倍すると，

$4(2x - 5) - 3(3 - 7x) = 10$

$8x - 20 - 9 + 21x = 10 \qquad 29x = 39$

$x = \frac{39}{29}$

(2) 両辺を6倍すると，

$2(x + 4) - 6 = -3(x + 1) + 1 - x$

$2x + 8 - 6 = -3x - 3 + 1 - x$

$6x = -4 \qquad x = -\frac{2}{3}$

(3) 両辺を6倍すると，

$4(0.2x - 1) + 9x - 6 = 30$

$9.8x = 40 \qquad 98x = 400 \qquad x = \frac{200}{49}$

［別解］両辺を30倍すると，

$20(0.2x - 1) + 45x - 30 = 150$

$49x = 200 \qquad x = \frac{200}{49}$

(4) $0.4 : 1.2$は，$1 : 3$だから，

$1 : 3 = (2x + 1) : (6 - x)$

$6x + 3 = 6 - x \qquad 7x = 3 \qquad x = \frac{3}{7}$

2

出発してからx秒後にはじめて出会うとする。
BC間の道のりは，$150 - 96 = 54$（m）で，2人が出会うまでに進む道のりの合計は，$5x + 7x$（m）だから，

$5x + 7x = 150 + 54 \qquad 12x = 204 \qquad x = 17$

17秒後にはじめて出会うとすると，問題にあう。

3

はじめの白石の個数を$2x$個とすると，黒石は

$2x \times \frac{60}{40} = 3x$（個）。条件より，

$(2x - 14 + 3x) \times \frac{25}{100} = 2x - 14$

$5x - 14 = 8x - 56 \qquad 3x = 42 \qquad x = 14$

はじめにあった黒石は，$14 \times 3 = 42$（個）

はじめにあった白石は，$14 \times 2 = 28$（個）

これらは問題にあう。

4

(1) $2000 \times 10 + \left(1 - \dfrac{x}{100}\right) \times 2000 \times (15 - 10) = 26000$

これより，$1 - \dfrac{x}{100} = \dfrac{60}{100}$　　$x = 40$

(2) 大人も子どもも割引きがないので，このときの大人の人数をy人とすると，$7 \leqq y \leqq 10$

$2000y + 1100 \times (17 - y) = 25900$

$2000y + 18700 - 1100y = 25900$

$\qquad\qquad\qquad 900y = 7200$

$\qquad\qquad\qquad\quad y = 8$

これは$7 \leqq y \leqq 10$をみたす。

2 方程式編　連立方程式

標準問題

問題 ➡ **本冊 P.39**

解答

1 ㋑

2 (1) $x = 2$, $y = -4$　　(2) $x = 3$, $y = 5$

3 (1) $x = 1$, $y = -2$　　(2) $x = 4$, $y = -2$

　　(3) $x = 2$, $y = -1$　　(4) $x = -2$, $y = 4$

4 (1) $x = 2$, $y = -5$　　(2) $x = 15$, $y = 8$

5 (1) $x = 7$, $y = -3$　　(2) $x = 6$, $y = -3$

　　(3) $x = 3$, $y = 1$　　(4) $x = 3$, $y = -2$

6 $a = 1$, $b = -3$

7 58

8 $x = 20$, $y = 72$

9 （徒歩通学者）85人

　　（自転車通学者）35人

10 400m

11 15km

12 （A地区）320kg　（B地区）480kg

13 （8%の食塩水）500g

　　（15%の食塩水）200g

解説

1

$\begin{cases} 2x - 3y = 12 & \cdots① \\ 4x + 5y = 2 & \cdots② \end{cases}$

㋐　$x = 0$，$y = -4$を代入すると，①は成り立つが，②の左辺$= -20$となり，（左辺）$\neq$（右辺）

㋑　$x = 3$，$y = -2$を代入すると，①，②ともに成り立つ。

㋒　$x = -2$，$y = 2$を代入すると，②は成り立つが，①の左辺$= -10$となり，（左辺）$\neq$（右辺）

2

(1) $\begin{cases} x = 2y + 10 & \cdots① \\ 3x + y = 2 & \cdots② \end{cases}$

①を②に代入して，$3(2y + 10) + y = 2$

$7y + 30 = 2$　　$7y = -28$　　$y = -4$

$y = -4$を①に代入して，

$x = -8 + 10 = 2$

(2) $\begin{cases} x + 3y = 18 & \cdots① \\ y = 2x - 1 & \cdots② \end{cases}$

②を①に代入して，

$x + 3(2x - 1) = 18$

$7x - 3 = 18$　　$7x = 21$　　$x = 3$

$x = 3$を②に代入して，

$y = 6 - 1 = 5$

3

(1) $\begin{cases} x - 3y = 7 & \cdots① \\ 2x + 3y = -4 & \cdots② \end{cases}$

①$+$②より，$3x = 3$　　$x = 1$

$x = 1$を②に代入して，

$2 + 3y = -4$　　$3y = -6$　　$y = -2$

(2) $\begin{cases} x + y = 2 & \cdots① \\ 3x - 2y = 16 & \cdots② \end{cases}$

①$\times 2 +$②より，$5x = 20$　　$x = 4$

$x = 4$を①に代入して，

$4 + y = 2$　　$y = -2$

(3) $\begin{cases} 3x - 4y = 10 & \cdots① \\ 4x + 3y = 5 & \cdots② \end{cases}$

①$\times 3 +$②$\times 4$より，$25x = 50$　　$x = 2$

$x = 2$を②に代入して，

$8 + 3y = 5$　　$3y = -3$　　$y = -1$

(4) $\begin{cases} -3x + 5y = 26 & \cdots① \\ 2x + 3y = 8 & \cdots② \end{cases}$

①$\times 2 +$②$\times 3$より，$19y = 76$　　$y = 4$

$y = 4$を②に代入して，

$2x + 12 = 8$　　$2x = -4$　　$x = -2$

4

(1) $\begin{cases} 0.5x - 1.4y = 8 & \cdots① \\ -x + 2y = -12 & \cdots② \end{cases}$

①$\times 10$　　$5x - 14y = 80$　　$\cdots①'$

②$\times 5$　　$-5x + 10y = -60$　　$\cdots②'$

①′＋②′より，$-4y＝20$　$y＝-5$
$y＝-5$を②に代入して，
$-x-10＝-12$　$x＝2$

(2) $\begin{cases} \dfrac{2}{5}x＋\dfrac{y}{4}＝8 & \cdots① \\ \dfrac{x}{3}－\dfrac{3}{2}y＝-7 & \cdots② \end{cases}$

①×20　$8x＋5y＝160$　…①′
②×6　$2x－9y＝-42$　…②′
①′－②′×4より，$41y＝328$　$y＝8$
$y＝8$を②′に代入して，
$2x－72＝-42$　$2x＝30$　$x＝15$

5

(1) $2x＋3y＝-x-4y＝5$より，
$\begin{cases} 2x＋3y＝5 & \cdots① \\ -x-4y＝5 & \cdots② \end{cases}$
①＋②×2より，$-5y＝15$　$y＝-3$
$y＝-3$を①に代入して，$2x－9＝5$
$2x＝14$　$x＝7$

(2) $5x＋y＝4x-y＝3x＋9$
$\begin{cases} 5x＋y＝3x＋9 & \cdots① \\ 4x-y＝3x＋9 & \cdots② \end{cases}$
①より，$2x＋y＝9$　…①′
②より，$x-y＝9$　…②′
①′＋②′より，$3x＝18$　$x＝6$
$x＝6$を①′に代入して，$12＋y＝9$　$y＝-3$

(3) $\begin{cases} 3x－2(y－2)＝11 & \cdots① \\ \dfrac{2x－3}{3}＋\dfrac{y＋1}{2}＝2 & \cdots② \end{cases}$
①より，$3x－2y＝7$　…①′
②×6より，$2(2x－3)＋3(y＋1)＝12$
$4x＋3y＝15$　…②′
①′×3＋②′×2より，$17x＝51$　$x＝3$
$x＝3$を②′に代入して，
$12＋3y＝15$　$3y＝3$　$y＝1$

(4) $\begin{cases} x＋4(y＋1)＝-1 & \cdots① \\ \dfrac{x}{3}－\dfrac{y－1}{6}＝\dfrac{3}{2} & \cdots② \end{cases}$
①より，$x＋4y＝-5$　…①′
②より，両辺を6倍して，$2x-y＋1＝9$
$2x-y＝8$　…②′

①′＋②′×4より，$9x＝27$　$x＝3$
$x＝3$を②′に代入して，$6-y＝8$　$y＝-2$

6

$\begin{cases} ax＋by＝5 \\ ax-by＝-1 \end{cases}$ に$x＝2$，$y＝-1$を代入すると，
$\begin{cases} 2a-b＝5 & \cdots① \\ 2a＋b＝-1 & \cdots② \end{cases}$
①＋②より，$4a＝4$　$a＝1$
これを②に代入すると，$2＋b＝-1$　$b＝-3$

7

もとの数の十の位の数をx，一の位の数をyとすると，もとの数は$10x＋y$，十の位の数と一の位の数を入れかえた数は$10y＋x$と表される。よって，
$\begin{cases} x＋y＝13 & \cdots① \\ 10y＋x＝2(10x＋y)－31 & \cdots② \end{cases}$
②より，$10y＋x＝20x＋2y－31$
$19x－8y＝31$　…②′
①×8＋②′より，$27x＝135$　$x＝5$
一の位の数は，①より，$5＋y＝13$　$y＝8$
もとの数を58とすると問題にあう。

8

封筒の中に鉛筆を，4本ずつ入れると8本足りないから，
$4x－8＝y$　…①
また，3本ずつ入れると鉛筆が12本余るから，
$3x＋12＝y$　…②
①，②を解いて，$x＝20$，$y＝72$
封筒20枚，鉛筆72本とすると問題にあう。

9

徒歩通学者をx人，自転車通学者をy人とすると，
$\begin{cases} x＋y＝120 & \cdots① \\ x＝2y＋15 & \cdots② \end{cases}$
②を①に代入して，$2y＋15＋y＝120$
$3y＝105$　$y＝35$
$x＋35＝120$　$x＝85$
徒歩通学者85人，自転車通学者35人とすると問題にあう。

10

Aさんの家から郵便局までをxm，郵便局から図書館までをymとすると，行きは13分，帰りは14分かかったから，

$$\begin{cases} \dfrac{x}{80} + \dfrac{y}{100} = 13 & \cdots ① \\ \dfrac{x}{100} + \dfrac{y}{80} = 14 & \cdots ② \end{cases}$$

①×400　　$5x + 4y = 5200$　$\cdots ①'$

②×400　　$4x + 5y = 5600$　$\cdots ②'$

①'×5−②'×4より，$9x = 3600$　　$x = 400$

Aさんの家から郵便局までを400mとすると問題にあう。

11

自転車で走った道のりを $x$km，歩いた道のりを $y$km とする。

Aさんの家から目的地までの道のりは，

$12 \times 1.5 = 18$ (km)　よって，

$$\begin{cases} x + y = 18 & \cdots ① \\ \dfrac{x}{12} + \dfrac{y}{4} = 2 & \cdots ② \end{cases}$$

②×12　　$x + 3y = 24$　$\cdots ②'$

①−②'より，$-2y = -6$　　$y = 3$

$x + 3 = 18$より，$x = 15$

家から自転車が故障した地点までの道のりを15kmとすると問題にあう。

12

A地区が4月に回収した古紙を $x$kg，B地区が4月に回収した古紙を $y$kg とする。

5月に回収した古紙は，A地区が0.9$x$kg，B地区が1.15$y$kg，全体で1.05$(x+y)$ kgだから，

$$\begin{cases} 0.9x + 1.15y = 840 & \cdots ① \\ 1.05(x + y) = 840 & \cdots ② \end{cases}$$

①より，$18x + 23y = 16800$　$\cdots ①'$

②より，$x + y = 800$　　　　$\cdots ②'$

①'−②'×18より，$5y = 2400$　　$y = 480$

$x + 480 = 800$　　$x = 320$

A地区320kg，B地区480kgとすると問題にあう。

13

8%の食塩水を xg，15%の食塩水を yg とすると，

$$\begin{cases} x + y = 700 & \cdots ① \\ 0.08x + 0.15y = 700 \times 0.1 & \cdots ② \end{cases}$$

②より，$8x + 15y = 7000$　$\cdots ②'$

①×8−②'より，$-7y = -1400$　　$y = 200$

$x + 200 = 700$　　$x = 500$

8%の食塩水を500g，15%の食塩水を200gとすると問題にあう。

 問題 ➡ **本冊 P.42**

解答

1 (1) $x = 5$, $y = -\dfrac{1}{2}$　(2) $x = \dfrac{18}{17}$, $y = \dfrac{24}{17}$

　　(3) $x = 2$, $y = -\dfrac{2}{3}$　(4) $x = 2$, $y = 1$

2 $a = 1$

3 (1) 4000円

　　(2) (売上金額) 16000円

　　　　(支出金額) 15000円

解説

1

もとの式の上式を①，下式を②とする。

(1) ①より，$x - 6y = 8$　$\cdots ①'$

　　②より，$x - 2y = 6$　$\cdots ②'$

　　①'−②'　　$-4y = 2$　　$y = -\dfrac{1}{2}$

　　$x + 1 = 6$　　$x = 5$

(2) ①より，$4x - 3y = 0$　$\cdots ①'$

　　②より，$3x + 2y = 6$　$\cdots ②'$

　　①'×2+②'×3　　$17x = 18$　　$x = \dfrac{18}{17}$

　　$\dfrac{54}{17} + 2y = 6$　　$2y = \dfrac{48}{17}$　　$y = \dfrac{24}{17}$

(3) $\dfrac{1}{x} = X$, $\dfrac{1}{y} = Y$ とおく。

　　$X - Y = 2$　　　　　$\cdots ①'$

　　$3X + 5Y = -6$　　$\cdots ②'$

　　①'×5+②'　　$8X = 4$　　$X = \dfrac{1}{2}$

　　$Y = -\dfrac{3}{2}$　　$\dfrac{1}{x} = \dfrac{1}{2}$より，$x = 2$

　　$\dfrac{1}{y} = -\dfrac{3}{2}$より，$y = -\dfrac{2}{3}$

(4) ①より，$3x - 11y = -5$　$\cdots ①'$

　　②より，$x - 4y = -2$　　$\cdots ②'$

　　①'−②'×3　　$y = 1$

　　$x - 4 = -2$より，$x = 2$

2

$$\begin{cases} x + y = 3 & \cdots ① \\ 3x - 2y = 4 & \cdots ② \end{cases}$$

①×2+②より，$5x = 10$　　$x = 2$

$2 + y = 3$より，$y = 1$

$2x - 3y = a$に代入して，$a = 4 - 3 = 1$

3

(1) A組，B組，保護者会のそれぞれの利益は，グラフより1000円，-2000円，5000円だから，

$1000 - 2000 + 5000 = 4000$ （円）

(2) A組の売上金額をx円，A組の支出金額をy円とする。

B組の売上金額は，$\dfrac{5}{8}x$円，支出金額は$\dfrac{4}{5}y$円と表せる。

$$\begin{cases} x - y = 1000 & \cdots ① \\ \dfrac{5}{8}x - \dfrac{4}{5}y = -2000 & \cdots ② \end{cases}$$

②より，$25x - 32y = -80000$　$\cdots②'$

①×25－②'より，$7y = 105000$

$y = 15000$，$x = 16000$

これらは問題にあう。

3 ２次方程式

方程式編

標準問題

問題 ➡ 本冊 P.44

解答

1 ㋓, ㋔

2 (1) $x = 0, \ x = -6$ 　(2) $x = -4, \ x = 3$

(3) $x = -2, \ x = 8$ 　(4) $x = -6, \ x = 6$

(5) $x = 4$ 　(6) $x = \dfrac{5}{2}$

3 (1) $x = -1, \ x = 7$ 　(2) $x = -3, \ x = 4$

(3) $x = -2, \ x = 3$ 　(4) $x = -8, \ x = 2$

4 (1) $x = \pm\sqrt{7}$ 　(2) $x = 6 \pm \sqrt{5}$

5 (1) $x = -3 \pm \sqrt{10}$ 　(2) $x = \dfrac{5 \pm \sqrt{13}}{2}$

6 (1) $x = \dfrac{-3 \pm \sqrt{5}}{2}$ 　(2) $x = \dfrac{3}{2}, \ x = 1$

(3) $x = \dfrac{-5 \pm \sqrt{37}}{2}$ 　(4) $x = \dfrac{3}{5}, \ x = -2$

7 $a = -4$ 　(他の解) $x = -3$

8 96

9 6cm

10 8m

11 3cm

12 8cm

13 $\dfrac{9 + 5\sqrt{5}}{2}$ cm

14 (1) 6 　(2) $\dfrac{4}{3}$ 　(3) $\dfrac{8}{3}$

解説

1

$x = 3$を代入して，左辺$= 0$となるものを選ぶ。それぞ

れの左辺を計算すると，

㋐10　㋑0　㋒12　㋓0　㋔0

となるが，㋑は1次方程式だから，あてはまらない。

ミス注意

$2x - 6 = 0$はxの2次の項がないので，2次方程式ではない。

2

(1) $x(x + 6) = 0$　$x = 0, \ -6$

(2) $(x + 4)(x - 3) = 0$　$x = -4, \ 3$

(3) $x^2 - 6x - 16 = 0$

$(x + 2)(x - 8) = 0$　$x = -2, \ 8$

(4) $(x + 6)(x - 6) = 0$　$x = -6, \ 6$

(5) $(x - 4)^2 = 0$　$x = 4$

(6) $(2x - 5)^2 = 0$　$2x - 5 = 0$　$x = \dfrac{5}{2}$

3

(1) $x^2 - 9 = 6x - 2$　$x^2 - 6x - 7 = 0$

$(x + 1)(x - 7) = 0$　$x = -1, \ 7$

(2) $x^2 + 2x = 3x + 12$　$x^2 - x - 12 = 0$

$(x + 3)(x - 4) = 0$　$x = -3, \ 4$

(3) $x^2 - 4x + 4 = 10 - 3x$

$x^2 - x - 6 = 0$　$(x + 2)(x - 3) = 0$

$x = -2, \ 3$

(4) $x^2 + 6x + 8 = 24$　$x^2 + 6x - 16 = 0$

$(x + 8)(x - 2) = 0$　$x = -8, \ 2$

4

(1) $x^2 = 7$　$x = \pm\sqrt{7}$

(2) $x - 6 = \pm\sqrt{5}$　$x = 6 \pm \sqrt{5}$

5

(1) $x^2 + 6x + 3^2 = 1 + 3^2$

$(x + 3)^2 = 10$　$x + 3 = \pm\sqrt{10}$

$x = -3 \pm \sqrt{10}$

(2) $x^2 - 5x + \left(\dfrac{5}{2}\right)^2 = -3 + \left(\dfrac{5}{2}\right)^2$

$x^2 - 5x + \dfrac{25}{4} = \dfrac{13}{4}$　$\left(x - \dfrac{5}{2}\right)^2 = \dfrac{13}{4}$

$x - \dfrac{5}{2} = \pm\dfrac{\sqrt{13}}{2}$　$x = \dfrac{5 \pm \sqrt{13}}{2}$

6

(1) $x^2 + 3x + 1 = 0$

解の公式に$a = 1$，$b = 3$，$c = 1$を代入。

$x = \dfrac{-3 \pm \sqrt{3^2 - 4 \times 1 \times 1}}{2 \times 1} = \dfrac{-3 \pm \sqrt{5}}{2}$

(2) $x = \dfrac{-(-5) \pm \sqrt{(-5)^2 - 4 \times 2 \times 3}}{2 \times 2}$

$= \dfrac{5 \pm \sqrt{1}}{4}$

$$x = \frac{5+1}{4} = \frac{3}{2} \qquad x = \frac{5-1}{4} = 1$$

(3) $x = \dfrac{-5 \pm \sqrt{5^2 - 4 \times 1 \times (-3)}}{2 \times 1}$

$\qquad = \dfrac{-5 \pm \sqrt{37}}{2}$

(4) $x = \dfrac{-7 \pm \sqrt{7^2 - 4 \times 5 \times (-6)}}{2 \times 5}$

$\qquad = \dfrac{-7 \pm \sqrt{169}}{10}$

$$x = \frac{-7+13}{10} = \frac{3}{5} \qquad x = \frac{-7-13}{10} = -2$$

ミス注意

解の公式で解が無理数になるとはかぎらない。
(2)，(4)のように根号の中が平方数になるときは
$\sqrt{}$ がはずれて解は有理数になる。

7

$x^2 + ax - 21 = 0$ に $x = 7$ を代入すると，
$49 + 7a - 21 = 0 \qquad 7a = -28 \qquad a = -4$
$a = -4$ を $x^2 + ax - 21 = 0$ に代入。
$x^2 - 4x - 21 = 0 \qquad (x+3)(x-7) = 0$
$x = -3,\ 7 \qquad$ 他の解は $x = -3$

8

もとの自然数の一の位の数は $a - 3$ だから，もとの自然数は $10a + (a - 3)$ と表せる。
よって，$a^2 = 10a + (a - 3) - 15$
$a^2 - 11a + 18 = 0 \qquad (a-2)(a-9) = 0$
$a = 2,\ 9$
$a = 2$ のとき，一の位の数は $2 - 3 = -1$ となり不適。
$a = 9$ のとき，一の位の数は $9 - 3 = 6$ で，もとの自然数は 96 になり，これは問題にあう。

ミス注意

自然数の一の位の数が負の整数になることはない。
答えが問題にあうかどうかをいつも確かめること。

9

長方形の周囲の長さが 36cm だから，長い方と短い方の辺の長さの和は $36 \div 2 = 18$ (cm)
長方形の短い方の辺の長さを $x$cm とすると，
$x(18 - x) = 72 \qquad x^2 - 18x + 72 = 0$
$(x-6)(x-12) = 0 \qquad x = 6,\ 12$
$x = 12$ のとき，長い方の辺は $18 - 12 = 6$ (cm) となり不適。
$x = 6$ のとき，長い方の辺は $18 - 6 = 12$ (cm) となり，問題にあう。

10

長方形の土地の縦の長さを xm とすると，横の長さは $x + 2$ (m) と表される。
4つの花だんを合わせた長方形の縦の長さは，
$x - 3$ (m) で，横の長さは，$(x + 2) - 3 = x - 1$ (m)
だから，$(x-3)(x-1) = 35 \qquad x^2 - 4x - 32 = 0$
$(x+4)(x-8) = 0 \qquad x = -4,\ 8$
$x > 0$ だから，$x = -4$ は不適。長方形の土地の縦の長さが 8m のとき，問題にあう。

11

$\triangle \text{AEF} = \dfrac{1}{2} \times x \times (10 \div 2) = \dfrac{5}{2}x$ (cm²)

$\triangle \text{BHF} = \dfrac{1}{2} \times x \times (10 - x) = \dfrac{x}{2}(10 - x)$ (cm²)

五角形EFHIGの面積は，正方形ABCDの面積から，まわりの三角形4つ分の面積をひいたものに等しい。

$10^2 - \left\{ \dfrac{5}{2}x \times 2 + \dfrac{x}{2}(10 - x) \times 2 \right\} = 64$

$100 - 5x - 10x + x^2 = 64$

$x^2 - 15x + 36 = 0 \qquad (x-3)(x-12) = 0$

$x = 3,\ 12 \qquad 0 < x < 5$ だから，$x = 3$

$\text{AF} = 3$cm とすると問題にあう。

12

辺ABの長さを $x$cm とすると，BCは $2x$cm と表せる。
$\triangle \text{OAB}$ は長方形ABCDの面積の $\dfrac{1}{4}$ だから，

$\dfrac{1}{4} \times x \times 2x = 32 \qquad \dfrac{x^2}{2} = 32 \qquad x^2 = 64$

$x = \pm 8 \qquad x > 0$ より $x = 8$

$\text{AB} = 8$cm とすると，問題にあう。

13

厚紙の縦の長さを $x$cm とすると，横の長さは $2x$cm。
$(x - 6)(2x - 6) \times 3 = 174$
$6x^2 - 54x + 108 = 174 \qquad x^2 - 9x - 11 = 0$
解の公式より，

$x = \dfrac{-(-9) \pm \sqrt{(-9)^2 - 4 \times 1 \times (-11)}}{2 \times 1}$

$\qquad = \dfrac{9 \pm 5\sqrt{5}}{2}$

$x > 0$ より，$x = \dfrac{9 + 5\sqrt{5}}{2}$

厚紙の縦の長さを $\dfrac{9 + 5\sqrt{5}}{2}$cm とすると，問題にあう。

14

(1) 点Eの x 座標は1で，直線ACは $y = -x + 4$ だから，$x = 1$ を代入すると，$y = -1 + 4 = 3$
　　E $(1,\ 3)$ だから，長方形DEFG $= 2 \times 3 = 6$

(2) 点Dの x 座標を m とすると，点Eの y 座標は，

$4-m$ ED＝GDより，

$4-m=2m$ $3m=4$ $m=\dfrac{4}{3}$

(3) 点Dのx座標をnとすると，点Eのy座標は，

$4-n$ E$(n,\ 4-n)$で，

△AFE＝長方形DEFGより，

$\dfrac{1}{2}\times 2n\times\{4-(4-n)\}=2n(4-n)$

$n^2=8n-2n^2$ $3n^2-8n=0$

$n(3n-8)=0$ $n=0,\ \dfrac{8}{3}$

$n>0$より，$n=\dfrac{8}{3}$ 点Dのx座標が$\dfrac{8}{3}$のとき，
問題にあう。

発展問題　　　　　　　　問題 ➡ 本冊 P.47

解答

1 (1) $x=\dfrac{7\pm\sqrt{17}}{2}$ (2) $x=1,\ x=\dfrac{1}{2}$

(3) $x=-8,\ x=3$ (4) $x=6$

(5) $x=-6,\ x=2$ (6) $x=\dfrac{7}{3},\ x=\dfrac{2}{3}$

2 $a=-3$

3 (1) 10800円   (2) 10円，15円

4 $(6+3\sqrt{6}\,)$ cm

5 $-1,\ 15$

6 (1) 95分   (2) 1km

7 (1) 36枚   (2) $n=13$

解説

1

(1) $2(x^2-4x+4)=x^2-x$

$2x^2-8x+8=x^2-x$

$x^2-7x+8=0$

$x=\dfrac{7\pm\sqrt{49-32}}{2}=\dfrac{7\pm\sqrt{17}}{2}$

(2) $3x^2-3x=x^2-1$ $2x^2-3x+1=0$

$x=\dfrac{3\pm\sqrt{9-8}}{4}=\dfrac{3\pm1}{4}$ $x=1,\ \dfrac{1}{2}$

(3) $-4(x-1)=(x+5)(x-4)$

$-4x+4=x^2+x-20$

$x^2+5x-24=0$ $(x+8)(x-3)=0$

$x=-8,\ 3$

(4) $x^2-6x+9=3(2x-6-3)$

$x^2-6x+9=6x-27$

$x^2-12x+36=0$ $(x-6)^2=0$ $x=6$

(5) $2x^2-8=x^2-4x+4$

$x^2+4x-12=0$ $(x+6)(x-2)=0$

$x=-6,\ 2$

(6) $9x^2-24x+16-3x+4=6$

$9x^2-27x+14=0$

$x=\dfrac{27\pm\sqrt{729-504}}{18}=\dfrac{27\pm15}{18}$

$x=\dfrac{27+15}{18}=\dfrac{7}{3}$ $x=\dfrac{27-15}{18}=\dfrac{2}{3}$

2

$x=2$を第1式に代入して，

$4+4a+2a^2-10=0$より，

$a^2+2a-3=0$

$(a+3)(a-1)=0$ $a=-3,\ 1$

$x=2$を第2式に代入して，

$12+2a^2-a^2+7a=0$

$a^2+7a+12=0$

$(a+4)(a+3)=0$ $a=-4,\ -3$

よって，$a=-3$のとき，2つの方程式はともに

$x=2$を解にもつ。

3

(1) $(50-5)\times(200+8\times5)$

$=45\times240=10800$（円）

(2) x円値下げすると，1個の値段は，$50-x$（円）
売れる個数は$200+8x$（個）になる。よって，

$(50-x)(200+8x)=11200$ 整理すると，

$8x^2-200x+1200=0$

$x^2-25x+150=0$ $(x-10)(x-15)=0$

$x=10,\ 15$

これらはどちらも問題にあう。

4

もとの円の半径を$x$cmとすると，

$\pi x^2\times1.5=\pi(x+3)^2$

$1.5x^2=x^2+6x+9$

$0.5x^2-6x-9=0$ $x^2-12x-18=0$

$x=\dfrac{12\pm\sqrt{144+72}}{2}=\dfrac{12\pm6\sqrt{6}}{2}=6\pm3\sqrt{6}$

$x>0$より，$x=6+3\sqrt{6}$

5

ある整数をxとすると，

$(x+3)(x-5)=12x$

$x^2-14x-15=0$

$(x+1)(x-15)=0$

$x=-1,\ 15$

$x=-1,\ x=15$のどちらでも問題にあう。

6

(1) Aさんの分速は，$19 \div 85\frac{1}{2} = \frac{2}{9}$ (km)

Bさんの分速を$b$km，初めてすれ違うまでの時間をt分とすると，

$bt + \frac{2}{9}t = 19$ …①

$bt + 50b = 19$ …②

①−②より，$\frac{2}{9}t = 50b$　　$b = \frac{1}{225}t$ …③

③を①に代入して整理すると，

$t^2 + 50t - 4275 = 0$　　$(t + 95)(t - 45) = 0$

$t > 0$より，$t = 45$

2人は出発してから45分後に初めてすれ違うので，Bさんがコースを1周する時間は，

$45 + 50 = 95$ (分)

(2) スタートしてからx分後に2回目にすれ違うとする。

(1) より，$b = \frac{1}{225} \times 45 = \frac{1}{5}$　だから，

$\frac{1}{5}x + \frac{2}{9}x = 19 \times 2$

$9x + 10x = 1710$　　$x = 90$

2回目にすれ違うのは90分後だから，

Aさんは，$\frac{2}{9} \times 90 = 20$ (km) 進む。

よって，$20 - 19 = 1$ (km)

7

(1) $n = 3$，すなわち，1辺の長さが3cmの正方形の場合，3cmの長さの辺の数は縦も横もそれぞれ4本ずつ。したがって，1cmの長さの辺の数は

$3 \times 4 \times 2 = 24$ (本) ある。

このことから，1辺の長さが$n$cmの正方形で，1cmの長さの辺は全部で，

$n \times (n + 1) \times 2 = 2n(n + 1)$

これから，外まわりの辺 ($n \times 4$) と取り除いたタイルの辺4をひいた白いシールをつけた辺の数は，

$2n(n + 1) - 4n - 4$

$= 2n^2 + 2n - 4n - 4$

$= 2n^2 - 2n - 4$

よって，$n = 5$のとき，

$2 \times 5^2 - 2 \times 5 - 4 = 36$ (枚)

(2) $2n^2 - 2n - 4 = 308$

$n^2 - n - 156 = 0$

$(n + 12)(n - 13) = 0$

$n = -12, 13$

$n > 0$より，$n = 13$

標準問題

問題 ⇒ **本冊 P.50**

解答

1 (1)，(2)，(5)

2 (1) 6分後　　(2) $y = 2x$
　　(3) $0 \leqq x \leqq 10$　　(4) $0 \leqq y \leqq 20$

3 (1) $y = 3600 - 120x$
　　(2) $0 \leqq x \leqq 30$，$0 \leqq y \leqq 3600$

4 (1) ア　6　　イ　9　　ウ　12
　　　　エ　15　　オ　18
　　(2) 3　　(3) $y = 3x$　　(4) 12cm

5 (1) $y = 6x$，比例定数　6
　　(2) $y = 4x$，比例定数　4
　　(3) $y = 30x$，比例定数　30
　　(4) $y = 60x$，比例定数　60
　　(5) $y = \dfrac{3}{5}x$，比例定数　$\dfrac{3}{5}$

6 (1) $y = 4x$　　(2) $y = -2x$　　(3) $y = 24$
　　(4) $y = 16$　　(5) $y = 9$

7 (1) 30m　　(2) 20g　　(3) 1.6kg

8 (1) 450g　　(2) 600枚

9 80枚

10 (1) 2円　　(2) $y = 2x$，比例　　(3) 2000円

11 ③

12 $y = \dfrac{240}{x}$

13 (1) ア　16　　イ　12　　ウ　8
　　　　エ　4　　オ　1
　　(2) 48　　(3) $y = \dfrac{48}{x}$　　(4) 8cm

14 (ア) -9　　(イ) 3

15 (1) $y = \dfrac{24}{x}$，比例定数　24
　　(2) $y = \dfrac{40}{x}$，比例定数　40
　　(3) $y = \dfrac{36}{x}$，比例定数　36
　　(4) $y = \dfrac{180}{x}$，比例定数　180

16 (1) $y = \dfrac{32}{x}$　　(2) $y = -\dfrac{36}{x}$　　(3) $y = 10$
　　(4) $y = -3$　　(5) $y = 8$

17 (1) 180km　　(2) $y = \dfrac{180}{x}$，反比例

18 (1) $y = 8x$，比例　　(2) $y = \dfrac{400}{x}$，反比例

19 A (1，5)，B (2，-3)，C (-5，1)，

D (-4，-4)，E (3，0)
P，Q，Rは下の図

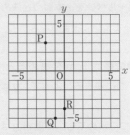

20 (1) A (4，2)，B (-4，3)，C (-2，-4)
　　(2) (1，-1)　　(3) 27cm²

21

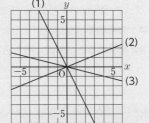

22 (1) $y = -4x$　　(2) $y = \dfrac{2}{3}x$　　(3) $y = -\dfrac{3}{4}x$

23 (1) $0 \leqq x \leqq 5$　　(2) $y = 3x$
　　(3)

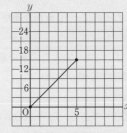

24

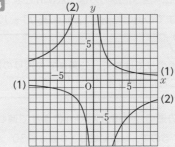

25 (1) $y = \dfrac{4}{x}$　　(2) $y = -\dfrac{12}{x}$

26 $-8 \leqq y \leqq -\dfrac{8}{3}$

27 $\dfrac{8}{3}$

28 ㋐ $y = 2x$　　㋑ $y = \dfrac{8}{x}$

1

(1) 1本80円のボールペンをx本買うと決めると，おつりのy円は必ず1つに決まる。よって，yはxの関数である。

(2) 正方形の1辺の長さ$x$cmを決めると，面積の$y$cm^{2}は必ず1つに決まる。よって，yはxの関数である。

(3) 身長$x$cmを1つに決めても，体重$y$kgは1つに決まらない。よって，yはxの関数ではない。

(4) 底辺の長さ$x$cmを決めても，高さは1つに決まらない。したがって，面積$y$cm^{2}も1つに決まらない。よって，yはxの関数ではない。

(5) 牛肉の重さxgを決めると，値段y円も必ず1つに決まる。よって，yはxの関数である。

2

(1) 1分間に2Lの水が入るのだから，12Lの水が入るのは，$12 \div 2 = 6$（分後）

(2) x分間に入った水の量は$2x$Lと表せるから，
$$y = 2x$$

(3) 20Lの水を入れるのに，10分かかるから，xの変域は，$0 \leqq x \leqq 10$

(4) 水そうがいっぱいになったときの水の量は20Lだから，yの変域は，$0 \leqq y \leqq 20$

3

(1) 3.6km = 3600mである。毎分120mの速さでx分間走ると，走った道のりは$120x$mと表せるから，公園までの道のりymは，$y = 3600 - 120x$

ミス注意

> yは進んだ道のりではなく，公園までの残りの道のりであることに注意する。

(2) 3600mの道のりを毎分120mの速さで進むと，30分かかるので，xの変域は，$0 \leqq x \leqq 30$
また，家から公園までの道のりは3600mより，yの変域は，$0 \leqq y \leqq 3600$になる。

4

(1) 表の空欄には，xの値を3倍した数がはいる。

(2) $\dfrac{y}{x}$の値は，つねに3になる。この$\dfrac{y}{x}$の値を**比例定数**という。

(3) (2)より，比例定数は3だから，$y = 3x$

(4) $y = 36$になるから，$36 = 3x$より，$x = 12$（cm）

5

(1) $y = 6x$より，比例定数は横の長さの6になる。

(2) $y = 4x$より，比例定数は時速4kmの4になる。

(3) xmの重さは$30x$gになることより，比例定数は30になる。

(4) x分間に印刷する枚数は$60x$枚になることより，比例定数は60になる。

(5) 5分間に3km進む自動車は，1分間に$\dfrac{3}{5}$km進むことより，x分間に進む道のり$y$kmは$\dfrac{3}{5}x$kmで表される。したがって，比例定数は$\dfrac{3}{5}$になる。

6

(1) $y = ax$の式に，$x = 3$，$y = 12$を代入して，
$12 = 3a$より，$a = 4$　よって，$y = 4x$

(2) $y = ax$の式に，$x = -4$，$y = 8$を代入して，
$8 = -4a$より，$a = -2$　よって，$y = -2x$

(3) $y = ax$の式に，$x = 2$，$y = 6$を代入して，
$6 = 2a$より，$a = 3$　$y = 3x$に$x = 8$を代入して，
$y = 3 \times 8 = 24$

(4) $y = ax$の式に，$x = 5$，$y = -20$を代入して，
$-20 = 5a$より，$a = -4$　$y = -4x$に$x = -4$を代入して，$y = -4 \times (-4) = 16$

(5) $y = ax$の式に，$x = 8$，$y = -6$を代入して，
$-6 = 8a$より，$a = -\dfrac{3}{4}$　$y = -\dfrac{3}{4}x$に$x = -12$を代入して，$y = -\dfrac{3}{4} \times (-12) = 9$

7

(1) 針金の長さは重さに比例することから考える。
重さは$600 \div 120 = 5$（倍）だから，長さは，
$6 \times 5 = 30$（m）

(2) 針金1mあたりの重さを求めると，
$120 \div 6 = 20$（g）

(3) 針金の重さは長さに比例する。1mあたりの重さが20gだから，80mの重さは，$20 \times 80 = 1600$（g）
1600g = 1.6kg

8

(1) 紙の重さは枚数に比例することから考える。
$250 \div 50 = 5$より，重さは，$90 \times 5 = 450$（g）

(2) 紙の枚数は重さに比例することから考える。
$1080 \div 90 = 12$より，紙の枚数は，
$50 \times 12 = 600$（枚）

9

下の表を見て考える。

厚さ x (mm)	1	16	30
枚数 y (枚)	5		150

厚さ 30mm のコピー用紙の枚数は 150 枚だから，
1mm あたりの枚数は，$150 \div 30 = 5$（枚）
よって，厚さ 16mm のコピー用紙の枚数は，
$5 \times 16 = 80$（枚）

[別解] $16 \div 30 = \dfrac{8}{15}$ より，$150 \times \dfrac{8}{15} = 80$（枚）

10

(1) 300g 買うのにかかった金額を 300 で割れば，1g
あたりの値段がわかるので，$600 \div 300 = 2$（円）

(2) コーヒー豆1g あたり 2 円であることがわかったの
で，x と y の関係は $y = 2x$ で表される。また，こ
れは比例関係である。

(3) $y = 2x$ の式に，$x = 1000$ を代入して，
$y = 2 \times 1000 = 2000$（円）

11

x，y の関係を式に表したとき，$y = \dfrac{a}{x}$　（$xy = a$）の
形になるのが反比例である。それぞれの関係を式に表す
と，次のようになる。

① $y = 60x$ だから，y は x に比例する。

② $y = 10 - 4x$ だから，反比例でない。

③ $xy = 10$ より，$y = \dfrac{10}{x}$ だから反比例である。

④ $2x + 2y = 8$ より，$y = 4 - x$ だから，反比例でない。

[別解]
ここでは，反比例するかどうかを問われているので，
関係を式に表すことができなくてもよい。つまり，そ
れぞれ，x に具体的な数字を入れて，反比例の関係が
成り立っているかどうかを調べることもできる。

① $x = 1$ のとき，$y = 60 \times 1 = 60$，$x = 2$ のとき，
$y = 60 \times 2 = 120$ となるので，反比例ではない。

② $x = 1$ のとき，$y = 10 - 1 \times 4 = 6$，$x = 2$ のとき，
$y = 10 - 2 \times 4 = 2$ となるので，反比例ではない。

③ $x = 1$ のとき，$y = 10 \div 1 = 10$，$x = 2$ のとき，
$y = 10 \div 2 = 5$，他の x の値についても x が 2 倍，
3 倍，…となると，y の値は $\dfrac{1}{2}$ 倍，$\dfrac{1}{3}$ 倍，…とな
るので反比例である。

④ $x = 1$ のとき $y = (8 - 1 \times 2) \div 2 = 3$，$x = 2$ のと
き $y = (8 - 2 \times 2) \div 2 = 2$ となるので，反比例で
はない。

ミス注意

x の値が増えると y の値が減るからといって，反
比例するとは限らないので注意。反比例するもの
は，x の値を 2 倍，3 倍，4 倍，…すると，y の値は
$\dfrac{1}{2}$ 倍，$\dfrac{1}{3}$ 倍，$\dfrac{1}{4}$ 倍，…となる。

12

この本のページ数は，$12 \times 20 = 240$（ページ）
x と y の関係は反比例になり，$y = \dfrac{240}{x}$

13

(1)（底辺）$\times$（高さ）$= 48$（cm^2）になることから，あ
てはまる数を求める。

(2) xy の値はつねに 48 になる。

(3) 反比例の関係で，比例定数は 48 だから，y を x の
式で表すと，$y = \dfrac{48}{x}$ になる。

(4) $y = \dfrac{48}{x}$ の式に $y = 6$ を代入して，$6 = \dfrac{48}{x}$ より，
$x = 8$（cm）
[別解] $xy = 48$ より，$6x = 48$，$x = 8$（cm）

14

y は x に反比例するから，$y = \dfrac{a}{x}$ とおく。この式に，
$x = 1$，$y = 18$ を代入すると，$18 = \dfrac{a}{1}$ より，$a = 18$
したがって，この x，y の関係を表す式は，$y = \dfrac{18}{x}$

（ア）は，$x = -2$ を代入して，$y = \dfrac{18}{-2} = -9$

（イ）は，$y = 6$ を代入して，$6 = \dfrac{18}{x}$ より，$x = 3$

[別解]
$x = 1$，$y = 18$ をもとにすると，
$x = -2$ のとき，x の値が -2 倍だから，y の値は $-\dfrac{1}{2}$ 倍
となるので，$y = -\dfrac{1}{2} \times 18 = -9$

$y = 6$ のとき，y の値が $\dfrac{1}{3}$ 倍だから，x の値は 3 倍にな
るので，$x = 3 \times 1 = 3$

15

(1) $xy \times \dfrac{1}{2} = 12$ より，$xy = 24$　よって，$y = \dfrac{24}{x}$
したがって，比例定数は 24

ミス注意

三角形の面積は，$\dfrac{1}{2} \times$（底辺）$\times$（高さ）なので，
面積が 12cm^2 のときの（底辺）$\times$（高さ）の値は面
積の 2 倍の 24cm^2 になるので注意。

(2) $xy = 40$ より，$y = \dfrac{40}{x}$　よって，比例定数は40

(3) $xy = 36$ より，$y = \dfrac{36}{x}$　よって，比例定数は36

(4) $xy = 180$ より，$y = \dfrac{180}{x}$　よって，比例定数は180

16

(1) $xy = 4 \times 8 = 32$ より，$y = \dfrac{32}{x}$

(2) $xy = 12 \times (-3) = -36$ より，$y = -\dfrac{36}{x}$

(3) $xy = 2 \times 5 = 10$ より，$y = \dfrac{10}{x}$

　　$x = 1$ を代入して，$y = \dfrac{10}{1} = 10$

(4) $xy = 6 \times (-4) = -24$ より，$y = -\dfrac{24}{x}$

　　$x = 8$ を代入して，$y = -\dfrac{24}{8} = -3$

(5) $xy = (-4) \times (-6) = 24$ より，$y = \dfrac{24}{x}$

　　$x = 3$ を代入して，$y = \dfrac{24}{3} = 8$

17

(1) 時速 60km で 3 時間移動したのだから，その距離は，$60 \times 3 = 180$ (km)

(2) 移動する速さを時速 120km，240km，…と増やしていくと，到着までの時間は 1.5 時間，0.75 時間と変化していくことから，これは反比例の関係である。また，x と y の関係は $y = \dfrac{180}{x}$

18

(1) 1 分間に8L，2 分間に16L，…より，x 分間では $8x$L の水が入る。したがって，$y = 8x$ の式で表される。x と y の関係は比例になる。

(2) 毎分 10L の水を入れていくと 40 分間でいっぱいになり，毎分20Lの水を入れていくと20分間でいっぱいになることから，x と y の関係は，$y = \dfrac{400}{x}$ と表される。x と y の関係は反比例になる。

19

点Aは x 軸に $+1$，y 軸に $+5$ だから，$(1, 5)$ と表す。
点Bは x 軸に $+2$，y 軸に -3 だから，$(2, -3)$ と表す。

ミス注意

座標の表し方は，$(x$ 座標，y 座標$)$ の順に書く。x 座標と y 座標の順が逆にならないように注意。

20

(1) 点Cは x 軸に -2，y 軸に -4 だから，$(-2, -4)$

(2) 線分 AC の中点の x 座標は点AとCの x 座標の和の半分，y 座標も同様にして求める。

A $(4, 2)$，C $(-2, -4)$ なので，中点の x 座標の値は，$\dfrac{4 + (-2)}{2} = 1$，y 座標の値は，$\dfrac{2 + (-4)}{2} = -1$
よって，$(1, -1)$

ミス注意

座標平面上の線分の中点を求めるには，$+$，$-$ の符号にまどわされないように注意。x 座標どうしの和，y 座標どうしの和をそれぞれ 2 で割る。

(3) 右の図より，長方形 DBEF から△ABD，△BEC，△ACF をひいたものになる。

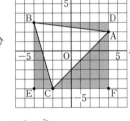

　（長方形DBEF）
$= 7 \times 8 = 56$ (cm²)

$\triangle \text{ABD} = \dfrac{1}{2} \times 1 \times 8 = 4$ (cm²)

$\triangle \text{BEC} = \dfrac{1}{2} \times 7 \times 2 = 7$ (cm²)

$\triangle \text{ACF} = \dfrac{1}{2} \times 6 \times 6 = 18$ (cm²)

よって，$\triangle \text{ABC} = 56 - 4 - 7 - 18 = 27$ (cm²)

21

(1) $x = 1$ のとき $y = -2$ であるから，点 $(1, -2)$ と原点を通る直線をかく。

(2) $x = 5$ のとき $y = 2$ であるから，点 $(5, 2)$ と原点を通る直線をかく。

(3) $-0.25 = -\dfrac{1}{4}$ だから，$x = 4$ のとき $y = -1$ になる。原点と点 $(4, -1)$ を通る直線をかく。

22

(1) 点 $(1, -4)$ を通るから，$y = ax$ に $x = 1$，$y = -4$ を代入すると，$-4 = a \times 1$　つまり，$a = -4$ だから，$y = -4x$

(2) 点 $(3, 2)$ を通るから，$y = ax$ に $x = 3$，$y = 2$ を代入すると，$2 = a \times 3$　つまり，$a = \dfrac{2}{3}$ だから，$y = \dfrac{2}{3}x$

(3) 点 $(4, -3)$ を通るから，$y = ax$ に $x = 4$，$y = -3$ を代入すると，$-3 = a \times 4$　つまり，$a = -\dfrac{3}{4}$ だから，$y = -\dfrac{3}{4}x$

23

(1) 点 P が点 B に着くのは，点 A を出発してから 5 秒後だから，x の変域は $0 \leqq x \leqq 5$

(2) 点 P の動く速さは毎秒 1cm なので，x 秒後の AP の長さは$x$cm。

△APD の面積は，$\dfrac{1}{2} \times$ AD $\times$ AP より，

$\dfrac{1}{2} \times 6 \times x = 3x$　よって，$y = 3x$

(3) $y = 3x$ のグラフをかく。ただし，x の変域は，$0 \leqq x \leqq 5$ である。x 軸と y 軸では，座標軸の 1 目もりの値がちがうことに注意。

24

(1) x の値に対応する y の値をそれぞれ求めると，次のようになる。

x	$\cdots$	-6	-3	-2	-1	0	1	2	3	6	$\cdots$
y	$\cdots$	-1	-2	-3	-6	✕	6	3	2	1	$\cdots$

上の表の x，y の値の組を座標とする点をとり，なめらかな曲線で結ぶ。

(2) (1) と同様にして，なめらかな曲線で結ぶ。

25

(1) 点 $(2,\ 2)$ を通るので，$y = \dfrac{a}{x}$ に $x = 2$，$y = 2$ を代入して，$2 = \dfrac{a}{2}$，$a = 4$　よって，$y = \dfrac{4}{x}$

(2) 点 $(-4,\ 3)$ を通るので，$y = \dfrac{a}{x}$ に，$x = -4$，$y = 3$ を代入して，$3 = -\dfrac{a}{4}$，$a = -12$

よって，$y = -\dfrac{12}{x}$

26

$y = \dfrac{a}{x}$ に $x = 4$，$y = 2$ を代入すると，

$2 = \dfrac{a}{4}$ より，$a = 8$

よって，関数の式は $y = \dfrac{8}{x}$ $(-3 \leqq x \leqq -1)$ となる。

ここで，$x = -3$ のとき，$y = -\dfrac{8}{3}$

$\qquad\quad x = -1$ のとき，$y = -8$

したがって，$y = \dfrac{8}{x}$ のグラフのうち，

点 $\left(-3,\ -\dfrac{8}{3}\right)$ と

点 $(-1,\ -8)$ の区間だけとなり，右の図のようになる。したがって，

$-8 \leqq y \leqq -\dfrac{8}{3}$

ミス注意

変域を求める問題では，大小関係などを見あやまりやすいので注意。グラフをかいて調べるとよい。

27

反比例のグラフが点A $(-4,\ -2)$ を通るから，

$y = \dfrac{a}{x}$ に $x = -4$，$y = -2$ を代入して，$-2 = \dfrac{a}{-4}$

$a = 8$　したがって，反比例の式は $y = \dfrac{8}{x}$

点Bの x 座標は3だから，この式に，$x = 3$ を代入して，

$y = \dfrac{8}{3}$

ミス注意

点Aの座標が $(-4,\ -2)$ より，a を求める式，$-2 = \dfrac{a}{-4}$ が得られる。この両辺に -4 をかける。このとき，$a = -8$ としないようにすること。負の数と負の数の積だから，$-4 \times (-2) = 8$ である。

28

関数⑦は，比例のグラフで，点P $(2,\ 4)$ を通ることより，

$y = ax$ に $x = 2$，$y = 4$ を代入して，

$4 = a \times 2$　つまり，$a = 2$　よって，関数⑦の式は，

$y = 2x$

また，関数⑦は，反比例のグラフで，関数⑦と同様に

点P $(2,\ 4)$ を通ることより，$y = \dfrac{a}{x}$ に $x = 2$，$y = 4$

を代入して，$4 = \dfrac{a}{2}$　つまり，$a = 8$

よって，関数⑦の式は，$y = \dfrac{8}{x}$

解 答

1 (1) $y = 80x$　比例する

(2) $y = 30 - 2x$　どちらでもない

(3) $y = \dfrac{24}{x}$　反比例する

(4) $y = -x + 8$　どちらでもない

2 ①，②

3 $3 \leqq y \leqq 12$

4 $a = 8$

5 (1) ア　6　　イ　3.5　　ウ　6

(2) $y = 2x$　　(3) 32cm

6 (1) 2.5cm　　(2) $y = \dfrac{5}{2}x$

(3) $0 \leqq x \leqq 20$，$0 \leqq y \leqq 50$　　(4) 12秒後

7 (1) $y = \dfrac{80}{x}$　　(2) 16秒　　(3) 毎秒8L

8 (1) $y = \dfrac{2400}{x}$　　(2) 40分

(3) 毎分96m

9 (1) $y = \dfrac{240}{x}$　　(2) 10回転　　(3) 12

10 (1) $y = \dfrac{60}{x}$　　(2) 7.5分　　(3) 6本

11 $a = 18$

12 (1) $a = 6$　　(2) $y = \dfrac{3}{2}x$　　(3) 16

13 B$\left(\dfrac{9}{2},\ 4\right)$

14 $x = -\dfrac{1}{3}$

15 (1) 厚さ　　(2) イ

(方法の説明) クリップ1個の重さをはかり，クリップ全体の重さを，クリップ1個の重さでわれば，クリップの個数がわかる。

(3) エ

解 説

1

(1) 代金は，(鉛筆1本の値段) × (本数) だから，
$y = 80x$ の式で表せる。比例の関係になっている。

(2) 残りのロープの長さは，$30 - 2 \times$ (本数) だから，
$y = 30 - 2x$ の式で表せる。比例でも反比例でもない。

(3) 三角形の面積は，$\dfrac{1}{2} \times$ (底辺) × (高さ) で求められるから，$\dfrac{1}{2}xy = 12$，これを y について解くと，
$y = \dfrac{24}{x}$ の式で表せる。反比例の関係になっている。

(4) 周の長さが 16cm なので，縦の長さと横の長さの

和は，(縦) + (横) = 8 (cm) だから，$x + y = 8$，
これを y について解くと，$y = -x + 8$　よって，比例でも反比例でもない。

2

それぞれの関係を式に表すと次のようになる。cm や cm^2 などの単位を参考に考えてもよい。

① 三角形の底辺の長さを y，高さを x，一定の面積を a とすると，

$$\dfrac{1}{2}xy = a \quad \text{つまり，} \quad y = \dfrac{2a}{x}$$

したがって，反比例するので，正しい。

② 直方体の底面の面積を y，体積を x，一定の高さを a とすると，

$$x = y \times a \quad \text{つまり，} \quad y = \dfrac{1}{a}x$$

したがって，比例するので，正しい。

③ 円の面積を y，半径を r，円周率を 3.14 とすると，
$y = 3.14r^2$
ここで直径を x とすると，

$$x = 2r \quad \text{つまり，} \quad r^2 = \dfrac{1}{4}x^2$$

したがって，$y = \dfrac{157}{200}x^2$ となり，比例ではない。

④ 物体の移動した道のりを y，かかった時間を x，一定の速さを a とすると，
$y = ax$
したがって，比例するので，反比例ではない。

⑤ 残っている水の量を y，くみ出した水の量を x とし，はじめに入っていた水の量を a とすると，
$y = a - x$
したがって，反比例ではない。

ミス注意

「〜は，…に比例 (反比例) する。」かどうかが問われている問題には，比例・反比例ではない関係のものもふくまれているので注意。ふえている減っているだけではなく，…を2倍，3倍したときに，〜が2倍，3倍，…$\left(\dfrac{1}{2}倍，\dfrac{1}{3}倍，…\right)$ となるかどうかを調べること。

3

関数 $y = \dfrac{12}{x}$ において，右のグラフより，$x = 1$ のとき，
$y = 12$
$x = 4$ のとき，$y = 3$ になることより，y の変域は $3 \leqq y \leqq 12$

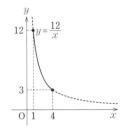

4

$y=\dfrac{a}{x}$に$x=1$を代入すると，$y=a$

$y=\dfrac{a}{x}$に$x=4$を代入すると，$y=\dfrac{a}{4}$

このときyの値は6減少するから，

$\dfrac{a}{4}-a=-6$　　よって，$a=8$

5

(1) yの値はつねにxの値の2倍になっていることから考える。

(2) $y=ax$に$x=1$，$y=2$を代入して，$2=a\times1$より，
$a=2$　よって，$y=2x$

(3) $y=2x$に$y=64$を代入して，$64=2x$より，
$x=32$ (cm)

6

(1) グラフより，4秒後の水の深さが10cmなので，
$10\div4=2.5$ (cm)

(2) グラフより，（4，10）の点を通っているから，
$y=ax$に$x=4$，$y=10$を代入して，
$10=a\times4$より，$a=\dfrac{5}{2}$　　よって，$y=\dfrac{5}{2}x$

［別解］(1) から，毎秒2.5cm，すなわち$\dfrac{5}{2}$cm
ずつふえるので，$y=\dfrac{5}{2}x$としてもよい。

(3) (1) より，水の深さは1秒間に2.5cmふえていくことから，$50\div2.5=20$
よって，xの変域は，$0\leqq x\leqq20$
　　　　　　yの変域は，$0\leqq y\leqq50$

(4) $y=\dfrac{5}{2}x$に$y=30$を代入して，$30=\dfrac{5}{2}x$，
$5x=60$，$x=12$ (秒)

7

(1) $x\times y=80$より，$y=\dfrac{80}{x}$

(2) $y=\dfrac{80}{x}$に$x=5$を代入して，$y=\dfrac{80}{5}$，$y=16$ (秒)

(3) $y=\dfrac{80}{x}$に$y=10$を代入して，$10=\dfrac{80}{x}$，
$x=8$ (L/秒)

8

(1) $x\times y=2400$より，$y=\dfrac{2400}{x}$

(2) $y=\dfrac{2400}{x}$に$x=60$を代入して，$y=\dfrac{2400}{60}$
$y=40$ (分)

(3) $y=\dfrac{2400}{x}$に$y=25$を代入して，$25=\dfrac{2400}{x}$
$x=96$ (m/分)

9

(1) 歯車Aは歯数が15だから，1回転してかみ合う歯数が15である。それが1分間に16回転するので，
$15\times16=240$の歯数がかみ合う。
歯車Aの1分間の歯数と歯車Bの1分間の歯数が
等しくなるので，$xy=240$より，$y=\dfrac{240}{x}$

(2) $y=\dfrac{240}{x}$に$x=24$を代入すると，$y=\dfrac{240}{24}$，
$y=10$ (回転)

(3) $y=\dfrac{240}{x}$に$y=20$を代入すると，$20=\dfrac{240}{x}$，
$x=12$

ミス注意

かみ合っている2つの歯車は，歯数が2倍になると，
回転数は$\dfrac{1}{2}$倍になり，反比例の関係になることに
注意。

10

(1) 4本の管で15分かかる量を1本の管で入れていくと，$4\times15=60$ (分) かかる。このことより，
$xy=60$　　よって，$y=\dfrac{60}{x}$

(2) $y=\dfrac{60}{x}$に$x=8$を代入すると，$y=\dfrac{60}{8}=7.5$ (分)

(3) $y=\dfrac{60}{x}$に$y=10$を代入すると，$10=\dfrac{60}{x}$，$x=6$ (本)

11

点Aは，直線$y=2x$上にあり，y座標が6であること
より，$y=6$を代入すると，$6=2x$より，$x=3$となる。
したがって，点Aの座標は（3，6）になる。

点A（3，6）を通る関数$y=\dfrac{a}{x}$のaの値は，

$y=\dfrac{a}{x}$に$x=3$，$y=6$を代入して，

$6=\dfrac{a}{3}$　　よって，$a=18$

12

(1) 点A（6，1）は，関数$y=\dfrac{a}{x}$のグラフ上にあることから，$x=6$，$y=1$を代入して，$1=\dfrac{a}{6}$より，
$a=6$

(2) 2点B，Cは関数$y=\dfrac{6}{x}$のグラフ上にあるから，
点Bの座標は（-2，-3），点Cの座標は（2，3）
2点B，Cは原点に対して対称だから，B，Cを通る直線は原点を通り，$y=bx$ (bは定数) と表せる。
よって，これに，$x=2$，$y=3$を代入して，

$3 = b \times 2$ つまり，$b = \dfrac{3}{2}$

したがって，求める直線の式は，$y = \dfrac{3}{2}x$

(3) 右の図より，

台形BEDCの面積は，

$\dfrac{1}{2} \times (4 + 8) \times 6$

$= 36$

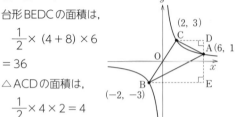

△ACDの面積は，

$\dfrac{1}{2} \times 4 \times 2 = 4$

△ABEの面積は，$\dfrac{1}{2} \times 8 \times 4 = 16$

よって，△ABCの面積は，$36 - 4 - 16 = 16$

13

右の図のように，点Aは関数
$y = \dfrac{18}{x}$上にあり，x座標が2
より$x = 2$を代入すると，

$y = \dfrac{18}{2} = 9$となり，

A $(2,\ 9)$である。

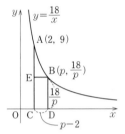

また，点Bも関数$y = \dfrac{18}{x}$上にあることから，点Bのx

座標をpとおくと，y座標は$\dfrac{18}{p}$とおけ，B $\left(p,\ \dfrac{18}{p}\right)$と

表せる。

四角形BECDの辺BDの長さは，点Bのy座標の値に

等しいので，BD $= \dfrac{18}{p}$　　また，CDの長さは点Aと点

Bのx座標の差になるので，CD $= p - 2$

四角形BECDの面積が10になることから，

$(p - 2) \times \dfrac{18}{p} = 10$

両辺にpをかけると，$18 \times (p - 2) = 10p$

$18p - 36 = 10p$, $8p = 36$, $p = \dfrac{9}{2}$

このとき，$y = \dfrac{18}{p} = 4$より，点Bの座標は$\left(\dfrac{9}{2},\ 4\right)$

ミス注意

$\dfrac{18}{p}$に$p = \dfrac{9}{2}$を代入するときには，$18 \div \dfrac{9}{2}$の計算

をする。$18 \times \dfrac{9}{2}$と計算しないように注意すること。

14

yがxに比例するとき，$y = ax$ (aは比例定数) の形で
式に表すことができるから，yが$x - 2$に比例するとき
は，$y = a(x - 2)$ (aは比例定数) …①の形で式に表す
ことができる。

ここで，$x = 3$のとき$y = 2$であるから，それぞれの値
を①に代入すると，$2 = a(3 - 2)$より，$a = 2$

したがって，$y = 2(x - 2) = 2x - 4$ …②

次に，zは$y + 3$に比例するから，同様に考えて，

$z = b(y + 3)$ (bは比例定数) …③

ここで，$x = 3$のとき，$y = 2$，$z = 6$であるから，y，
zのそれぞれの値を③に代入すると，

$6 = b(2 + 3)$より，$b = \dfrac{6}{5}$

したがって，$z = \dfrac{6}{5}(y + 3) = \dfrac{6}{5}y + \dfrac{18}{5}$ …④

$z = -2$を④に代入すると，

$-2 = \dfrac{6}{5}y + \dfrac{18}{5}$　　$6y + 18 = -10$　　$y = -\dfrac{14}{3}$

$y = -\dfrac{14}{3}$を②に代入すると，

$-\dfrac{14}{3} = 2x - 4$　　$-6x = -12 + 14$　　$x = -\dfrac{1}{3}$

ミス注意

yは$x - 2$に比例するのであって，xに比例するわ
けではないことに注意。

15

(1) ノート1冊の厚さと全体の厚さがわかれば，冊数
を求めることができる。

(2) クリップ1個の重さとクリップ全体の重さがわかれ
ば，クリップの個数を求めることができる。

(3) (1)は，全体の冊数をy冊，全部積み重ねてはかった
厚さを$x$mm，1冊あたりの厚さを$t$mmとする
と，$y = x \div t = \dfrac{1}{t}x$と表すことができるから，比
例を利用していることがわかる。

(2)は，クリップの個数をy個，クリップ全体の
重さをxg，クリップ1個の重さをwgとすると，

$y = x \div w = \dfrac{1}{w}x$と表すことができるから，比例
を利用していることがわかる。

アのように，直接数えても総数を求めることはで
きるが，ここでは別の数量に置きかえて求める工
夫をしているので，正しくない。

イ，ウはそれぞれ (1)，(2) の方法を説明してい
るが，(1)，(2) に共通した考え方ではないから，
正しくない。

エは，(1) も (2) も比例を利用していることがわ
かっている。よって正しい。

オは，反比例するならば，$y = \dfrac{a}{x}$の形の式になら

なければならないが，(1)，(2) ともに$y = ax$の

形の式になるから，反比例ではないので，正しくない。

ミス注意 🖍

「総数を求める方法に共通する考え」が問われているので，イやウは正しくない。問題文をきちんと読み取ることが大切だ。

2 関数編 | 1 次関数

標準問題

問題 ➡ **本冊 P.64**

解答

1　(1)，(3)，(5)

2　(1) ①　　(2) ③　　(3) ②

3　(1) 6　　(2) 2　　(3) -15　　(4) -9

4　(1) 傾き 1，切片 -4

　　(2) 傾き $\dfrac{2}{3}$，切片 2

　　(3) 傾き $-\dfrac{3}{5}$，切片 1

　　(グラフは右の図)

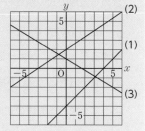

5　(1) 右の図
　　(2) $2 \leqq y \leqq 5$

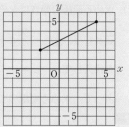

6　(1) $y = 2x - 3$　　(2) $y = -2x + 3$

　　(3) $y = \dfrac{1}{2}x + 4$　　(4) $y = -\dfrac{2}{3}x - 1$

7　(1) $y = \dfrac{2}{3}x + 5$　　(2) $y = 2x - 4$

　　(3) $y = -2x + 6$　　(4) $y = -2x + 5$

8　(1) $y = x + 2$　　(2) $y = -\dfrac{2}{3}x + 3$

(3) $y = -2x - 4$　　(4) $y = \dfrac{1}{4}x - 2$

9
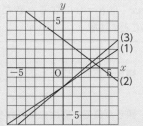

10
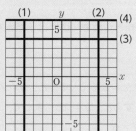

11　(1) $x = 2$，$y = 3$　　(2) $x = -4$，$y = 5$

12　$a = \dfrac{3}{2}$

13　(1) 20cm　(2) $y = \dfrac{4}{5}x + 20$　(3) 12.5g

14　(1) $y = \dfrac{1}{15}x + 8$
　　(2) 右の図
　　(3) 8cm
　　(4) 120g

15　(1) $y = 15$
　　(2) $8 \leqq x \leqq 14$
　　(3) $y = -4x + 56$

16　(1) 6分後　　(2) 7分後　　(3) 504m

17　(1) 2100m　　(2) $y = 90x - 450$

18　(1) 300秒後　　(2) 毎秒3m　　(3) 600m

解説

1

それぞれの x，y の関係を式に表すと，

(1) $y = 24x$　比例の関係だから，1次関数。

　　($y = ax + b$ で，$b = 0$ の場合である)

(2) $x(x + 2) = y$ より，$y = x^2 + 2x$　1次関数ではない。

(3) $y = 4x + 6$ より，1次関数。

(4) $y = \dfrac{36}{x}$　反比例の関係だから，1次関数ではない。

(5) $y = 350x + 50$ より，1次関数。

1次関数の式は，$y = ax + b$ の形で表される。比例の式 $y = ax$ は $b = 0$ になるときだから，1次関数になることに注意。

2

(1) のグラフは，**傾きが正で，切片も正**だから，①があてはまる。

(2) のグラフは，傾きが負で，切片も負だから，③があてはまる。

(3) のグラフは，傾きが負で，切片は正だから，②があてはまる。

3

(1) $y = 2x + 3$ に $x = 2$ を代入すると，$y = 7$
$x = 5$ を代入すると，$y = 13$ よって，y の増加量は，$13 - 7 = 6$

(2) 変化の割合が $\frac{1}{3}$ で，x の値が3から9まで6増加するから，y の値は，$\frac{1}{3} \times 6 = 2$ 増加する。

(3) 変化の割合が -3 で，x の値が -1 から4まで5増加するから，y の値は，$-3 \times 5 = -15$ 増加する。

(4) 変化の割合が $-\frac{3}{4}$ で，x の値が -4 から8まで12増加するから，y の値は，$-\frac{3}{4} \times 12 = -9$ 増加する。

ミス注意

（x の増加量）に対する（y の増加量）の割合を（変化の割合）という。

（変化の割合）$= \dfrac{（y \text{ の増加量}）}{（x \text{ の増加量}）}$ で表され，x の値が1増加するときの y の増加量は，変化の割合に等しく，1次関数の式 $y = ax + b$ の a の値に等しい。

4

(1) 変化の割合（傾き）が1で，切片が -4 だから，$(0, -4)$ から右へ1進むと，上へ1進むので，$(1, -3)$ と $(0, -4)$ を通る直線をひく。

(2) 変化の割合が $\frac{2}{3}$ で，切片が2だから，$(0, 2)$ から右へ3進むと，上へ2進むので，$(3, 4)$ と $(0, 2)$ を通る直線をひく。

(3) 変化の割合が $-\frac{3}{5}$ で，切片が1だから，$(0, 1)$ から右へ5進むと，下へ3進むので，$(5, -2)$ と $(0, 1)$ を通る直線をひく。

5

(1) $y = \frac{1}{2}x + 3$ のグラフは，切片が3，傾きが $\frac{1}{2}$ の直線になる。
$x = -2$ のとき，y の値は，
$$y = \frac{1}{2} \times (-2) + 3 = -1 + 3 = 2$$
$x = 4$ のとき，y の値は，
$$y = \frac{1}{2} \times 4 + 3 = 2 + 3 = 5$$
よって，点 $(-2, 2)$ と点 $(4, 5)$ を結んだ線分になる。

(2) (1)のグラフから，y の変域は，$2 \leqq y \leqq 5$ になる。

6

(1) 変化の割合が2だから，$y = ax + b$ について，$a = 2$ になり，$y = 2x + b$ とおくことができる。
$x = 1$ のとき $y = -1$ だから，$y = 2x + b$ の式に $x = 1$，$y = -1$ を代入して，$-1 = 2 \times 1 + b$，$b = -3$ よって，直線の式は，$y = 2x - 3$

(2) 傾きが -2 だから，$y = ax + b$ について，$a = -2$ になり，点 $(2, -1)$ を通ることから，$y = -2x + b$ の式に $x = 2$，$y = -1$ を代入して，$-1 = -2 \times 2 + b$，$b = 3$
よって，求める直線の式は，$y = -2x + 3$

(3) 平行な2本の直線は，傾きが等しいことから，求める直線の式の傾きも $\frac{1}{2}$ になる。
$y = ax + b$ の式で，$a = \frac{1}{2}$ になり，点 $(-2, 3)$ を通ることから，$x = -2$，$y = 3$ を代入して，
$3 = \frac{1}{2} \times (-2) + b$，$b = 4$
よって，求める直線の式は，$y = \frac{1}{2}x + 4$

(4) 求める直線の傾きは $-\frac{2}{3}$ で，点 $(6, -5)$ を通ることから，$y = -\frac{2}{3}x + b$ の式に $x = 6$，$y = -5$ を代入して，$-5 = -\frac{2}{3} \times 6 + b$ より，$b = -1$
よって，求める直線の式は，$y = -\frac{2}{3}x - 1$

7

(1) 求める式を $y = ax + b$ とおく。
傾き（変化の割合）a は，
$$\frac{5 - 3}{0 - (-3)} = \frac{2}{3}$$
点 $(0, 5)$ を通ることから，切片は5になる。
よって直線の式は，$y = \frac{2}{3}x + 5$
[別解] 求める式を $y = ax + b$ とおく。

$x=-3$ のとき $y=3$, $x=0$ のとき $y=5$ だから,

$3=-3a+b$ …①

$5=b$ …②

①, ②の連立方程式として解くと,

②を①に代入して, $3=-3a+5$ より,

$a=\dfrac{2}{3}$ になるので, $y=\dfrac{2}{3}x+5$

(2) 傾き a は, $\dfrac{2-(-6)}{3-(-1)}=2$

$y=ax+b$ に $a=2$ を代入して, $y=2x+b$

点 $(3, 2)$ を通ることより, $x=3$, $y=2$ を代入

して, $2=6+b$, $b=-4$

よって, 直線の式は, $y=2x-4$

(3) 傾き a は, $\dfrac{-2-8}{4-(-1)}=-2$

$y=ax+b$ に $a=-2$ を代入して, $y=-2x+b$

点 $(4, -2)$ を通ることより, $x=4$, $y=-2$ を

代入して, $-2=-8+b$, $b=6$

よって, 直線の式は, $y=-2x+6$

(4) 傾き a は, $\dfrac{-1-3}{3-1}=-2$

$y=ax+b$ に $a=-2$ を代入して, $y=-2x+b$

$x=1$, $y=3$ を代入して, $3=-2+b$, $b=5$

よって, 直線の式は, $y=-2x+5$

ミス注意

変化の割合 (傾き) は, $\dfrac{(y\text{ の増加量})}{(x\text{ の増加量})}$ である。

分母と分子を逆にしないように注意。

8

(1) グラフより, 切片は 2 である。

$(0, 2)$ から右へ 1 進むと, 上へ 1 進んでいるので,

傾きは 1 になる。

よって, 直線の式は, $y=x+2$

(2) グラフより, 切片は 3 である。

$(0, 3)$ から右へ 3 進むと, 下へ 2 進んでいるので,

傾きは $-\dfrac{2}{3}$ になる。

よって, 直線の式は, $y=-\dfrac{2}{3}x+3$

(3) グラフより, 切片は -4 である。

$(0, -4)$ から右へ 1 進むと, 下へ 2 進んでいるの

で, 傾きは -2 になる。

よって, 直線の式は, $y=-2x-4$

(4) グラフより, 切片は -2 である。

$(0, -2)$ から右へ 4 進むと, 上へ 1 進んでいるの

で, 傾きは $\dfrac{1}{4}$ である。

よって, 直線の式は, $y=\dfrac{1}{4}x-2$

9

(1) $2x-3y=6$ を y について解く。

$3y=2x-6$ より, $y=\dfrac{2}{3}x-2$

よって, 直線のグラフは, 傾きが $\dfrac{2}{3}$, 切片が -2

になる。

(2) $\dfrac{1}{4}x+\dfrac{1}{3}y=1$ を y について解く。両辺に 12 を

かけて, $3x+4y=12$, $4y=-3x+12$,

$y=-\dfrac{3}{4}x+3$

よって, 直線のグラフは, 傾きが $-\dfrac{3}{4}$, 切片が 3

になる。

(3) $0.5x-0.6y=1.2$ を y について解く。両辺に 10

をかけて, $5x-6y=12$, $6y=5x-12$,

$y=\dfrac{5}{6}x-2$

よって, 直線のグラフは, 傾きが $\dfrac{5}{6}$, 切片が -2

になる。

10

(1) $2x=-8$ は, 2元1次方程式 $ax+by=c$ で,

$a=2$, $b=0$, $c=-8$ の場合で, あたえられた

式を x について解くと, $x=-4$ になる。このこ

とから, y がどのような値をとっても, つねに x

の値は -4 であるということだから, この式のグ

ラフは, y 軸に平行な直線で, $(-4, 0)$ を通る。

(2) $4x-16=0$, $4x=16$, $x=4$ より, $(4, 0)$ を

通り y 軸に平行な直線になる。

(3) $12-3y=0$, $-3y=-12$, $y=4$

これは, $ax+by=c$ で, $a=0$, $b=1$,

$c=4$ の場合で, x がどのような値をとっても, つ

ねに y の値は 4 である。したがって, この式のグ

ラフは, $(0, 4)$ を通り x 軸に平行な直線になる。

(4) $\dfrac{2}{3}y-4=0$, 両辺に 3 をかけて, $2y-12=0$,

$2y=12$, $y=6$ より, $(0, 6)$ を通り x 軸に平行

な直線になる。

グラフは，次のようになる。

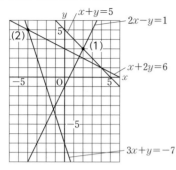

(1) 2つのグラフの交点は (2，3)
よって，連立方程式の解は，$x=2$，$y=3$

(2) 2つのグラフの交点は (−4，5)
よって，連立方程式の解は，$x=-4$，$y=5$

12

$y=2x+1$ と $y=3x-1$ の交点を，$y=ax+2$ も通ることより，$y=2x+1$ と $y=3x-1$ を連立方程式として解く。

y の値が等しいことより，$2x+1=3x-1$
  $-x=-2$，$x=2$
$x=2$ を $y=2x+1$ に代入して，$y=5$
よって，2直線の交点 (2，5) を $y=ax+2$ も通ることから，$x=2$，$y=5$ を代入して，
  $5=2a+2$，$2a=3$，$a=\dfrac{3}{2}$

13

(1) おもりの重さが5gふえるごとに，ばねの長さは4cmずつ長くなっていることがわかる。
表より，おもりの重さが0gのときは，24cmより4cm短くなるから，おもりをつるさないときのばねの長さは，20cmになる。

(2) $y=ax+b$ とおくと，b の値は，(1)より20だから，
$y=ax+20$ になる。
上の式に，表の値 $x=5$，$y=24$ を代入すると，
  $24=5a+20$，$5a=4$，$a=\dfrac{4}{5}$
よって，$y=\dfrac{4}{5}x+20$

(3) $y=\dfrac{4}{5}x+20$ に $y=30$ を代入すると，
  $30=\dfrac{4}{5}x+20$，$\dfrac{4}{5}x=10$，両辺に5をかけて
  $4x=50$，$x=12.5$ (g)

14

(1) 表より，x の値が30ふえると y の値は2ふえてい

るから，変化の割合は，$\dfrac{2}{30}=\dfrac{1}{15}$

このことより，$y=\dfrac{1}{15}x+b$ とおいて，表の値の $x=30$，$y=10$ を代入すると，
  $10=\dfrac{1}{15}\times30+b$，$10=2+b$，$b=8$
よって，$y=\dfrac{1}{15}x+8$

(2) 点 (30，10)，点 (60，12) を通る直線のグラフをかく。

(3) おもりをつるさないときは，$x=0$ のときだから，
$y=8$ より，8cm

(4) $y=\dfrac{1}{15}x+8$ の式に，$y=16$ を代入して，
  $16=\dfrac{1}{15}x+8$，$\dfrac{1}{15}x=8$，$x=120$ (g)

ミス注意

ばねののびとおもりの重さには比例の関係がある。
ばねの長さではないことに注意。

15

(1) 5秒後の AP の長さは 5cm，△APC の高さは AP を底辺とすると6cmだから，面積は，
  $\dfrac{1}{2}\times5\times6=15$ (cm²)
よって，$y=15$

(2) 点 P が辺 BC 上にあるときの時間は，点 A を出発してから8秒後から14秒後までだから，x の範囲は，$8\leqq x\leqq14$

(3) 点 P が辺 BC 上にあるとき，PC の長さは $(14-x)$ cm，△APC の底辺を PC とすると，高さ AB は 8cmだから，$\triangle APC=\dfrac{1}{2}\times(14-x)\times8$ より，
  $y=\dfrac{1}{2}\times(14-x)\times8$
   $=4\times(14-x)$
   $=-4x+56$

16

(1) 次のページの図より，A君のようすを表す RP 間の式は，840m の道のりを毎分 60m の速さで歩いていることから，$y=-60x+840$　…①
一方，Bさんのようすを表す OQ 間の式は，毎分80mの速さで歩いていることから，$y=80x$　…②
①，②を連立させて解くと，
  $-60x+840=80x$，$140x=840$，$x=6$ (分)

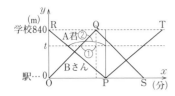

(2) $840 \div 60 = 14$ より P の座標は $(14, 0)$，このこととグラフの対称性から T の座標は $(28, 840)$

一方，$840 \div 80 = 10.5$ より Q の座標は $(10.5, 840)$，このこととグラフの対称性から，S の座標は $(21, 0)$

よって，S と T の x 座標の差は，$28 - 21 = 7$（分）

(3) 先生が駅から t m の地点にいるとすると，A 君と 1 回目に出会った時刻は，$t = -60x + 840$ より，

$$x = -\frac{t}{60} + 14$$

同様に，B さんと 1 回目に出会った時刻は，

$$t = 80x, \quad x = \frac{t}{80}$$

したがって，対称性を考えて，

$$14 - \left(14 - \frac{t}{60}\right) = \left(10.5 - \frac{t}{80}\right) \times 2$$

$$\frac{t}{60} = 21 - \frac{t}{40}, \quad 2t = 21 \times 120 - 3t,$$

$$5t = 2520, \quad t = 504 \text{ (m)}$$

17

(1) 毎分 60 m の速さで 35 分間歩いたのだから，

$60 \times 35 = 2100$ (m)

(2) B さんが 15 分間に歩いた道のりと B さんの姉が 10 分間に歩いた道のりは等しいから，姉の分速は，

$60 \times 15 \div 10 = 90$ (m/分)

したがって，姉の歩いた道のり y m は，

$$y = 90 (x - 5)$$
$$= 90x - 450$$

18

(1) グラフより，300 秒後とわかる。

(2) グラフより，300 m を 100 秒で走っているから，

$300 \div 100 = 3$ (m/秒)

(3) 次郎さんは毎秒 1 m の速さで歩いている。一郎さんが最初に自宅を出発してからの時間を x 秒，2 人の自宅からの距離を y m とすると，次郎さんの進んでいるようすを表す式は，200 秒後に自宅を出発したことから，$y = x - 200$ …①

一郎さんは，毎秒 3 m の速さで再び中学校へ向かっているので，$y = 3x + b$ に再び自宅を出発したときの座標の値 $(600, 0)$ を代入すると，

$0 = 3 \times 600 + b$　よって，$b = -1800$

したがって，一郎さんの進んでいるようすを表す

式は，

$$y = 3x - 1800 \quad \cdots ②$$

①，②より，$x - 200 = 3x - 1800$ の関係が成り立ち，$2x = 1600$，$x = 800$，$y = 800 - 200 = 600$

よって，600 m になる。

ミス注意

時間と道のりの関係を正しく 1 次関数で表すこと。座標の読み取りをまちがえないように。

発展問題

問題 ➡ **本冊 P.70**

解答

1 (1) $\frac{3}{2}$　　(2) R $(7, 1)$

2 (1) $-\frac{4}{3}$　　(2) $S = 6t - 18$

3 (1) 4.8cm　　(2) $y = \frac{1}{2}x + 7$

x の変域…$10 \leqq x \leqq 26$

グラフ…下の図

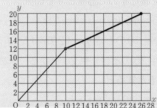

4 (1) 20L

(2) 5 分後から 15 分後までのグラフの傾きは，

$\dfrac{100 - 10}{15 - 5} = 9$ であるから，x と y の関係の式は，$y = 9x + b$ と表せる。

グラフは点 $(5, 10)$ を通るから，$10 = 9 \times 5 + b$

よって，$b = -35$

したがって，求める式は，$y = 9x - 35$

(3) 4 回　　(4) 4 分 30 秒後

5 (1) 3050 円　　(2) A 社のほうが 100 円安い

解説

1

(1) A $(0, 3)$ から考えると，点 P へは，右に 2，上に 3 進むから，傾きは，$\dfrac{3}{2}$

(2) 点 Q の座標は，A $(0, 3)$ から右に 2，下に 2 進むので，$(2, 1)$

正方形 PQRS の 1 辺の長さは，$6 - 1 = 5$ になるから，点 R の x 座標は，$2 + 5 = 7$　y 座標は 1 だ

から，R $(7, 1)$

2

(1) x の値が 3 から 9 まで 6 ふえると，y の値は 8 から 0 まで -8 ふえるから，傾きは，$-\dfrac{8}{6} = -\dfrac{4}{3}$

(2) 直線 AB の式は，$y = -\dfrac{4}{3}x + 12$

よって，P の x 座標を t とすると，

P $\left(t, \ -\dfrac{4}{3}t + 12\right)$ と表せる。

$S = \triangle OAB - \triangle OPB$

$\quad = \dfrac{1}{2} \times 9 \times 8 - \dfrac{1}{2} \times 9 \times \left(-\dfrac{4}{3}t + 12\right)$

$\quad = 36 + 6t - 54 = 6t - 18$

3

(1) グラフから，$0 \leqq x \leqq 10$ のとき，x，y の関係を表す式は，$y = \dfrac{6}{5}x$ になる。

よって，$x = 4$ のとき，$y = \dfrac{24}{5} = 4.8$ (cm)

(2) $12 \leqq y \leqq 20$ のとき，鉄のおもりより上の部分の水そうの容積は，$30 \times 40 \times 8 = 9600$ (cm³)

この部分に水を満たすのに必要とする時間は

$\quad 9600 \div 600 = 16$ (分)

グラフから，$x = 10$ のとき $y = 12$ であり，また，$x = 10 + 16 = 26$ のとき $y = 20$ だから，求める式を $y = ax + b$ とすると，

$\quad 12 = 10a + b, \ 20 = 26a + b$

これを解いて，求める式，$y = \dfrac{1}{2}x + 7$

また，x の変域は $10 \leqq x \leqq 26$ である。

4

(1) $35 - 5 \times 3 = 20$ (L)

(2) $(5, 10)$，$(15, 100)$ の 2 点を通る直線の式を求める。

(3) 15 分後に給水管が閉じてから，次に給水管が開くまでの時間は，$(100 - 10) \div 5 = 18$ (分)

よって，$10 + 18 = 28$ (分) ごとに給水管は開く。排水を始めてから 90 分後までに給水管が開くのは，5 分後，33 分後，61 分後，89 分後の 4 回になる。

(4) $89 + 28 = 117$ より，117 分後には水の量は 10L で，その後 $90 \div 10 = 9$ より，1 分間に 9L ずつふえるので，120 分後の水の量は，$10 + 9 \times 3 = 37$ (L) である。排水管を閉じると毎分 $9 + 5 = 14$ (L) の水が入るから，水そうの水の量が 100L になるのは，排水管を閉めてから，

$(100 - 37) \div 14 = 4.5$ (分後)

5

(1) A 社における 85 分のときの電話料金は，

$\quad 2000 + 30 \times (85 - 50) = 2000 + 1050$

$\quad = 3050$ (円)

(2) A 社，B 社における電話料金を表にすると以下のようになる。

月	1月	2月	3月	4月	5月	6月
通話時間	125分	140分	120分	100分	110分	160分
A社	4500円	5100円	4300円	3500円	3900円	5900円
B社	4500円	4800円	4400円	4000円	4200円	5400円

A 社の合計は，

$\quad 4500 + 5100 + 4300 + 3500 + 3900 + 5900$

$\quad = 27200$ (円)

B 社の合計は，

$\quad 4500 + 4800 + 4400 + 4000 + 4200 + 5400$

$\quad = 27300$ (円)

よって，A 社のほうが 100 円安くなる。

関数 $y = ax^2$

標準問題

問題 ➡ 本冊 P.73

解 答

1 (1) $y = \pi x^2$　　(2) $y = 6x^2$

(3) $y = 2\pi x$　　(4) $y = \dfrac{200}{x}$

(5) $y = 8x^2$

y が x の2乗に比例するもの

　　　$\cdots$ (1)，(2)，(5)

2 (1) 4倍，9倍，16倍になる。

(2) 50cm

(3) 2

(4) $y = 2x^2$

3 (1) $y = 2x^2$

(2) $y = -\dfrac{1}{4}x^2$

(3) $y = -6x^2$

(4) $a = \dfrac{1}{2}$

(5) $y = -8$

4 ⑥

5 (1) ①，②，④

(2) ②と⑤

(3) 下の図

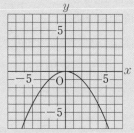

6 (1) $4 \leqq y \leqq 25$

(2) $-8 < y \leqq -2$

(3) $0 \leqq y \leqq 9$

(4) $0 \leqq y \leqq \dfrac{9}{2}$

(5) $-16 < y \leqq 0$

(6) $-4 \leqq y \leqq 0$

7 (1) 最大値$\cdots$16，最小値$\cdots$0

(2) 最大値$\cdots$0，最小値$\cdots-9$

(3) 最大値$\cdots$8，最小値$\cdots$0

(4) 最大値$\cdots$0，最小値$\cdots-9$

(5) $a = \dfrac{1}{3}$

8 (1) 6　　(2) 2　　(3) -4

(4) -3　　(5) 8　　(6) 4

9 (1) $a = 2$　　(2) $a = -\dfrac{1}{2}$

(3) $a = \dfrac{2}{3}$　　(4) $a = 4$

10 (1) 5　　(2) $a = 8$

(3) $-\dfrac{2}{3}$

11 (1) $0 \leqq y \leqq 18$

(2) $y = -2x + 6$

(3) 4

12 (1) $a = -\dfrac{1}{2}$

(2) $(0, -4)$

(3) 12

13 (1) $a = \dfrac{1}{4}$，$b = 9$

(2) $y = x + 3$

(3) 12

(4) 9

解 説

1

(1)，(2)，(5) は y が x の2乗に比例する関数である。

(3) は比例の関係になっている。

(4) は反比例の関係になっている。

2

(1) x の値が2倍になると，y の値は，

$8 \div 2 = 4$ (倍)，x の値が3倍になると，y の値は，

$18 \div 2 = 9$ (倍)，x の値が4倍になると，y の値は，

$32 \div 2 = 16$ (倍) になっている。

(2) (1) の関係から，x の値が5倍になると，y の値は25倍になることがわかる。したがって，5秒後には，

$2 \times 25 = 50$ (cm) 転がる。

ミス注意

単純に $y \div x$ の値から考えずに，x の値が2倍，3倍，4倍，$\cdots$ となると，y の値はどのような規則にしたがって変化していくかに目をつけること。

(3) $\dfrac{y}{x^2}$ の値は，$x = 1$ のとき2，$x = 2$ のとき2，

$x = 3$ のとき2，$x = 4$ のとき2と一定の値になっている。

(4) y の値は，x の2乗の値の2倍になっているので，

$y = 2x^2$　の関係式になる。

3

(1) 関数 $y = ax^2$ とおいて，$x = 3$，$y = 18$ を代入する。

$18 = a \times 3^2$, $9a = 18$ より, $a = 2$
　　よって, $y = 2x^2$

(2) 関数 $y = ax^2$ とおいて, $x = -2$, $y = -1$ を代入する。$-1 = a \times (-2)^2$, $4a = -1$ より,
$$a = -\frac{1}{4} \quad \text{よって,} \quad y = -\frac{1}{4}x^2$$

(3) 関数 $y = ax^2$ とおいて, $x = 3$, $y = -54$ を代入する。$-54 = a \times 3^2$, $9a = -54$ より,
$a = -6$　よって, $y = -6x^2$

(4) 関数 $y = ax^2$ に $x = 2$, $y = 2$ を代入する。
$$2 = a \times 2^2, \quad 4a = 2 \text{より,} \quad a = \frac{1}{2}$$

(5) 関数 $y = ax^2$ に $x = 3$, $y = -18$ を代入する。
$-18 = a \times 3^2$, $9a = -18$ より, $a = -2$
よって, $y = -2x^2$　になる。
$y = -2x^2$ に $x = 2$ を代入して,
　　$y = -2 \times 2^2$, $y = -8$

4

$y = 2x^2$, $y = x^2$, $y = \frac{1}{2}x^2$ のグラフは上に開いている。

$y = -2x^2$, $y = -x^2$, $y = -\frac{1}{2}x^2$ のグラフは下に開いている。

グラフの開き方は, x^2 の係数の絶対値の大きいものほど, 小さくなる。

以上のことから条件をあてはめていくと,

$y = -\frac{1}{2}x^2$ のグラフは⑥になる。

5

(1) 上に開いているグラフは, x^2 の係数が正のものである。

(2) x^2 の係数の絶対値が等しく, 符号が反対なものが, x 軸について対称になる。

(3) 下に開く放物線で, 点 $(-4, -4)$, $(-2, -1)$, $(0, 0)$, $(2, -1)$, $(4, -4)$ などを通る。

6

(1) $x = 2$ のとき $y = 4$, $x = 5$ のとき $y = 25$ になるから, y の変域は, $4 \leqq y \leqq 25$ になる。

(2) $x = -4$ のとき $y = -8$, $x = -2$ のとき $y = -2$ になるから, y の変域は, $-8 < y \leqq -2$ になる。

(3) $x = -3$ のとき $y = 9$, $x = 2$ のとき $y = 4$ になるが, この関数は原点 $\bigcirc$ を通るので, y の値の最も小さい値は0になることに注意する。
よって, y の変域は, $0 \leqq y \leqq 9$ になる。

(4) $x = -2$ のとき $y = 2$, $x = 3$ のとき $y = \frac{9}{2}$ になるが, (3)と同様に原点を通るので, y の変域は,

$0 \leqq y \leqq \frac{9}{2}$ になる。

(5) $x = -1$ のとき $y = -1$, $x = 4$ のとき $y = -16$ になるが, このグラフも原点 $\bigcirc$ を通り, そのときに y 値は最も大きくなる。したがって, y の変域は, $-16 < y \leqq 0$ になる。

(6) $x = -4$ のとき $y = -4$, $x = 1$ のとき $y = -\frac{1}{4}$ になるが, (5)と同様に原点を通るので, y の変域は, $-4 \leqq y \leqq 0$ になる。

ミス注意

関数 $y = ax^2$ の y の値の変域は, x の値を代入した後に, 原点を通るかに注意。原点を通るとき, x^2 の係数が正のときは0が最も小さい値に, 負のときは0が最も大きい値になる。

7

(1) $x = 4$ のときに y の値は最大になるので, 最大値は, $y = 4^2 = 16$
最小値は, $x = -2$ のときではなく, 原点 $\bigcirc$ を通るときで, その値は0になる。
よって, 最小値は0である。

(2) $x = -3$ のときに y の値は最小になるので, 最小値は, $y = -(-3)^2 = -9$
最大値は, $x = 1$ のときではなく, 原点 $\bigcirc$ を通るときで, その値は0になる。
よって, 最大値は0である。

(3) $x = -4$ のときに y の値は最大になるので, 最大値は, $y = \frac{1}{2} \times (-4)^2 = \frac{1}{2} \times 16 = 8$

(1)と同様に原点 $\bigcirc$ を通るときが最小で, 最小値は0になる。

(4) $x = 6$ のときに y の値は最小になるので, 最小値は, $y = -\frac{1}{4} \times 6^2 = -\frac{1}{4} \times 36 = -9$

(2)と同様に原点 $\bigcirc$ を通るときが最大で, 最大値は0になる。

(5) 最大値が12, 最小値が0より, この関数 $y = ax^2$ は上に開いたグラフである。
そのことから, $x = 6$ のときに最大値をとり, $12 = a \times 6^2$, $36a = 12$ より $a = \frac{1}{3}$ になる。

最小値は, 原点 $\bigcirc$ を通るときである。

8

(1) 変化の割合 $= \dfrac{y \text{ の増加量}}{x \text{ の増加量}}$ の式を使いこなせるようにすること。

x の増加量 $= 5 - 1 = 4$

y の増加量 $= 5^2 - 1^2 = 25 - 1 = 24$

変化の割合 $= \dfrac{24}{4} = 6$

(2) x の増加量 $= 6 - 2 = 4$

y の増加量 $= \dfrac{1}{4} \times 6^2 - \dfrac{1}{4} \times 2^2$

$= \dfrac{1}{4} \times 36 - \dfrac{1}{4} \times 4 = 9 - 1 = 8$

変化の割合 $= \dfrac{8}{4} = 2$

(3) x の増加量 $= -1 - (-3) = 2$

y の増加量 $= (-1)^2 - (-3)^2 = 1 - 9 = -8$

変化の割合 $= -\dfrac{8}{2} = -4$

(4) x の増加量 $= -2 - (-4) = 2$

y の増加量 $= \dfrac{1}{2} \times (-2)^2 - \dfrac{1}{2} \times (-4)^2$

$= \dfrac{1}{2} \times 4 - \dfrac{1}{2} \times 16 = 2 - 8 = -6$

変化の割合 $= -\dfrac{6}{2} = -3$

(5) x の増加量 $= -3 - (-5) = 2$

y の増加量 $= -(-3)^2 - \{-(-5)^2\}$

$= -9 + 25 = 16$

変化の割合 $= \dfrac{16}{2} = 8$

(6) x の増加量 $= -2 - (-6) = 4$

y の増加量 $= -\dfrac{1}{2} \times (-2)^2 - \left(-\dfrac{1}{2}\right) \times (-6)^2$

$= -2 + 18 = 16$

変化の割合 $= \dfrac{16}{4} = 4$

9

(1) x の増加量は 3，y の増加量は

$16a - a = 15a$

変化の割合が 10 だから，

$\dfrac{15a}{3} = 10$　　$5a = 10$ より，$a = 2$

(2) x の増加量は 2，y の増加量は

$4a - 16a = -12a$

変化の割合が 3 だから，

$-\dfrac{12a}{2} = 3$　　$-6a = 3$　　$a = -\dfrac{1}{2}$

(3) x の増加量は 3，y の増加量は

$36a - 9a = 27a$

変化の割合が 6 だから，

$\dfrac{27a}{3} = 6$　　$9a = 6$　　$a = \dfrac{2}{3}$

(4) $y = -x^2$ について，x の値は 2 増加し，

y の値は，$-1 - (-9) = 8$　増加する。

このときの変化の割合は，$\dfrac{8}{2} = 4$

1 次関数の変化の割合は一定で，傾き a に等しい。よって，$a = 4$ になる。

10

(1) $a = 5$ のとき，

B$(0, 5)$

CD//OA より

$\triangle$ACO $= \triangle$ABO

になるから，

$\triangle$ABO $= \dfrac{1}{2} \times 5 \times 2$

$= 5$

よって，$\triangle$ACO $= 5$

(2) 四角形 ABCO が平行四辺形になるとき，AO = BC になる。

A$(2, 4)$，O$(0, 0)$ より，B$(0, a)$ から，C の座標は $(-2, a - 4)$ とおける。

C は関数 $y = x^2$ 上の点だから，

$a - 4 = (-2)^2$ より，$a - 4 = 4$　　$a = 8$

(3) 点 C (c, c^2) とおくと，点 D の y 座標は $16c^2$ になり，関数 $y = x^2$ 上の点より，点 D の座標は

$(-4c, 16c^2)$　$(c < 0$ より$)$ になる。

AO と CD の傾きは等しいので，

$\dfrac{16c^2 - c^2}{-4c - c} = 2$ より，

$-3c = 2$　　$c = -\dfrac{2}{3}$

11

(1) グラフより，最大値になるのは，$x = -6$ のときで，

$y = 18$　　最小値は 0 だから，y の変域は，

$0 \leqq y \leqq 18$

(2) 点Aの座標は（−6，18），点Bの座標は

（2，2）より，②の式の傾きは，

$$\frac{2-18}{2-(-6)}=-2$$

$y=-2x+b$ が点（2，2）を通ることから，

$2=-4+b$，$b=6$

よって，直線②の式は，$y=-2x+6$ になる。

(3) 点D$\left(d, \dfrac{1}{2}d^2\right)$ とする。

(2)より，点C（3，0）だから，

$$\triangle OCD=\frac{1}{2}\times 3\times \frac{1}{2}d^2=\frac{3}{4}d^2$$

$\dfrac{3}{4}d^2=12$ より，$3d^2=48$，$d^2=16$

$d=4$（$d>0$）

よって，点Dのx座標は4になる。

12

(1) 点Bは関数 $y=ax^2$ 上にあるから，$x=4$，$y=-8$

を代入して，

$-8=a\times 4^2$，$16a=-8$，$a=-\dfrac{1}{2}$

(2) (1)より，点A（−2，−2）だから，直線ℓの式は，

傾きが $\dfrac{-6}{6}=-1$ で，点Aを通ることから，

$y=-x+b$ に $x=-2$，$y=-2$ を代入して，

$-2=2+b$，$b=-4$

$y=-x-4$ とy軸との交点は，切片になるから，

（0，−4）になる。

(3) $\triangle OAB=\dfrac{1}{2}\times 4\times 2+\dfrac{1}{2}\times 4\times 4$

$\qquad\qquad =4+8=12$

13

(1) $y=ax^2$ に $x=-2$，$y=1$ を代入して，

$1=a\times(-2)^2$，$1=4a$，$a=\dfrac{1}{4}$

$y=\dfrac{1}{4}\times 6^2$，$y=9$ より，$b=9$

(2) A（−2，1），B（6，9）を通る直線だから，

傾きは，$\dfrac{9-1}{6-(-2)}=\dfrac{8}{8}=1$

$y=x+c$ に $x=6$，$y=9$ を代入して，

$9=6+c$，$c=3$

よって，求める直線の式は，$y=x+3$ になる。

(3) $\triangle OAB=\dfrac{1}{2}\times 3\times 2+\dfrac{1}{2}\times 3\times 6$

$\qquad\qquad =3+9=12$

(4) 直線ABの切片は3だから，

OP//ABのとき，$\triangle PAB=\triangle OAB$ を用いると，

原点を通り，傾きが1の直線 $y=x$ のy座標が9

のときx座標も9になる。

問題 ➡ **本冊 P.79**

発展問題

解答

1 (1) $a=2$ (2) $a=-4$，$b=0$

(3) $a=3$ (4) $a=-8$，$b=0$

(5) $a=-1$

2 (1) $a=\dfrac{1}{2}$ (2) $y=-\dfrac{1}{2}x+3$

3 (1) B（3，9） (2) −1

(3) PA：AQ＝7：9 (4) $t=1$，$\sqrt{17}$

4 (1) $\dfrac{1}{4}$ (2) ア…1，イ…4

(3) 右の図

(4) 6分間

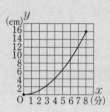

解説

1

(1) yの変域からこの関数のaの値は正とわかる。

よって，$x=3$ のとき $y=18$ になるから，

$18=a\times 3^2$，$9a=18$，$a=2$

(2) 関数 $y=-x^2$ なので，グラフは下に開いている。

よって，$x=-2$ のとき，$y=-4$ より，

$a=-4$ になり，最大値は0だから，$b=0$

(3) 関数 $y=\dfrac{1}{3}x^2$ のグラフは上に開いている。

したがって，$x=-3$ のときに最大値になるから，

$y=\dfrac{1}{3}\times(-3)^2=3$ より，$a=3$

(4) 関数 $y=-\dfrac{1}{2}x^2$ のグラフは下に開いている。

よって，$x=-4$ のとき最小値になるから，

$y=-\dfrac{1}{2}\times(-4)^2=-8$，$a=-8$

bの値は最大値だから，$b=0$ になる。

(5) $\dfrac{9a-a}{3-1}=-4$ より，$4a=-4$，$a=-1$

2

(1) $y=ax^2$ に $x=-4$，$y=8$ を代入して，

$8=a\times(-4)^2$，$16a=8$，$a=\dfrac{1}{2}$

(2) 点Bの座標は，(1)より，（2，2）

$\triangle OAB$ の面積を2等分する直線は，線分AOの中

点を通る。線分 A○ の中点の座標は $(-2, 4)$ より，

B $(2, 2)$ を通る直線の式は，傾きが $-\dfrac{1}{2}$ より，

$y = -\dfrac{1}{2}x + b$ に $x = 2$，$y = 2$ を代入して，

$2 = -1 + b$，$b = 3$

よって，$y = -\dfrac{1}{2}x + 3$ になる。

3

(1) 点 B の x 座標は 3 より，B $(3, 9)$ になる。

(2) $t = 2$ のとき，P $(2, 4)$ になり，A $(-3, 9)$ より，
直線 AP の傾きは，

$\dfrac{9 - 4}{-3 - 2} = -1$

(3) $t = 4$ のとき，P $(4, 16)$ になり，PA：AQ の長
さの比は，P，A からそれぞれ x 軸に垂線 PP′，
AA′ をひくと，

PA：AQ $= (PP′ - AA′)$：AA′ $= (16 - 9)$：9
$\qquad\qquad\qquad\qquad\quad = 7 : 9$

(4) $0 < t < 3$ のとき，$\triangle$APB $= \dfrac{1}{2} \times AB \times (9 - t^2)$

$24 = \dfrac{1}{2} \times 6 \times (9 - t^2)$

$24 = 27 - 3t^2 \qquad 3 = 3t^2$

$t > 0$ より，$t = 1$

$t > 3$ のとき，

$\triangle$APB $= \dfrac{1}{2} \times AB \times (t^2 - 9)$

$\qquad 24 = \dfrac{1}{2} \times 6 \times (t^2 - 9)$

$t^2 = 17 \qquad t > 0$ より，$t = \sqrt{17}$

4

(1) $9 = a \times 6^2$，$9 = 36a$，$a = \dfrac{1}{4}$

(2) ア$\cdots \dfrac{1}{4} \times 2^2 = 1 \qquad$ イ$\cdots \dfrac{1}{4} \times 4^2 = 4$

(3) $y = \dfrac{1}{4}x^2$ の式のグラフを，$0 \leqq x \leqq 8$ の範囲でかく。

(4) $y = \dfrac{1}{4}x^2$ の式に，$y = 16$ を代入すると，

$16 = \dfrac{1}{4}x^2$ より，$x^2 = 64$

$x > 0$ だから，$x = 8$

同様に，$y = 1$ を代入すると，

$1 = \dfrac{1}{4}x^2$ より，$x^2 = 4$

$x > 0$ だから，$x = 2$

したがって，水をぬいた時間は，

$8 - 2 = 6$（分間）　になる。

1 平面図形
図形編

標準問題

問題 ➡ 本冊 P.82

解答

1 $(2\pi-6)$ cm　2 $40°$　3 エ　4 イ，エ

5 解説を参照　6 解説を参照　7 解説を参照

8 解説を参照　9 解説を参照　10 解説を参照

11 解説を参照　12 解説を参照　13 解説を参照

14 解説を参照　15 解説を参照　16 解説を参照

解説

1

おうぎ形の弧の長さは，中心角の大きさに比例するので，

$$\text{弧の長さ}=12\pi\times\frac{60}{360}=2\pi\text{（cm）}$$

円周率πは約3.14なので，2πは6より大きい。これより，求める差は$(2\pi-6)$ cm

2

半径3cmの円の面積は，$3\times3\times\pi=9\pi$（cm²）　…①

おうぎ形の中心角をaとおくと，おうぎ形の面積は，

$$9\times9\times\frac{a}{360}\times\pi=\frac{9a}{40}\pi\text{（cm}^2\text{）}\quad\text{…②}$$

①，②が等しいから，$9\pi=\frac{9a}{40}\pi$

これを解いて，$a=40$（度）

3

下のように，それぞれの文字について，線対称性があるときは対称の軸を破線で，点対称性があるときは対称の中心を黒丸で示した。

SHIMANE

これをみると，それぞれの文字について，

S…点対称，H…線対称，点対称，I…線対称，点対称，M…線対称，A…線対称，N…点対称，E…線対称

であることがわかる。これよりア～エのなかで間違っているのはエである。

4

右に，ひし形の線対称の軸を示す。線対称の軸は，その軸で折り返すと反対側とぴったり一致するような軸であるから，直線AC，BD以外は線対称の軸にはならない。よって答えはイ，エ

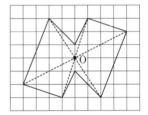

5

点対称な図形は，基準となる頂点（Aとする）と，対称の中心Oを結ぶ半直線上に，OA＝OA′となる点をとり，それらを結んで図形を完成させる。

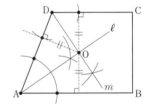

6

まず2辺AB，DAからの距離が等しい点について考える。角の二等分線はその角をはさむ2辺からの距離が等しい点の集まりであるから，∠Aの二等分線ℓは2辺AB，DAからの距離が等しい点の集まりである。同様にして，∠Dの二等分線mは2辺CD，DAからの距離が等しい点の集まりである。したがって，直線ℓ，mの交点は3辺AB，CD，DAからの距離が等しい点であり，これが求める点Oである。

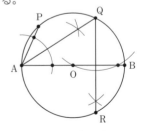

ミス注意

∠ABCの二等分線は，2辺AB，BCから等しい距離にある点の集まりである。

7

①まず∠PABの二等分線をかく。角の二等分線は点Aを中心とする円をかき，AP，ABとの交点を中心とする半径の等しい円をそれぞれかく。この2つの円の交点と点Aを通る直線が∠PABの二等分線である。これと，円周との交点をQとする。

②次に，点Qを通る線分ABの垂線をかく。直線AB上にない点Qを通る垂線は，点Qを中心とする円をかき，ABとの交点を中心とする半径の等しい円をそれぞれかく。この2つの円の交点と点Qを

通る直線が求める垂線である。これと，円周との交点をRとする。

8

AP：PB＝3：1であるということは，PBの長さがABの長さの4分の1であるということである。つまり，線分ABの半分の半分となる点を探せばよい。
そのためにはまず，点A，Bからそれぞれ半径の等しい円をかいて，円どうしの2つの交点を結ぶ直線と線分ABの交点をQとする。点Qは線分ABを2等分する点であるから，同様の方法で線分QBの垂直二等分線をかき，それと線分ABの交点をPとすれば，求める点が得られる。

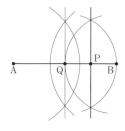

9

△ABCの条件は，線分ABが底辺で，CA＝CBとなることである。ここで直線OCについて考えると，点Oは線分ABを2等分する点であり，点Cは点A，Bから等しい距離にある点であるので，直線OCは線分ABの垂直二等分線であることが分かる。
これから，点Oを通り，直線OCに垂直な直線と円Oの交点をA，Bとすれば求める三角形が得られる。
直線OCの垂線は点Oを中心とする円と，直線OCとの交点からそれぞれ半径の等しい円をかいて，2つの円の交点を結ぶことで得られる。

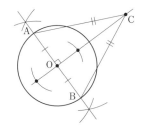

10

3点A，B，Cを通る円の中心をOとすると，OA＝OB＝OCである。そこで，線分ABの垂直二等分線を m，線分BCの垂直二等分線を n として m，n の交点をOとする。すると，m は点A，Bから距離の等しい点の集まり，n は点B，Cから距離の等しい点の集まりであるので，点OはOA＝OB＝OCを満たす。
この点Oを中心として点A，B，Cのどれかを通る円をかけば，3点を通る円が得られる。

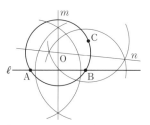

> 線分ABの垂直二等分線は，2点A，Bから等しい距離にある点の集まりである。

11

問題を直線 ℓ 上で考えるために，点Bを中心として半径BCの円をかき，直線 ℓ と点Aとは反対側で交わる点をC′とする。CB＝C′Bだから，求める点PはAP＝C′B＋BP＝C′Pを満たす点，すなわち 線分AC′の垂直二等分線と直線 ℓ の交点であることが分かる。

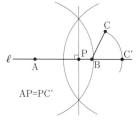

AP=PC′

12

∠Cが直角であることから，△ABCの面積は $\frac{1}{2}$ BC × AC である。また，長方形BCPQは△ABCと辺BCを共有しているので，BCの長さは変わらない。この長方形の面積は（底辺）×（高さ）で与えられることから，長方形BCPQの高さは $\frac{1}{2}$ × AC であることが分かる。したがって，辺AC上にある点Pは，線分ACの垂直二等分線 ℓ と線分ACの交点である。
次に，点Qを求める。点Qは長方形BCPQの頂点である。したがって，点Bからの直線BCに対する垂線 m と直線 ℓ の交点が点Qとなる。

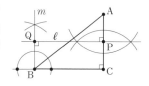

13

図形を時計回りに90°回転させるので，まず点Pから線分APに垂直な半直線 ℓ を，点Bと同じ側に引く。次に，中心が点Pで半径がAP，CPの円をかき，ℓ との交点をそれぞれA′，C′とする。点B′についても同様に，線分BPに垂直な半直

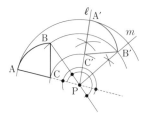

線を点Pから点A，Cとは反対側に引き，これを m とする。そこに，点Pを中心とする半径BPの円をかき，m との交点をB′とすれば，おうぎ形A′B′C′の頂点がそろう。最後に，点C′を中心に半径A′C′の円弧を点B′までかけば，回転移動した図形が完成する。

14

点 P の点 Q への移動は，線分 RS を対称の軸とする線対称な移動であるといえる。したがって，線分 RS は線分 PQ の垂直二等分線を引くことで求められる。

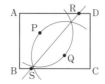

15

まず①は，正方形を 2 つ折りにしたときの折り目であるから，辺 AD，あるいは辺 BC の垂直二等分線をかけばよい。

次に，②で頂点 B が移動する位置を求める。正方形 ABCD の辺 BC を移動させているのだから，問題の図において(B)C = BC である。したがって，点 C を中心にして半径 CB の円をかき，①で求めた折り目の線分との交点が②で求めた正三角形の頂点である。

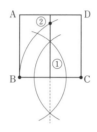

16

直線 ℓ，あるいは m に沿って円を折り返したときに点 O と一致する円 O の弧上の点を Q あるいは R とする。

このとき，右図を参考にするとわかるように，PO = PQ あるいは PO = PR である。

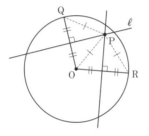

これから，点 Q，R は点 P を中心とする半径 PO の円をかいて，円 O との交点を Q，R とすることで求められる。

また，直線 ℓ，m は点 Q，R が点 O へ移動するときの対称の軸であるから，線分 QO あるいは線分 RO の垂直二等分線である。

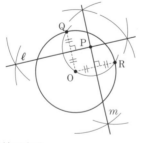

発展問題

問題 ⇒ **本冊 P.86**

解答

1 解説を参照 　**2** 解説を参照

3 解説を参照 　**4** 解説を参照

5 解説を参照

解説

1

辺 BC を 1 辺とする長方形 PBCQ が△ ABC と面積が等しいのだから，長方形の高さは△ ABC の高さの半分である。そこで，まず△ ABC の高さを求める。

△ ABC の底辺を線分 BC と考えると，その高さは点 A から線分 BC に下ろした垂線によって求められる。この垂線と線分 BC との交点を A′ とおく。

次に，長方形の高さがこの垂線 AA′ の長さの半分であることから，線分 AA′ の垂直二等分線 ℓ を引く。この直線が，長方形 PBCQ のうち線分 PQ を含む直線となる。

最後に，長方形 PBCQ の∠CBP および∠BCQ が直角であることから，点 B および点 C から線分 BC に対して垂直な直線を引き，直線 ℓ との交点をそれぞれ P，Q とすれば求める長方形が得られる。

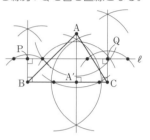

2

弧 PQ の長さが弧 AP の長さの 2 倍であり，おうぎ形の弧の長さと中心角の大きさが比例することから，∠POQ = 2∠POA である。また，直線 m は線分 AB に平行であることから，△ OPQ は点 O を通り線分 AB に垂直な直線 ℓ を対称の軸とする線対称な図形である。したがって，∠POA = ∠QOB である。

そこで，∠POA = a とおくと，a + 2a + a = 180°，これを解いて a = 45° となる。すると，直線 ℓ と弧 PQ の交点を R として，∠POA = ∠POR = ∠QOR = ∠QOB = 45° である。

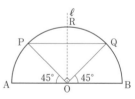

これより，点 P および点 Q は直角である∠AOR，∠BOR の二等分線と弧 AB との交点であることが分かる。

これにより作図の手順は以下のようになる。

① 線分 AB に垂直で，点 O を通る垂線 ℓ をかく。

② ∠AOR と∠BOR の二等分線をかき，弧 AB との交点をそれぞれ P，Q とする。

③ 点 P，Q を結ぶ直線をかく。

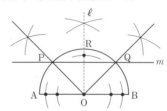

点 A が点 P に重なるように折り曲げるとき，それは線分 AP の垂直二等分線を対称の軸とする線対称の移動となる。したがって，点 F の移動する点 Q はこの軸をもとにして，対称な移動をさせればよい。

これより，作図の手順は以下のようになる。

① 線分 AP の垂直二等分線 ℓ を引く。

② 点 E を通り，直線 ℓ に垂直な直線 m を引き，ℓ と m の交点を S とする。

③ 点 S を中心として半径 SE の円をかき，直線 m との交点が点 E の移る点 Q となる。

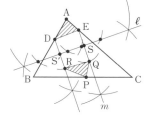

④ ②，③と同じようにして，点 D が移る点 R を作図し，△PRQ をつくると，これが△ADE が移る部分である。

4

図 2 で円を折り返したときにできる弧 PQ について考えよう。これは，半径 AO の円の一部を折り返してできたものであるから，点 C で線分 AB に接する半径 AO の円の一部であると考えることができる。

また，線分 AB は折り返した弧の接線だから，かきたい円の中心は，点 C を通り線分 AB の垂線上にある。

これにより，作図の手順は以下のようになる。

① 点 C を通り，線分 AB に垂直な直線 ℓ をかく。

② 直線 ℓ 上にあって，点 C からの距離が AO である点をコンパスによって求め，これを点 O′ とする。

③ 点 O′ を中心として半径 AO の円をかき弧 AB との 2 つの交点をそれぞれ P，Q とする。

④ 2 点 P，Q を結ぶ。

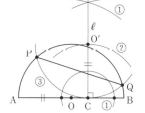

5

円 O が点 P で弧 CB と接するということは，円 O の点 P における接線は，弧 CB の点 P での接線と等しいということである。弧 CB の点 P における接線を ℓ とする。また，円 O は辺 AC とも接していることから，円 O の中心の点 O は，直線 AC および直線 ℓ から等距離の位置にあるということが分かる。したがって，直線 ℓ と直線 AC の交点を R とおくと，点 O は∠PRA の二等分線と線分 AP との交点である。

これより，作図の手順は以下のようになる。

① 点Pを通り，直線 AP に垂直な直線 ℓ を引き，線分 AC を点 C 側に延長した半直線との交点を R とする。

② ∠PRA の二等分線 m と線分 AP の交点を O とする。

③ 点 O を中心として，半径 OP の円をかく。

標準問題   問題 ➡ **本冊 P.89**

解答

1 頂点の数‥8 辺の数‥12 面の数‥6

2 (1) 正八面体   (2) 五角すい
   (3) 六角すい   (4) 四角柱

3 (1) 120°   (2) 2cm

4 6回転

5

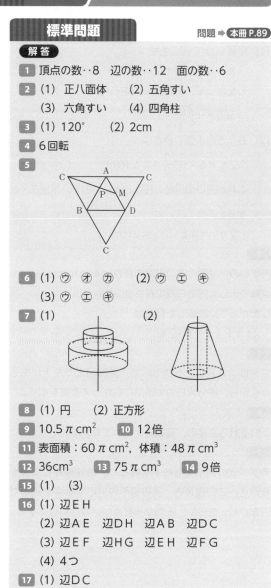

6 (1) ウ ⑦ ⑦   (2) ウ エ ⑦
   (3) ウ エ ⑦

7 (1)   (2)

8 (1) 円   (2) 正方形

9 10.5π cm²   **10** 12倍

11 表面積：60π cm²，体積：48π cm³

12 36cm³   **13** 75π cm³   **14** 9倍

15 (1) (3)

16 (1) 辺 E H
   (2) 辺 A E 辺 D H 辺 A B 辺 D C
   (3) 辺 E F 辺 H G 辺 E H 辺 F G
   (4) 4つ

17 (1) 辺 D C

図形編

②
空間図形

(2) 辺OD　辺OC　辺ED　辺EC
(3) △EDC　(4) △ODC　△EDC
18 1, 3
19 (1) 正三角形　　(2) 二等辺三角形
(3) 正方形

8

(1) 図のように，どの切り口も円
になる。

(2) 図のように，直角二等辺三角形が
2つ合わさった，正方形の形をし
た切り口になる。

解説

1

見取図を見ながら，重複して数えたりや数え落としが
ないように，注意して数える。

2

(1) 見取図で考える。
(2) (角すいの頂点の数) = (底面の頂点の数) + 1
(3) (角すいの辺の数)　 = (底面の辺の数) × 2
(4) (角柱の辺の数)　　 = (底面の辺の数) × 3

3

(1) 半径6cmの円の面積は，
$$\pi \times 6^2 = 36\pi \ (\text{cm}^2)$$
したがって，おうぎ形の中心角は，
$$360 \times \frac{12\pi}{36\pi} = 120(°)$$

(2) おうぎ形の弧の長さは，
$$2\pi \times 6 \times \frac{120}{360} = 4\pi \ (\text{cm})$$
これが円Oの円周の長さと等しいので，半径をrと
すると，
$$2\pi r = 4\pi \qquad r = 2(\text{cm})$$

4

円すいの，底面の円の円周の長さは4π (cm)
点線で示した円の円周の長さは24π (cm)
したがって，回転した回数は
$$24\pi \div 4\pi = 6 \ (\text{回転})$$

5

CPは△ABC上を通るので，展開図上で左上にある
点Cから，線分ADの中点Mに向かって直線を引く。

6

それぞれの立体の，見取図をかいて考える。

7

まず，元の図形を直線ℓを軸として対称移動した図形
をかき，この図形と，元の図形の対応する点を通るだ
円をかく。さらに，正面から見えない線は点線にする。

9

底面の円の円周の長さは3π cm。これが側面の長方形
の横の長さと等しいので，側面積は，
$$3\pi \times 3.5 = 10.5\pi \ (\text{cm}^2)$$

10

高さをh，円柱Aの底面の半径を$2r$，円すいBの底面
の半径をrとすると，円柱Aの体積は，
$$\pi \times (2r)^2 \times h = 4\pi r^2 h$$
円すいBの体積は，$\pi r^2 \times h \times \frac{1}{3} = \frac{1}{3}\pi r^2 h$
したがって，$4\pi r^2 h \div \frac{1}{3}\pi r^2 h = 12$ (倍)

11

半径6cmの球を切り取って$\frac{1}{6}$にした立体だから，
立体の曲面の部分の面積は
$$4\pi \times 6^2 \times \frac{1}{6} = 24\pi$$
平面の部分は，半径6cmの半円2つ分なので，
$$\pi \times 6^2 \times \frac{1}{2} \times 2 = 36\pi$$
よって，表面積は，$24\pi + 36\pi = 60\pi \ (\text{cm}^2)$
体積は，球の$\frac{1}{6}$だから
$$\frac{4}{3}\pi \times 6^3 \times \frac{1}{6} = 48\pi \ (\text{cm}^3)$$

12

底面の直角三角形の面積は6cm²だから，
$6 \times 6 = 36 \ (\text{cm}^3)$

13

できる立体を，2つの円すいに分けて計算する。
$$\pi \times 5^2 \times 6 \times \frac{1}{3} + \pi \times 5^2 \times 3 \times \frac{1}{3} = 75\pi \ (\text{cm}^3)$$

14

立方体の1辺の長さをaとすると，立方体の体積はa^3
三角すいの体積は，△ABDを底面とみると，
$$a \times a \times \frac{1}{2} \times \frac{2}{3}a \times \frac{1}{3} = \frac{1}{9}a^3$$

したがって，

$$a^3 \div \frac{1}{9}a^3 = 9 \ (倍)$$

15

次の図を参照

(1)

(2)

(3)

(4)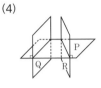

16

(1) 同一平面上にあり，延長しても交わらない辺を探す。

(2) 直方体では，となり合う面は互いに垂直であることを考える。

(3) 面ＡＢＣＤと平行な面ＥＦＧＨに含まれる辺は，すべて面ＡＢＣＤに平行な辺になる。

(4) 辺ＡＥと平行ではなく，延長しても交わらない辺を探す。
　　辺 DC，辺 HG，辺 BC，辺 FG が，辺 AE とねじれの位置にある辺。

17

(1) 同一平面上にあり，延長しても交わらない辺を探す。

(2) 辺ＡＢと平行ではなく，延長しても交わらない辺を探す。

(3) 正八面体では，向かい合う面は互いに平行になっている。

(4) 辺ＡＢを延長しても交わらない面が，辺ＡＢと平行な面。

18

番号6の面を底面とした，右の見取図を参照

19

次の図を参照

(1)

(2)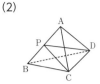

(3) 切り口の四角形は，4つの辺の長さが等しく，対角線の長さが等しい。

ミス注意

(3) では，P, Q, R の 3 点を結んだだけでは，切り口の図形にならない。P, Q, Rの3点を通る平面は，辺CDとはその中点で交わっている。

発展問題　　　　　　　問題 ➡ **本冊 P.93**

解答

1 (1) 30　　(2) 20

2

3 次の中から3つ。

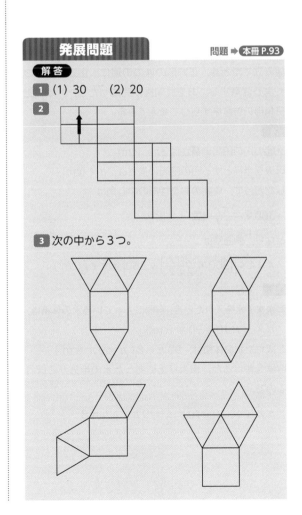

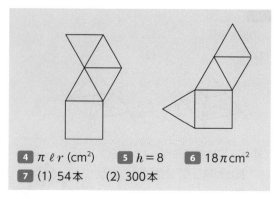

解説

1

(1) 12個の正五角形の辺の数を合計すると60になり，2つの正五角形の辺が重なって，正十二面体の1つの辺となるので，60 ÷ 2 = 30

(2) 12個の正五角形の頂点の数を合計すると60になり，3つの正五角形の頂点が重なって，正十二面体の1つの頂点となるので，60 ÷ 3 = 20

2

組み立てたとき，くっつく辺に着目して，縦の線と，横の線をかき入れる。

3

組み立てたとき，正方形の4つの辺に，正三角形がつくよう注意する。ある展開図が完成したら，1つの正三角形の位置をずらして考えてみる。

4

底面の円の円周の長さは $2\pi r$ (cm)

母線を半径とする円の円周の長さは $2\pi \ell$ (cm)

したがって，側面のおうぎ形の中心角は

$$360 \times \frac{2\pi r}{2\pi \ell} \text{ (度)}$$

となり，側面積は，

$$\pi \ell^2 \times \left\{\left(360 \times \frac{2\pi r}{2\pi \ell}\right) \div 360\right\} = \pi \ell r \text{(cm}^2)$$

5

満水まで水を入れたとき，容器に入っている水の体積は，

$$\pi \times 3^2 \times 10 = 90\pi \text{ (cm}^3)$$

こぼれた水の体積は，$90\pi - 81\pi = 9\pi$ (cm³)

容器を傾けると，線より上にあった水の半分がこぼれるので，

$$\pi \times 3^2 \times (10 - h) \times \frac{1}{2} = 9\pi \qquad h = 8$$

6

点Hは底面の正方形の対角線 AC，BD の交点である。したがって，△OAC は，図のような直角二等辺三角形になる。球の半径を r とすると，AC = 4r，OH = 2r より，

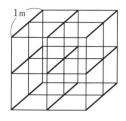

△OAC の面積は，$\frac{1}{2} \times 4r \times 2r = 4r^2$ と表される。また，球 S の表面積は $4\pi r^2$ と表される。

一方，△OAC の面積は $\frac{1}{2} \times 6 \times 6 = 18$ (cm²) である。

よって，球 S の表面積は

$$4\pi r^2 = \pi \times 4r^2 = \pi \times 18 = 18\pi \text{ (cm}^2)$$

7

縦，横，高さの3方向に分けて考える。

(1) 縦の長さに着目すると，縦方向に使われた棒は1mの長さの棒が 3 × 3 (本) であるから，棒の長さは，

$$1 \times 3 \times 3 = 9 \text{ (m)}$$

横方向，高さ方向にも1mの長さの棒がそれぞれ 3 × 3 (本) 使われているから，すべての方向の棒の長さを合わせると27 (m) になるので，棒の本数は，

$$27 \div 0.5 = 54 \text{ (本)}$$

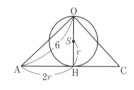

(2) (1)と同様に考えて，縦の棒の長さは，

$$2 \times 5 \times 5 = 50 \text{ (m)}$$

すべての方向の棒の長さを合わせると150 (m) になるので，棒の本数は，150 ÷ 0.5 = 300 (本)

標準問題

問題 ➡ 本冊 P.96

解答

1 (1) $\angle x = 88°$, $\angle y = 88°$ (2) $\angle x = 68°$, $\angle y = 68°$ (3) $\angle x = 60°$, $\angle y = 72°$

2 (1) 47° (2) 62° (3) 30°

3 (1) 75° (2) 106° (3) 37°

4 (1) 45° (2) 35°

5 (1) 1800° (2) 360° (3) 30° (4) 9本 (5) 54本

6 十二角形

7 (1) 77° (2) 218° (3) 33° (4) 85° (5) 82° (6) 117°

8 (1) 118° (2) 34° (3) 102°

9 (1) 130° (2) $x = 90 + \dfrac{1}{2}a$ (3) 155°

10 (1) ①辺DE ②∠E ③△ABC ≡ △DEF
(2) ①辺HG ②∠G ③四角形ABCD ≡ 四角形HGFE

11 △ABC ≡ △HIG
(2辺とその間の角がそれぞれ等しい)
△DEF ≡ △NOM
(1辺とその両端の角がそれぞれ等しい)
△JKL ≡ △RQP (3辺がそれぞれ等しい)

12 (1) △ACDと合同な三角形…△ABE 合同条件…1辺とその両端の角がそれぞれ等しい
(2) (ア) △ABF ≡ △DEF
(イ) △ABC ≡ △DCB, △ABD ≡ △DCA, △ABO ≡ △DCO

13 40°

14 (1) 仮定：nが自然数
結論：nは整数
(2) 仮定：△ABC ≡ △DEF
結論：BC = EF
(3) 仮定：2直線が平行
結論：同位角は等しい
(4) 仮定：AB = AC
結論：∠B = ∠C
(5) 仮定：四角形ABCDが平行四辺形
結論：AB//CDかつAB = CD

15 Ⅰ ウ Ⅱ ア Ⅲ カ

16 (1) 右の図

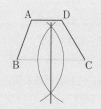

(2) (証明) △PBMと△PCMにおいて,
PMはBCの垂直二等分線だから,
BM = CM …①, ∠PMB = ∠PMC …②
PMは共通な辺だから,
PM = PM …③
①, ②, ③より, 2辺とその間の角がそれぞれ等しいから, △PBM ≡ △PCM
合同な三角形の対応する辺は等しいから,
PB = PC

解説

1

(1) $\angle x = 180° - (42° + 50°) = 88°$
$\angle y$は$\angle x$の対頂角なので, $\angle x$と等しい。よって, $\angle y = \angle x = 88°$

(2) $\angle x$は68°の同位角なので, $\angle x = 68°$
$\angle y$は$\angle x$の対頂角なので, $\angle y = \angle x = 68°$

(3) $\angle x$は60°の錯角なので, $\angle x = 60°$
$\angle y = 180° - \{\angle x + (180° - 132°)\}$
$= 180° - (60° + 48°) = 72°$

2

(1) ℓに平行な直線nを82°の頂点を通るようにひく。82°の下側部分は35°だから, 上側部分は$82° - 35° = 47°$
よって, $\angle x = 47°$

(2) ℓに平行な直線を90°の頂点, $\angle x$の頂点を通るようにひく。
$\angle x = 35° + (90° - 63°) = 62°$

(3) $\angle x = 80° - (110° - 60°) = 30°$

3

(1) 三角形の内角の和は180°だから,
$\angle x = 180° - (45° + 60°) = 75°$

(2) 三角形の外角はそれととなり合わない2つの内角の和に等しいから,
$\angle x = 72° + 34° = 106°$

(3) $\angle x + 41° = 78°$
よって, $\angle x = 78° - 41° = 37°$

4

(1) ∠aは65°の同位角

なので，∠a＝65°

∠b＝180°－65°＝115°

三角形の内角と外角の関係に着目すると，

∠x＝160°－∠b＝160°－115°＝45°

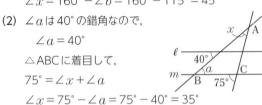

(2) ∠aは40°の錯角なので，

∠a＝40°

△ABCに着目して，

75°＝∠x＋∠a

∠x＝75°－∠a＝75°－40°＝35°

5

(1) 1つの頂点からの対角線によって，(12－2) 個の

三角形に分けられるので，

180°×(12－2)＝1800°

(2) 多角形の外角の和は360°

(3) 正多角形は，それぞれの外角の大きさが等しいの

で，360°÷12＝30°

(4) 12－3＝9 (本)

ミス注意

1つの頂点に対して，その頂点とそのとなりの2

つの頂点は対角線がひけないことに注意。n 角形

の1つの頂点からひける対角線の数…$n－3$ (本)

(5) 12の頂点からひける対角線の数は，

9×12＝108 (本)

重複を考えると，108÷2＝54 (本)

[別解] 対角線の総数の公式を用いると，

12×(12－3)÷2＝54 (本)

6

Aをn角形，Bをm角形とする。

$n＝m＋5$ …①

180°×($n－2$)＝2×{180°×($m－2$)} …②

①，②より，$n＝12$，$m＝7$ よって，Aは十二角形。

7

(1) 四角形の内角の和は360°だから，

∠x＝360°－(68°＋100°＋115°)＝77°

(2) 五角形の内角の和は180°×(5－2)＝540°だか

ら，∠x＝540°－(65°＋82°＋108°＋67°)

＝218°

(3) ∠x＝360°－{55°＋40°＋(360°－128°)}

＝33°

(4) ∠x＝360°－{(180°－80°)

＋(180°－60°)＋55°}＝85°

(5) 多角形の外角の和は360°だから，

∠x＝360°－(82°＋73°＋81°＋42°)＝82°

(6) 180°×(6－2)＝720°

∠x＝720°－[{180°－(50°＋25°)}＋110°＋140°

＋{360°－(105°＋65°＋42°)}＋100°]

＝117°

8

(1) 三角形の内角と外角の関

係より，∠a＝46°＋27°

＝73°

∠x＝∠a＋45°

＝73°＋45°＝118°

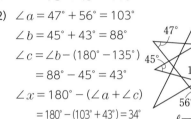

(2) ∠a＝47°＋56°＝103°

∠b＝45°＋43°＝88°

∠c＝∠b－(180°－135°)

＝88°－45°＝43°

∠x＝180°－(∠a＋∠c)

＝180°－(103°＋43°)＝34°

(3) ∠a＝180°－43°＝137°

多角形の外角の和は360°だから，

∠x＝360°－(71°＋137°＋50°)

＝102°

9

(1) ∠BPC＝180°－(∠PBC＋∠PCB)

＝180°－(180°－80°)÷2＝130°

(2) $x°$＝180°－(∠IBC＋∠ICB)

＝180°－(180°－$a°$)÷2＝90°＋$\frac{1}{2}a°$

(3) ∠x＝360°－(110°＋∠PBA＋∠PDA)

＝360°－110°－{360°－(110°＋60°)}÷2

＝155°

10

(1) ① 辺ABに対応する辺は辺DE

② ∠Bと等しい角は，∠E

③ 2つの三角形で，AとD，BとE，CとFが対応

しているので，△ABC≡△DEF

(2) ① 右の四角形 HGFE は，左の四角形 ABCD を裏

返しにしたものである。よって，辺 AB に対応

する辺は辺HG

② ∠Bと等しい角は∠G

③ 2つの四角形で，AとH，BとG，CとF，Dと

Eが対応しているので，

四角形ABCD≡四角形HGFE

11

- AB = HI, BC = IG, ∠B = ∠Iより, 2辺とその間の角がそれぞれ等しいので, △ABC ≡ △HIG
- EF = OM, ∠E = ∠O, ∠F = ∠Mより, 1辺とその両端の角がそれぞれ等しいので, △DEF ≡ △NOM
- JK = RQ, KL = QP, LJ = PRより, 3辺がそれぞれ等しいので, △JKL ≡ △RQP

ミス注意

2つの図形が裏, 表の関係にあっても, 合同条件が成り立てばそれらは合同であることに注意。

12

(1) AD = AE, ∠ADC = ∠AEB, ∠DAC = ∠EABだから, 1辺とその両端の角がそれぞれ等しいので, △ACD ≡ △ABE

(2) （ア）AC//EDより,

∠ABF = ∠DEF（錯角）…①
∠BAF = ∠EDF（錯角）…②

仮定より, AB = DE…③

①, ②, ③より, 1辺とその両端の角がそれぞれ等しいので, △ABF ≡ △DEF

（イ）・AB = DC, BC = CB, ∠ABC = ∠DCBより, 2辺とその間の角がそれぞれ等しいので, △ABC ≡ △DCB

・AD//BC, ∠ABC = ∠DCBより,

∠BAD = 180° − ∠ABC = 180° − ∠DCB
= ∠CDA

また, AB = DC, AD = DA

よって, 2辺とその間の角がそれぞれ等しいので, △ABD ≡ △DCA

・△ABC ≡ △DCBより, ∠BAO = ∠CDO
△ABD ≡ △DCAより, ∠ABO = ∠DCO
AB = DC

よって, 1辺とその両端の角がそれぞれ等しいので, △ABO ≡ △DCO

13

△ABC ≡ △DBEより, AB = DB, ∠ABC = ∠DBE
DA//BCより, ∠DAB = ∠ABC = 70°（錯角）
△DABは底角70°の二等辺三角形だから,

∠x = ∠ABC − ∠ABE = ∠DBE − ∠ABE
= ∠DBA = 180° − 70° × 2 = 40°

14

(3) 「平行な2直線の同位角は等しい」は「2直線が平行ならば, 同位角が等しい」と考える。

15

∠AOCと∠BODは対頂角の関係にある。∠OACと∠OBDは錯角の関係にある。

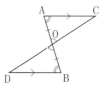

16

(1) 点B, 点Cを中心として半径の等しい円をかき, その交点を通る直線をかく。

(2) 垂直二等分線はBCの中点を通り, BCに垂直であることを利用する。

発展問題

問題 ➡ **本冊 P.101**

解答

1 76°

2 ∠x=100°, ∠y=20°

3 (1) 540°　　(2) 540°

4 △ABFと△DECにおいて,

△ABC ≡ △DEFより, AB = DE …①
∠ABF = ∠DEC …②, BC = EF …③

また,

③より, BF = BC − FC = EF − FC = EC …④

①, ②, ④より, 2辺とその間の角がそれぞれ等しいから, △ABF ≡ △DEC

解説

1

BA = BEより, △BAEは二等辺三角形。
よって, ∠BAE = (180° − 74°) ÷ 2 = 53°

∠ACD = ∠BAC = ∠BAE + ∠EAC
= 53° + 23° = 76°

2

AD//BCより,

∠a = 30°（錯角）
∠x = 180° − (30° + 50°)
= 100°

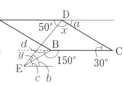

Eを通りADに平行な直線をひくと,

∠b = 50°（錯角）

また, ∠c = ∠d = 180° − 150° = 30°

よって, ∠y = 50° − 30° = 20°

3

(1) 右図で, 三角形の内角と外角の関係より,

∠h = ∠f + ∠g …①

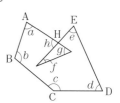

図形編

3 平行と合同

六角形 ABCDEH の内角の和は,

$180° × (6 − 2) = 720°$ だから,

$∠a + ∠b + ∠c + ∠d + ∠e + ∠h + 180°$
$= 720°$ …②

①, ②より, $∠a + ∠b + ∠c + ∠d + ∠e + ∠f + ∠g$
$= 720° − 180° = 540°$

[別解]

右の図で,

$∠a + ∠b = ∠c + ∠d$

よって, 五角形 ABCDE の

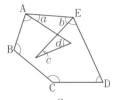

内角の和を求めればよい。

$180° × (5 − 2) = 540°$

(2) 七角形 ABCDEFG の外

角の和は,

$∠a + ∠b + ∠c + ⋯ + ∠g$
$= 360°$

印の付いた角の和は,

小さな 7 つの三角形のすべての内角の和から七角

形の外角の和の 2 倍をひいたものだから,

$180° × 7 − 2(∠a + ∠b + ∠c + ⋯ + ∠g) = 540°$

4

$△ABC ≡ △DEF$ より, $AB = DE$ …①

$∠ABC = ∠DEF$, すなわち, $∠ABF = ∠DEC$ …②

①, ②などを用いて, 合同の証明をする。

標準問題 問題 ➡ 本冊 P.103

解答

1 (1) 90°　　(2) 85°　　(3) 102°

2 ・ $△ABC ≡ △PQR$(直角三角形の斜辺と他の
　　1辺がそれぞれ等しい)

　　・ $△DEF ≡ △NMO$(三角形の 2 辺とその間の
　　角がそれぞれ等しい)

　　・ $△GHI ≡ △KLJ$(直角三角形の斜辺と 1 つの
　　鋭角がそれぞれ等しい)

3 $△ABM$ と $△ACM$ において,

　　$BM = CM$(M は辺 BC の中点)

　　$AB = AC$(仮定)　$AM = AM$(共通)

　3 辺がそれぞれ等しいので,

　　　$△ABM ≡ △ACM$

4 $△ABH$ と $△ACH$ において,

　　$AB = AC$(仮定) …①　$AH = AH$(共通) …②

　　$∠AHB = ∠AHC = 90°$(AH⊥BC) …③

　①, ②, ③より, 直角三角形の斜辺と他の 1 辺
　がそれぞれ等しいので, $△ABH ≡ △ACH$

　よって, $BH = CH$

5 AL//BC より,

　　$∠B = ∠LAM$(同位角), $∠C = ∠LAC$(錯角)

　AL は $∠A$ の外角の二等分線だから,

　　$∠LAM = ∠LAC$　よって, $∠B = ∠C$

　したがって, $△ABC$ は二等辺三角形である。

6 $△ABD$ と $△ACE$ において,

　　$AD = AE$(仮定) …①

　$△ABC$ は正三角形より, $AB = AC$…②

　　$∠BAC = ∠ACB$ …③

　AE//BC より, $∠ACB = ∠CAE$(錯角) …④

　③, ④より, $∠BAD = ∠BAC = ∠CAE$…⑤

　①, ②, ⑤より, 2 辺とその間の角がそれぞれ
　等しいから, $△ABD ≡ △ACE$

7 (1) 140°　　(2) 40°

8

	ひし形	平行四辺形	長方形	等脚台形
イ	×	×	○	○
ロ	○	×	×	×
ハ	○	○	○	×

9 (1) ①, ②, ④, ⑤　　(2) ①, ③

10 (例) AD の延長上に $AD = ED$ となる点 E をとる。

11 ア　CAD　　イ　DCA

12 △ABEと△CDFにおいて，

AB//CDより，∠ABE ＝ ∠CDF（錯角）…①

平行四辺形の対辺の長さは等しいので，

$\quad$ AB ＝ CD $\quad$…②

$\quad\quad$ ∠AEB ＝ ∠CFD ＝ 90° $\quad$…③

よって，①，②，③より，直角三角形で斜辺と1つの鋭角がそれぞれ等しいから，

$\quad\quad$ △ABE ≡ △CDF

13 △AOEと△COFにおいて，

$\quad\quad$ OE ＝ OF（仮定）…①

$\quad\quad$ ∠AOE ＝ ∠COF（対頂角）…②

平行四辺形の2つの対角線は，それぞれの中点で交わるから，$\quad$OA ＝ OC $\quad$…③

①，②，③より，2辺とその間の角がそれぞれ等しいから，

$\quad\quad$ △AOE ≡ △COF

14 (1) 面積が等しい三角形：△CDO

（証明）AC⊥ℓ，BD⊥ℓより，AC//BD

底辺ACを共有し，AC//BDだから，

$\quad\quad$ △ABC ＝ △ADC

よって，△ABO ＝ △ABC － △ACO

$\quad\quad\quad\quad\quad\quad$ ＝ △ADC － △ACO ＝ △CDO

(2) 面積が等しい三角形：△CDG

（証明）AD//BC，BC//EFより，AD//EF

底辺GFを共有し，AD//EFだから，

$\quad\quad$ △AGF ＝ △DGF

よって，△ACF ＝ △AGF ＋ △GCF

$\quad\quad\quad\quad\quad\quad$ ＝ △DGF ＋ △GCF ＝ △CDG

15

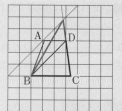

16 (1) 点Aから辺BCに垂線AHをひく。

$\quad\quad$ △ABM ＝ $\dfrac{1}{2}$ × BM × AH

$\quad\quad$ △ACM ＝ $\dfrac{1}{2}$ × CM × AH

MはBCの中点だから，BM ＝ CM

したがって，△ABM ＝ △ACM

よって，△ACM ＝ $\dfrac{1}{2}$ △ABC

(2) 右の図のように，Mを通りAPに平行な線とACとの交点をQとし，PQをひく。

---

17 (1) 1 : 2 $\quad\quad$ (2) 1 : 5

18 2cm²

解 説

1

(1) ∠BCA ＝ ∠A ＝ 15°

$\quad$ ∠CDB ＝ ∠CBD ＝ ∠A ＋ ∠BCA

$\quad\quad\quad\quad\quad$ ＝ 15° ＋ 15° ＝ 30°

$\quad$ ∠DEC ＝ ∠DCE ＝ ∠A ＋ ∠CDB

$\quad\quad\quad\quad\quad$ ＝ 15° ＋ 30° ＝ 45°

$\quad$ ∠CDE ＝ 180° － 2 × ∠DEC ＝ 90°

(2) ∠C ＝ （180° － 70°）÷ 2 ＝ 55°

$\quad$ ∠ADB ＝ ∠DBC ＋ ∠C ＝ 30° ＋ 55° ＝ 85°

(3) △ABCと△DEFは正三角形だから，同じ角に印をつけると右図のようになる。よって，

$\quad\quad$ ∠x ＝ 42° ＋ 60° ＝ 102°

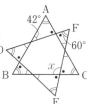

2

・AB ＝ PQ，AC ＝ PR，∠B ＝ ∠Q ＝ 90°より，直角三角形で，斜辺と他の1辺がそれぞれ等しいので，△ABC ≡ △PQR

・DF ＝ NO，EF ＝ MO，∠F ＝ ∠Oより，2辺とその間の角がそれぞれ等しいので，△DEF ≡ △NMO

・GH ＝ KL，∠G ＝ ∠K，∠I ＝ ∠J ＝ 90°より，直角三角形で，斜辺と1つの鋭角がそれぞれ等しいので，△GHI ≡ △KLJ

3

Mは辺BCの中点だから，BM ＝ CMであり，これと，AB ＝ AC，AMが共通であることを利用して証明する。

4

BH ＝ CHを証明するために，△ABH ≡ △ACHを示すことを考える。

5

二等辺三角形であることを示すには，

$\quad$・2つの辺が等しい $\quad$または $\quad$・2つの角が等しい

ことを示す。ここでは，長さの条件が与えられていないので，2つの角が等しいことを示せないか考える。

△ABCの外角の二等分線は底辺BCに平行だから，AL//BC

よって，同位角は等しいから，∠B ＝ ∠LAM

また，錯角は等しいから，∠C ＝ ∠LACがいえる。

さらに，ALは外角の二等分線だから，

∠LAM ＝ ∠LACであり，∠B ＝ ∠Cが示せる。

6

△ABCが正三角形であることから，

AB＝AC，∠BAC＝∠ACBなどを使う。

7

(1) AD//BCより，∠CBE＝∠BEA＝20°（錯角）

　　AB＝AEより，∠ABE＝∠AEB＝20°

　　　　∠BAF＝180°－20°×2＝140°

　　四角形ABCDは平行四辺形だから，対角が等しい

　　ので，∠BCD＝∠BAE＝140°

(2) ∠AEC＝∠EBC＋∠BCE＝60°＋25°＝85°

　　AB//DCより，∠AED＝∠EDC＝45°（錯角）

　　∠x＝∠AEC－∠AED＝85°－45°＝40°

8

それぞれの図をかくと次のようになる。

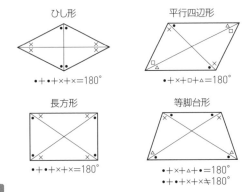

9

(1) ①2組の対辺がそれぞれ等しいので平行四辺形。

　　②2つの対角線がそれぞれの中点で交わっている

　　　ので平行四辺形。

　　③右のような四角形

　　　（等脚台形）のとき平

　　　行四辺形にならない。

> **ミス注意**
>
> 1組の対辺が等しく，別の対辺が平行であっても
> 平行四辺形にはならない。平行四辺形になるため
> には，長さが等しい対辺が平行になる必要がある
> ので注意すること。

　　④△ABOと△CDOにおいて，

　　　OA＝OC（仮定）

　　　∠BAO＝∠DCO（錯角）

　　　∠AOB＝∠COD（対頂角）

　　　よって，1辺とその両端の角がそれぞれ等しい

　　　から，△ABO≡△CDO

　　　したがって，AB＝CD

　　　四角形ABCDは1組の対辺が等しく平行である

ので平行四辺形。

　　⑤右の図のようにEをおくと，

　　　∠ABC＋∠DCB＝180°より，

　　　∠DCE＝180°－∠DCB

　　　　　＝∠ABC

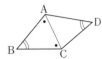

　　同位角が等しいから，AB//DC

　　よって，1組の対辺が等しく平行であるので平

　　行四辺形。

　　⑥右のような図のとき

　　　平行四辺形にならない。

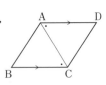

(2) ①平行四辺形より，∠ABC＝∠ADCだから，

　　　∠ABC＝∠ADC＝90°であり，長方形となる。

　　②平行四辺形の性質。

　　③対角線の交点をOとすると，△OBCは

　　　∠OCB＝∠OBCであり，OB＝OCの二等辺

　　　三角形。よって，BD＝ACであり，長方形と

　　　なる。

　　④AB＋BC＝AB＋DCより，BC＝DC

　　　1組のとなり合う辺を等しくするので，ひし形。

　　⑤∠BAC＝∠DACより，対角線が内角の二等分

　　　線となっているので，ひし形。

　　⑥対角線の交点をOとすると，△ABOにおいて，

　　　∠OAB＋∠OBA＝90°より，∠AOB＝180°

　　　－（∠OAB＋∠OBA）＝90°

　　　対角線が垂直に交わるので，ひし形。

10

四角形で，2つの対角線がそれぞれの中点で交わるとき，

平行四辺形となる。

仮定より，BD＝CDだから，AD＝EDとなる点をE

とすればよい。

11

AD//BCより，錯角が等しいから，

∠ACB＝∠CAD

AB//DCを示すには，

∠BAC＝∠DCAを示せばよい。

12

ABCDは平行四辺形だから，対辺が平行でAB//DC

よって，錯角は等しいので，∠ABE＝∠CDF

また，平行四辺形は対辺が等しいので，AB＝CD

さらに，E，FはそれぞれA，CからBDに下ろした垂

線とBDの交点なので，∠AEB＝∠CFD＝90°

したがって，△ABEと△CDFは，直角三角形の合同

条件「斜辺と1つの鋭角がそれぞれ等しい」があては

まる。

13

四角形 ABCD は平行四辺形だから，2 つの対角線の交点Oはそれぞれの対角線の中点である。よって，
OA＝OC であることを利用する。

14

底辺を共有し，高さが同じ三角形の面積が等しいことを用い，斜線部分の三角形と面積が等しい三角形を見つける。すぐに見つけられないときは，
・斜線部分の三角形を含む別の三角形と面積の等しい三角形
・斜線部分の三角形を分割して，分割した三角形と面積の等しい三角形
を考えてみる。

(1) △ABO を含む△ABC と面積の等しい三角形を考える。AC//BD より，△ABC と△ADC は，底辺 AC を共有し，高さが等しいので，面積が等しい。よって，△ABO，△CDO は，それぞれ△ABC，△ADC から△ACO を取り除いたものだから，△CDO の面積は△ABO の面積と等しい。

(2) △ACF を△AGF と△GCF に分けて考える。
△GCF と面積が等しい三角形はないので (△GFI は辺 IF が図にかかれていないので，考えない)，△AGF と面積が等しい三角形を考える。△AGF と△DGF は，AD//EF より，底辺 GF を共有し，高さが等しいので，面積が等しい。したがって，それぞれの三角形に△GCF を加えた△ACF と△CDG の面積も等しい。

15

点 A を通り，直線 BD に平行な直線をひくと，その直線上の点と B，D を結んだ三角形の面積は△ABD の面積と等しい。よって，点 A を通る直線 BD に平行な直線と直線 CD の交点をEとすると，

(四角形 ABCD) ＝△ABD＋△BCD
　　　　　　　　＝△EBD＋△BCD＝△EBC

16

(1) 底辺と高さがそれぞれ同じ長さであれば三角形の面積は等しい。

(2) 点 M を通り，AP に平行な直線をひき，AC との交点をQとすると，

△CPQ ＝△CMQ＋△PMQ
　　　 ＝△CMQ＋△AMQ＝△ACM
　　　 ＝$\frac{1}{2}$△ABC

17

(1) PQ＝AQより，△PQR＝△AQR
　　QR＝BRより，△AQR＝△ABR
　　△ABQ ＝△AQR＋△ABR
　　　　　 ＝2△AQR＝2△PQR
　　△PQR：△ABQ＝1：2

(2) △ABQ＝2△PQR，△BCR＝2△QRS
　　△CDS＝2△RSP，△DAP＝2△SPQ
　　よって，(四角形 ABCD)
　　＝△ABQ＋△BCR＋△CDS＋△DAP
　　　＋(四角形 PQRS)
　　＝2(△PQR＋△QRS＋△RSP＋△SPQ)
　　　＋(四角形 PQRS)
　　＝5(四角形 PQRS)
　　よって，四角形 PQRS：四角形 ABCD＝1：5

18

三角形の面積は「底辺×高さ÷2」だから，高さが等しい三角形の面積の比は，底辺の比となる。
△ABD と△ACD は BD，CD を底辺とみると高さが等しいので，
　△ABD：△ACD＝BD：CD＝4：3
よって，△ACD＝$\frac{3}{7}$△ABC＝$\frac{3}{7}$×14＝6　…①
△EAC と△EDC は AE，DE を底辺とみると高さが等しいので，
　△EAC：△EDC＝AE：DE＝2：1
よって，△EDC＝$\frac{1}{3}$△ACD　…②
①，②より，△EDC＝$\frac{1}{3}$△ACD＝$\frac{1}{3}$×6＝2 (cm²)

解答

1 $\angle BFE = \angle AFD = 180° - \angle ADF - \angle FAD$
$= 180° - 90° - \angle EAB = \angle BEF$
よって，△BEF は二等辺三角形であり，
BE＝BF である。

2 △ACE と△CBD において，
△ABC は正三角形より，AC＝CB …①
$\angle ACE = \angle CBD = 60°$ …②
$\angle EAC = \angle FAC = 60° - \angle ACF$
$= \angle FCE = \angle DCB$ …③
①，②，③より，1辺とその両端の角がそれぞ
れ等しいから，△ACE≡△CBD
よって，AE＝CD

3 △ABC≡△DEF より，$\angle C = \angle F$ …①
FE//BC より，$\angle CAE = \angle C$ …②
①，②より，$\angle CAE = \angle F$
よって，同位角が等しいから，AC//FD …③
同様に，△ABC≡△DEF より，$\angle B = \angle E$ …④
FE//BC より，$\angle FAB = \angle B$ …⑤
④，⑤より，$\angle FAB = \angle E$
よって，同位角が等しいから，AB//ED …⑥
③，⑥より，AH//GD，AG//HD
したがって，2組の対辺がそれぞれ平行なので，
四角形 AGDH は平行四辺形である。

4 △ABF と△EDF において，
平行四辺形の対辺は等しいから，AB＝DC
△EBD は△CBD を折り返したものだから，
△EBD≡△CBD　よって，DC＝DE
したがって，AB＝ED …①
平行四辺形の対角は等しいから，
$\angle A = \angle C$
△EBD≡△CBD より，$\angle E = \angle C$
したがって，$\angle A = \angle E$ …②
$\angle AFB = \angle EFD$ (対頂角) …③
②，③より，
$\angle ABF = 180° - \angle A - \angle AFB$
$= 180° - \angle E - \angle EFD = \angle EDF$ …④
①，②，④より，1辺とその両端の角がそれぞ
れ等しいから，△ABF≡△EDF

5 (1) $(105 - a)°$
(2) △APD と△DCA において，
AB＝AP (仮定) …①
平行四辺形の対辺は等しいから，
AB＝DC …②

①，②より，AP＝DC …③
また，①より，$\angle ABP = \angle APB$ …④
AD//BC より，$\angle PAD = \angle APB$ …⑤
平行四辺形の対角は等しいから，
$\angle ABP = \angle CDA$ …⑥
④，⑤，⑥より，
$\angle PAD = \angle APB = \angle ABP = \angle CDA$ …⑦
AD＝DA (共通) …⑧
③，⑦，⑧より，2辺とその間の角がそれぞれ
等しいから，△APD≡△DCA

6 (1) ア 4　イ 6
(2) PR//MO より，△ROM＝△POM
QS//MO より，△SOM＝△QOM
(四角形 ORMS)＝△ROM＋△SOM
＝△POM＋△QOM
$= \frac{1}{2} \times OM \times PM + \frac{1}{2} \times OM \times QM$
$= \frac{1}{2} \times OM \times (PM + QM)$
$= \frac{1}{2} \times 4 \times 4 = 8 (\text{cm}^2)$

[別解] (2班の考え方)
AP＝$x$cm とすると，PM＝$(4-x)$cm
QM＝$4 - (4-x) = x$(cm)
(四角形 ORMS)＝△ROM＋△SOM
$= \frac{1}{2} \times 4 \times (4-x) + \frac{1}{2} \times 4 \times x$
$= \frac{1}{2} \times 4 \times 4 = 8 (\text{cm}^2)$

7 $\left(1, \frac{1}{2}\right)$，$(-2, 2)$

解説

1
BE と BF を含む△BEF が二等辺三角形，つまり，
$\angle BFE = \angle BEF$ を示せばよい。
$\angle BFE = \angle AFD$ (対頂角)，$\angle FAD = \angle EAB$ ($\angle BAC$
の二等分線) であることを利用する。

2
AE＝CD を証明するには，△ACE≡△CBD である
ことを示す。△AFC において，外角と内角の関係より，
$\angle FAC = \angle AFD - \angle ACF = 60° - \angle ACF$
また，$\angle ACB = 60°$ より，
$\angle DCB = \angle ACB - \angle ACF = 60° - \angle ACF$
であることを利用する。

3
平行四辺形であることを示すには，対辺 AH と GD，
AG と HD がそれぞれ平行であることを示せばよい。

4

△EBDは△CBDを折り返したものだから，
△EBD ≡ △CBD であることに着目する。また，平行四辺形の対角や対辺が等しいことを利用する。

5

(1) AD//BCより，∠PAD = ∠APB …①
　　△ABPにおいて，内角の和は180°だから，
　　　∠APB = 180° − (∠ABP + ∠BAP)
　　　　　　= 180° − (75° + a°) = 105° − a° …②
　　よって，①，②より，∠PAD = (105 − a)°

(2) △APD ≡ △DCA であることを示すのに，
　　AD = DA (共通)，AP = DC，∠PAD = ∠CDA
　　であることがいえないか考える。

6

(1) ア　△OABは OA = OB の二等辺三角形だから，
　　　　頂角Oの二等分線は底辺を二等分し，OMとなる。よって，△MOAも直角二等辺三角形である。
　　　　　OM = AM = $\frac{1}{2}$ AB = $\frac{1}{2}$ × 8 = 4 (cm)
　　　イ　PM = AM − AP = 4 − 1 = 3 (cm)
　　　　△OMR = $\frac{1}{2}$ × OM × PM = $\frac{1}{2}$ × 4 × 3 = 6 (cm²)

(2) 四角形 ORMS を △ROM と △SOM に分けて考え，
　　PR//MO，QS//MOより，それぞれ△POM，
　　△QOMと等積変形できることを利用する。

7

まず，△ABD = 5となるy軸上の点Dを求める。
直線ABとy軸との交点を
E(0, 3)とすると，

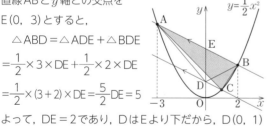

　　△ABD = △ADE + △BDE
= $\frac{1}{2}$ × 3 × DE + $\frac{1}{2}$ × 2 × DE
= $\frac{1}{2}$ × (3 + 2) × DE = $\frac{5}{2}$ DE = 5

よって，DE = 2であり，DはEより下だから，D(0, 1)
次に，点Dを通り，直線ABに平行な直線$y = -\frac{1}{2}x + 1$
をひくと，この直線上の点とA，Bを結ぶ三角形の面積は5となる。よって，点Cはこの直線と放物線の交点と考えられるので，両方の式からyを消去して，
$$\frac{1}{2}x^2 = -\frac{1}{2}x + 1$$
$$x^2 + x - 2 = 0$$
$$(x - 1)(x + 2) = 0$$
$$x = 1, \ -2 \ (どちらも適する)$$
点Cの座標は，$\left(1, \ \frac{1}{2}\right)$，$(-2, \ 2)$

[別解]

点C $\left(x, \ \frac{1}{2}x^2\right)$ を通るy軸と
平行な直線と直線 AB との交点をDとする。

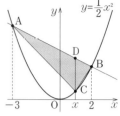

D $\left(x, \ -\frac{1}{2}x + 3\right)$ より，
　　CD = $-\frac{1}{2}x + 3 - \frac{1}{2}x^2$
　　△ABC = △ADC + △BDC
= $\frac{1}{2}$ × $\left(-\frac{1}{2}x + 3 - \frac{1}{2}x^2\right)$ × $(x + 3)$
　　+ $\frac{1}{2}$ × $\left(-\frac{1}{2}x + 3 - \frac{1}{2}x^2\right)$ × $(2 - x)$
= $\frac{1}{2}$ × $\left(-\frac{1}{2}x + 3 - \frac{1}{2}x^2\right)$ × $(x + 3 + 2 - x)$
= $\frac{5}{2}$ × $\left(-\frac{1}{2}x + 3 - \frac{1}{2}x^2\right)$
これが5に等しいので，
　　$\frac{5}{2}$ × $\left(-\frac{1}{2}x + 3 - \frac{1}{2}x^2\right)$ = 5
　　　　$-\frac{1}{2}x^2 - \frac{1}{2}x + 3 = 2$
両辺に-2をかけて
　　　　$x^2 + x - 6 = -4$
　　　　$x^2 + x - 2 = 0$
　　$(x - 1)(x + 2) = 0$
　　　　　　$x = 1, \ -2 \ (どちらも適する)$
点Cの座標は $\left(1, \ \frac{1}{2}\right)$，$(-2, \ 2)$

解答

1 四角形ABCD∽四角形PMNO，1：2

2 (1)（ア）辺EF （イ）辺CA （ウ）∠D
（エ）∠B （2）5：3

3 △ABC∽△MON：2組の角がそれぞれ等しい，
△DEF∽△QPR：2組の辺の比とその間の角
がそれぞれ等しい，
△GHI∽△KJL：3組の辺の比がすべて等しい

4 ① 2組の辺の比とその間の角がそれぞれ等し
い，② 3組の辺の比がすべて等しい，④ 2組の
角がそれぞれ等しい

5 △ADE と △CBE において，AD//BC より，
∠ADE＝∠CBE（錯角）…①，∠DAE＝
∠BCE（錯角）…②，①，②より，2組の角が
それぞれ等しいので，△ADE∽△CBE
[別解] ∠AED＝∠CEB（対頂角）…③を用い
て，①または②と合わせて証明してもよい。

6 (1) △ABCと△BDCにおいて，AC：BC＝3：
2…①，BC：DC＝3：2…②，∠ACB＝∠BCD
（共通）…③，①，②，③より，2組の辺の比
とその間の角がそれぞれ等しいので，
△ABC∽△BDC
(2) 15cm

7 (1) $x＝9$ (2) $x＝8$ (3) $x＝9$

8 (1) $x＝\dfrac{15}{4}$ (2) $x＝\dfrac{8}{3}$ (3) $x＝\dfrac{9}{2}，y＝\dfrac{3}{2}$

9 (1) $x＝\dfrac{15}{2}$ (2) $x＝24$ (3) $x＝\dfrac{36}{7}$

10 11cm **11** 4cm **12** 1cm

13 △ABC と △EFD において，点 D，E，F はそ
れぞれAB，BC，CAの中点なので，
AB//FE，BC//DF，CA//ED（中点連結定理）
2組の対辺がそれぞれ平行なので，
四角形 ADEF，BEFD，CFDE はそれぞれ平
行四辺形。平行四辺形の対角は等しいので，
∠ABC＝∠EFD，∠ACB＝∠EDF
2組の角がそれぞれ等しいので，
△ABC∽△EFD

14 (1) 2：1 (2) 3：5 (3) 2：5

15 5cm²

16 (1) 18cm² (2) 50cm²

17 1：4

18 (1) 27：10 (2) 15：37

19 70 π cm³

20 1：7

解説

1

目もりを数えてもとの図形との対応関係を考えればよい。
対応する辺であるBCとMNの長さの比は，
BC：MN＝3：6＝1：2

2

(1) 相似の場合も，合同と同様に辺や角を 2 つの図形
の頂点が対応する順番で表す。

(2) AC：DF＝3.5：2.1＝5：3

ミス注意

(1)（イ）の解答を「辺AC」としてはならない。辺
や角の場合は 2 つの図形の頂点が対応する順番で
表す。

3

・△ABC∽△MON ∠A＝∠M，∠B＝∠O

・△DEF∽△QPR DE：QP＝EF：PR＝1：2，
∠E＝∠P

・△GHI∽△KJL
GH：KJ＝HI：JL＝IG：LK＝5：3

4

∠C は辺 AB，CB の間の角ではないので，③は相似条
件を満たさない。

5

対応する辺や角を示すときは，頂点の順番を対応順に
すること。また，2組の角はどれを用いても構わない。

6

(1) 対応する辺の比を示し，同じであることを必ず確
認すること。

(2) △ABC∽△BDC より，AB：BD＝BC：DC な
ので，AB＝x (cm) とすると，x：10＝12：8
となるので$x＝15$。よって，AB＝15 (cm)

7

(1) DE//BCより，8：(8＋4)＝6：xなので
$8x＝72$　　$x＝9$

(2) DE//BCより，(12－x)：12＝3：9なので
$9(12－x)＝36$　　$x＝8$

(3) DE//BCより，8：12＝(15－x)：xなので
$8x＝12(15－x)$　　$x＝9$

8

(1) $\ell \,/\!/\, m \,/\!/\, n$ より，$x:5=3:4$ なので，

$$4x=15 \qquad x=\frac{15}{4}$$

(2) $\ell \,/\!/\, m \,/\!/\, n$ より，$4:(4+x)=(8-5):(10-5)$ なので，

$$(4+x)(8-5)=4(10-5)$$
$$3(4+x)=20$$
$$12+3x=20$$
$$3x=8$$
$$x=\frac{8}{3}$$

(3) $m \,/\!/\, n \,/\!/\, o$ より，$x:3=3:2$ なので $x=\frac{9}{2}$

$\ell \,/\!/\, m \,/\!/\, n$ より，$1:3=y:x$ なので

$$3\times y=1\times x$$
$$y=\frac{1}{3}x=\frac{1}{3}\times\frac{9}{2}=\frac{3}{2}$$

9

(1) CD//EF より，$BD:DF=3:(5-3)=3:2$

AB//CD より，$3:x=2:5$ なので，

$$x\times2=3\times5$$
$$2x=15$$
$$x=\frac{15}{2}$$

(2) AB//CD より，$FD:DB=6:(8-6)=3:1$

CD//EF より，$6:x=1:4$ なので $x=24$

(3) CD//EF より，$BD:DF=x:(12-x)$

AB//CD より，$BD:DF=(9-x):x$

よって，$x:(12-x)=(9-x):x$ なので，

$$(12-x)(9-x)=x\times x$$
$$108-12x-9x+x^2=x^2$$
$$21x=108$$
$$x=\frac{36}{7}$$

10

点 A，C を結び，線分 MN との交点を P とすると，△ABC で点 M，P はそれぞれ辺 AB，AC の中点であるので，中点連結定理より

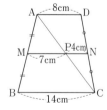

$$MP=\frac{1}{2}\times14=7 \text{ (cm)}$$

△CAD で点 N，P はそれぞれ辺 CD，CA の中点であるので，中点連結定理より $NP=\frac{1}{2}\times8=4$ (cm)

よって，$MN=MP+NP=7+4=11$ (cm)

11

△ABC で点 M，N はそれぞれ辺 AB，AC の中点であるので，中点連結定理より BC//MN…①かつ BC = 2MN…②となる。①より∠OBC = ∠ONM（錯角）…③，∠OCB = ∠OMN（錯角）…④　③，④より，2 組の角がそれぞれ等しいので△OBC ∽ △ONM となる。また，②よりその相似比は 2:1 となるので，BO：NO = 2：1，よって BO = 2NO = 4 (cm)

12

△ABC で点 M，P はそれぞれ辺 AB，AC の中点であるので，中点連結定理より $MP=\frac{1}{2}BC=\frac{9}{2}$ (cm) となる。また，△BAD で点 M，O はそれぞれ辺 BA，BD の中点であるので，中点連結定理より $MO=\frac{1}{2}AD=\frac{7}{2}$ (cm) となる。よって，$OP=MP-MO=1$ (cm)

13

中点連結定理と平行四辺形の性質を利用する。

14

(1) $AD:DB=2:1$ より，△FAD と△FBD の面積の比も，高さが共通なので 2：1 となる。

(2) $AE:EC=3:5$ より，△BAE と△BCE の面積の比も，高さが共通なので 3：5 となる。

(3) △EAD + △EBD = △BAE であるので，(1)，(2) より，△EAD，△EBD，△BCE の面積の比は 2：1：5 となる。よって，△EAD と△BCE の面積の比は 2：5 となる。

15

△ADF と△CEF において，AD//BC より，∠FAD = ∠FCE（錯角），∠FDA = ∠FEC（錯角）2 組の角がそれぞれ等しいので△ADF ∽ △CEF となる。ここで点 E は BC の中点なので，相似比は CE：AD = 1：2 となり面積の比は $1^2:2^2=1:4$ となる。一方，△DAC の面積は平行四辺形 ABCD の半分なので 30cm^2 となる。△DAC = △ADF + △CDF であり，AF：CF = 2：1 なので△ADF の面積は 20cm^2 となり，△CEF の面積は 5cm^2 となる。

16

(1) △OBC と△ODA において，AD//BC より，∠OBC = ∠ODA（錯角）…①，∠OCB = ∠OAD（錯角）…②　①，②より，2 組の角がそれぞれ等しいので△OBC ∽ △ODA となる。ここで相似比は BC：DA = 6：4 = 3：2 なので，面積の比は $3^2:2^2=9:4$ となる。△OBC の面積を x とすると，

$9 : 4 = x : 8$ なので $x = 18$ (cm^2)

(2) (1) より OC : OA $= 3 : 2$ であるので△ABCにおいて，△OBA と△OBC の面積の比は高さが共通なので $2 : 3$，同様に，△DAC において，△ODA と△ODC の面積の比は高さが共通なので $2 : 3$ となる。2つをあわせて 50cm^2 となる。

17

2つの球の半径の比が $1 : 2$ であるということは，相似比が $1 : 2$ であるということである。よって表面積の比は $S : S' = 1^2 : 2^2 = 1 : 4$ となる。

18

(1) 線分 BE は∠B の二等分線なので，BA : BC $= 12 : 15 = 4 : 5 = $ AE : CE，また，線分 CD は∠C の二等分線なので，CA : CB $= 10 : 15 = 2 : 3 = $ AD : BD となる。CA $= 10$cm より，

CE $= 10 \times \dfrac{5}{4+5} = \dfrac{50}{9}$ (cm) となり，

BF : EF $= $ BC : CE $= 15 : \dfrac{50}{9} = 27 : 10$

となる。△FBC と△FEC の面積比も高さが共通なので $27 : 10$ となる。

(2) (1) より，CE : AE $= 5 : 4$ なので，△EBC と△EBA の面積比も高さが共通なので $5 : 4$ となる。

よって，△FBC : △ABC $= 5 \times \dfrac{27}{27+10} : (5+4)$

$= 15 : 37$

19

上半分に分けた円すい（上の立体）と分ける前の円すいの高さの比は $1:2$ である。2つの円すいの高さの比が $1 : 2$ であるということは，相似比が $1 : 2$ であるということである。よって体積の比は $1^3 : 2^3 = 1 : 8$ となる。上の立体の体積は 10π cm^3 であるので，下の立体の体積は，$10\pi \times 8 - 10\pi = 70\pi$ (cm^3)

20

正四面体 B-FED と B-OCA の相似比が $1 : 2$ なので，体積の比は $V : V' = 1^3 : (2^3 - 1^3) = 1 : 7$ となる。

発展問題　　　　問題 ➡ **本冊 P.115**

解答

1 △ABH と△DGF において，仮定より DG $=$ DA なので△DGA は二等辺三角形となり，∠DGF $=$ ∠DAF（底角）…①，四角形 ADEC は平行四辺形なので，∠DAF $=$ ∠ABH（錯角）…②，①，②より∠ABH $=$ ∠DGF…③，また，仮定より∠CAH $=$ ∠BAD（∠FAD）…④，四角

形 ADEC は平行四辺形なので，∠ADF $=$ ∠ACH（対角）…⑤，三角形の外角はそれと隣り合わない内角の和と等しいので∠ACH $+$ ∠CAH $=$ ∠AHB，∠ADF $+$ ∠FAD $=$ ∠DFG …⑥，④，⑤，⑥より∠AHB $=$ ∠DFG…⑦，③，⑦より2組の角がそれぞれ等しいので△ABH ∽△DGF

2 $4 : 1$

3 (1) $3 : 8$　(2) $\dfrac{9}{88}$ 倍　(3) $\dfrac{34}{77}$ 倍

解 説

1

相似条件を導くために，錯角の関係，二等辺三角形の性質，内角と外角の関係を用いて角がそれぞれ等しいことを示さなくてはならない。与えられた仮定からどのように導くかを考えれば，方法は限られるはずである。

2

△ABC で点 E，F はそれぞれ辺 CB，CA の中点であるので，中点連結定理より AB $=$ 2FE となる。また，△DEF で点 G，I はそれぞれ辺 DE，DF の中点であるので，中点連結定理より FE $=$ 2IG となる。よって，AB : IG $= 4 : 1$

3

(1) ∠DBE $=$ ∠ACB $= 60°$ より錯角が等しいので BD∥AC で，△BDH ∽△CAH となる。よって，BH : HC $=$ BD : CA $= 3 : 8$

(2) △ABC : △BDE $= 8^2 : 3^2 = 64 : 9$，また，

BH $= 8 \times \dfrac{3}{3+8} = \dfrac{24}{11}$ (cm) なので，

HE $= 3 - \dfrac{24}{11} = \dfrac{9}{11}$ (cm) となる。

よって，BH : HE $= \dfrac{24}{11} : \dfrac{9}{11} = 8 : 3$ となり，

△ABC : △BDH $= 64 : 9 \times \dfrac{8}{8+3} = 88 : 9$ と

なるので，△BDH $= \dfrac{9}{88}$△ABC

(3) BG : GF $=$ BD : AF $= 3 : 4$ であるので，

△AGF $=$ △ABC $\times \dfrac{1}{2} \times \dfrac{4}{7} = \dfrac{2}{7}$△ABC

また，BH : HC $= 3 : 8$ より，

△AHC $= \dfrac{8}{11}$△ABC

（四角形 GHCF）$=$ △AHC $-$ △AGF

$\qquad\qquad = \dfrac{8}{11}$△ABC $- \dfrac{2}{7}$△ABC

$$=\frac{34}{77}\triangle ABC$$

6 円の性質

図形編

標準問題

問題 ➡ 本冊 P.117

解答

1 (1) 32° (2) 80° (3) 22° (4) 28°
    (5) 30° (6) 75°

2 (1) 75° (2) 102° (3) 79°

3 32° **4** イ, カ **5** 48° **6** 55°

7 $\angle x=49°$, $\angle y=61°$ **8** $\angle x=93°$, $\angle y=23°$

9 44° **10** 解説を参照 **11** 66° **12** 20°

13 $3a°$

14 (1) 126° (2) 解説を参照

解説

1

(1) 右図のように点A, Dの
間に補助線を引くと,
円周角の定理から,
$\angle ADB=\angle ACB\ (=\angle x)$　また線分BD
は円Oの直径である
から, $\angle BAD=90°$
$\triangle ABD$の内角の和は180°なので,
$\angle x=180°-90°-58°=32°$

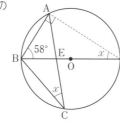

(2) $\angle ADC$は点Bを含む$\overparen{AC}$の円周角である。その中
心角は180°より大きい側の$\angle AOC$
$\angle AOC=2\times130°=260°$
これより, $\angle x=\angle COB=\angle AOC-180°=80°$

(3) 円周角の定理より, $\angle BAC=\angle BDC=\angle x$
$\triangle EAC$の外角の関係から, $\angle ACD=\angle x+46°$
AC, BDの交点をFとすると, $\triangle CFD$の内角の
和は180°なので,
$\angle ACD+\angle x+90°=2\angle x+136°=180°$
これを解いて, $\angle x=22°$

(4) $\angle COB$は$\overparen{CB}$の中心角だから, 円周角の定理より
$\angle COB=53°\times2=106°$
$\angle CEO=78°$であるから, $\triangle COE$の外角の関係
から, $\angle x+78°=106°$
よって, $\angle x=28°$

(5) 円周角の定理から, $\angle BAC=\angle BDC=50°$

△ABFおよび△DFCの外角の関係から,
$\angle ABF=\angle FCD=70°-50°=20°$
△BDEの外角の関係から,
$\angle x+\angle EBD=\angle BDC$
$\angle x+\angle ABF=\angle BDC$
$\angle x+20°=50°$
$\angle x=30°$

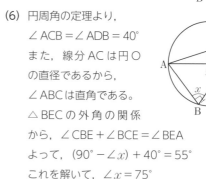

(6) 円周角の定理より,
$\angle ACB=\angle ADB=40°$
また, 線分ACは円O
の直径であるから,
$\angle ABC$は直角である。
$\triangle BEC$の外角の関係
から, $\angle CBE+\angle BCE=\angle BEA$
よって, $(90°-\angle x)+40°=55°$
これを解いて, $\angle x=75°$

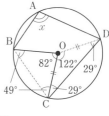

2

(1) 円周角の定理より,
$\angle ADB=\angle ACB=45°$
$\angle BAC=\angle BDC=x$
$\angle CAD=\angle CBD=30°$
$\angle ACD=\angle ABD=30°$
四角形ABCDの内角の和は360°だから,
$(30°+30°)+(\angle x+30°)+(45°+\angle x)$
$+(45°+30°)=360°$
$2\angle x=150°$
$\angle x=75°$

(2) 線分CO, ODはとも
に円Oの半径である
から, $\triangle COD$はCO
$=OD$を等辺とする二
等辺三角形である。
したがって,
$\angle ODC=\angle OCD=29°$
また, $\triangle COD$の内角の和の関係から,
$\angle COD=180°-(29°+29°)=122°$
これから, 点Cを含む$\overparen{BCD}$の中心角である
$\angle BOD$は, $\angle BOD=82°+122°=204°$ ……①
ところで, $\angle BOD$は円周角BADの中心角でもあ
るから,
$\angle BOD=2\angle x$ ……②
①, ②より

| 69

$$2\angle x = 204°$$
$$\angle x = 102°$$

(3) 点Dを含む$\overset{\frown}{ADC}$の円周角$\angle ABC = \angle x$より，その中心角$\angle AOC = 2\angle x$

また，四角形ABCDは円Oに内接するので，
$$\angle ADC + \angle x = 180°$$
$$\angle ADC = 180° - \angle x$$

ここで，四角形AOCDの内角の和は360°になるから，
$$(180° - \angle x) + 2\angle x + 43° + 58° = 360°$$
これを解いて，$\angle x = 79°$

3

右の図のように，点C，Oを結ぶ補助線を引くと，線分CDは円Oの接線であるから，$\angle OCD = 90°$

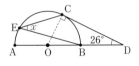

また，円周角と中心角の関係から，$\angle BEC = x$とおくと，$\angle BOC = 2\angle x$

これより，△OCDの内角の和の関係から，
$$2\angle x + 90° + 26° = 180°$$
これを解いて，$x = 32°$

4

線分PO，AO，BOは円Oの半径であるから，すべて長さが等しく，△APO，△BPOは二等辺三角形である。

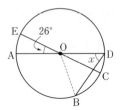

ここで，$\angle OAP = x$，$\angle OBP = y$とおき，**二等辺三角形の底角は等しい（イ）**ことから，
$$\angle PAO = \angle APO = x$$
$$\angle PBO = \angle BPO = y$$

さらに，**三角形の外角は，それととなり合わない二つの内角の和に等しい（カ）**から，
$$\angle AOQ = x + x = 2x, \quad \angle BOQ = y + y = 2y$$

これより，$\angle AOB = 2(x+y)$となり，円周角と中心角の関係が証明された。

5

△ACDは二等辺三角形より，
$$\angle ACD = \angle ADC = (180° - 32°) \div 2 = 74°$$
さらに円周角の定理から，
$$\angle ABD = \angle ACD = 74°$$
また，線分BDは円Oの直径なので，$\angle BAD = 90°$

これより，△AEBの内角の

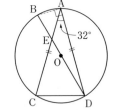

和が180°だから，
$$\angle AEB = 180° - 74° - (90° - 32°) = 48°$$

6

弧の長さと中心角は比例するので，
$$\angle AOB : \angle BOC = 5 : 2$$
さらに，$\angle AOC = 180° - 26° = 154°$だから，
$$\angle AOB = 154° \times \frac{5}{7} = 110°$$

ここで，円周角と中心角の関係から，$\angle AOB = 2\angle x$だから，$\angle x = 110° \div 2 = 55°$

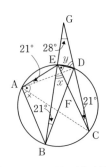

ミス注意！

$\angle AOB = 154° \times \dfrac{2}{5}$ ではなく，

$\angle AOB = 154° \times \dfrac{5}{5+2}$であることに注意。

7

右図のように点A～Gまで定める。まず円周角の定理より，
$$\angle BDC = \angle BEC = \angle x$$
$$\angle ECD = \angle EBD = 21°$$
△GECの外角の関係から，
$$\angle x = \angle EGC + \angle ECD$$
$$= 28° + 21°$$
$$= 49°$$

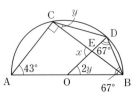

さらに右図のように点AとC，点AとDを結ぶ補助線をそれぞれ引いて，円周角の定理を用いると，
$$\angle BAC = \angle BEC = \angle x = 49°$$
$$\angle EAD = \angle EBD = 21°$$
$$\angle BAE = 110° だから，$$
$$\angle CAD = 110° - 49° - 21° = 40°$$
円周角の定理より，$\angle CED = \angle CAD = 40°$
△GDEの外角の関係から，
$$\angle DEB = \angle EGD + \angle GDE$$
$$49° + 40° = 28° + \angle y$$
これを解いて，$\angle y = 61°$

8

円周角と中心角の関係から，
$$\angle DOB = 2\angle y$$
また，△ODBはOD = OBの二等辺三角形なので，
$$\angle ODB = \angle DBA = 67°$$
これより△ODBの内角の関係から

$2\angle y = 180° - (67° + 67°)$

これを解いて，$\angle y = 23°$

次に線分 AB は円 O の直径より，$\angle ACB = 90°$

四角形 AOEC の内角の和は 360° になるので

$43° + (180° - 2 \times 23°) + \angle x + 90° = 360°$

これを解いて，$\angle x = 93°$

9

円周角と中心角の関係から，

$\angle ABD = \angle AOD \div 2 = 23°$

また，AD//BC より，**平行線**

の錯角は等しいので，

$\angle CBD = \angle x$ とおくと，

$\angle ADB = \angle CBD = \angle x$

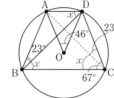

円周角の定理より，

$\angle ACB = \angle ADB = \angle x$ …①

$\angle ACD = \angle ABD = 23°$ …②

また，$\angle BCD = \angle ACB + \angle ACD = 67°$ …③

①，②，③より，

$\angle x + 23° = 67°$

$\angle x = 44°$

ミス注意

平行線の錯角は等しい。円周角だけでなく，平行線の性質や二等辺三角形の角，図形の内角の和などにも注意をはらおう。

10

△RBP と △RCD において，

四角形 ABCD は正方形だから，CD = BC

仮定より，BC = BP だから，

BP = CD …①

円周角の定理より

$\angle RBP = \angle RCD$ …②

ここで，線分 BD は $\angle ABC$ の二等分線であるから，

$\angle CBD = 45°$

円周角の定理より，$\angle CRD = \angle CBD = 45°$ …③

さらに線分 BD は円 O の直径でもあるから，

$\angle BRD = 90°$

よって，$\angle PRB = 90° - \angle CRD = 45°$ …④

③，④より，$\angle PRB = \angle CRD$ ……⑤

三角形の内角の和が 180° であるから，②，⑤より，

$\angle BPR = \angle CDR$ …⑥

①，②，⑥より，**1 辺とその両端の角がそれぞれ等しいから，**

△RBP ≡ △RCD

11

O と D を結ぶ。すると，DE は円 O の接線だから，

$\angle ODE = 90°$

△ODE の外角の関係より，

$\angle AOD = \angle OED + \angle ODE$

$= 42° + 90°$

$= 132°$

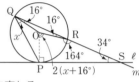

また，$\angle AOD$ は $\angle ABD$ の中心角だから，

$\angle AOD = 2\angle ABD = 2\angle x$

よって，$2\angle x = 132°$

$\angle x = 66°$

12

右の図のように，点 O，点 P を結ぶ補助線を引くと，直線 ℓ は円 O の接線なので，線分 OP と垂直に交わる。

また，直線 m 上の点 R について，

$\angle ORQ = 180° - 164° = 16°$

さらに，OR = OQ から△OQR は二等辺三角形だから，

$\angle OQR = \angle ORQ = 16°$

よって，円周角と中心角の関係から，

$\angle ROP = 2(\angle x + 16°)$

四角形 OPSR の内角の和は 360° だから，

$2(\angle x + 16°) + 90° + 34° + 164° = 360°$

これを解いて，$\angle x = 20°$

13

直線 ℓ は点 B における円 O の接線であるから，線分 AB と ℓ は垂直に交わる。また，線分 CD は ℓ の垂線であることから，CD//AB である。

ここで，円周角の定理より，

$\angle ADC = \angle ABC = a°$

また，CD//AB より，平行線の錯角は等しいから，

$\angle BAD = \angle CDA = a°$

また，円周角と中心角の関係から，

$\angle AOC = 2\angle ABC = 2a°$

ところで $\angle AHC$ は△AOH の外角より，

$\angle AHC = \angle BAD + \angle AOC = 3a°$

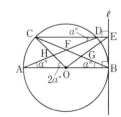

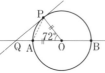

ミス注意！

円の接線と接点を通る半径は垂直に交わることに気づけば，平行線の錯角が見いだせる。

14

(1) おうぎ形の弧の長さと中心角の大きさは比例するので，

$$\angle POA = 180° \times \frac{2}{5} = 72°$$

△POAはPO＝AOの二等辺三角形なので，

$$\angle PAO = (180° - 72°) \div 2 = 54°$$

これより∠QAP＝180°－54°＝126°

(2) ∠OPQ＝90°より，

$$\angle QOP = 180° - 30° - 90° = 60° \quad \cdots①$$

また，直線PRと直線BRは点Oからの距離が等しい直線であるので，線分ROは∠BRPの二等分線上にある。ここで，

$$\angle BRQ = 180° - \angle RQB - \angle QBR$$
$$= 180° - 30° - 90° = 60°$$

ゆえに∠ORP＝60°÷2
$$= 30°$$

△OPRの内角の関係から，

$$\angle POR = 180° - 90° - 30° = 60°$$

ところで，円Oの半径だからPO＝SO

これから△POSは正三角形であり，

$$\angle OPS = 60° \cdots②$$

①，②より2つの直線の錯角が等しいので，PS∥QBである。

発展問題

問題 ➡ **本冊 P.121**

解答

1 (1) 解説を参照　(2) $\frac{5}{3}\pi$ cm

2 解説を参照　**3** (1) 30°　(2) 9cm

4 (1) △ABCと△BEDにおいて，

∠ACB＝∠BDE（弧ABに対する円周角）…①

∠BAC＝∠CDB（弧BCに対する円周角）…②

BE∥CDより∠EBD＝∠CDB（錯角）…③

②，③より∠BAC＝∠EBD…④

①，④より2組の角がそれぞれ等しいので

△ABC∽△BED

(2) (ア) 4cm　(イ) $\frac{5}{2}$ 倍

解説

1

(1) AE∥DCであるから，平行線の錯角は等しいから，

∠EAC＝∠ACD

さらに円周角の定理より，∠ACD＝∠ABD

これより，∠EAC＝∠ABD　…①

また，円周角の定理から

∠ECA＝∠ADB　…②

仮定より，∠ABD＝∠ADBであるから，①，②より，∠EAC＝∠ECA

二角が等しいので，△ECAは二等辺三角形

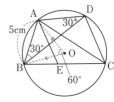

(2) ∠ADB＝30°より，$\overset{\frown}{AB}$ の中心角は60°になる。すると，AO＝BOより△ABOは正三角形であることが分かる。したがって，AB＝5cmより円Oの半径は5cmである。$\overset{\frown}{AB}$ の長さはその中心角に比例するので，

$$\overset{\frown}{AB} = 2 \times \pi \times 5 \times \frac{60}{360} = \frac{5}{3}\pi \text{ (cm)}$$

2

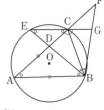

△CBEと△CBFにおいて，

仮定より，

∠CBE＝∠CBF　…①

円周角の定理と仮定より，

∠CEB＝∠CAB＝∠EBA

よって，EG∥ABであり，錯角が等しいから，

∠ABC＝∠GCB

さらに，AB＝ACより，∠ABC＝∠ACBだから，

∠ACB＝∠GCB　…②

対頂角は等しいので，∠ECD＝∠FCG　…③

②，③より，

∠ECD＋∠ACB＝∠FCG＋∠GCB

すなわち，∠ECB＝∠FCB　…④

共通な辺だから，CB＝CB　…⑤

①，④，⑤より，1辺とその両端の角がそれぞれ等しいので，△CBE≡△CBF

3

(1) 小さい半円の中心をOとして，点O，Pを結ぶ補助線を引くと，線分

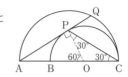

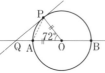

AQは小さい半円の接線より∠APO = 90°

仮定より∠APC = 120°だから，∠OPC = 30°

また，OP = OCより，△POCは二等辺三角形な

ので，∠OCP =∠OPC = 30°

∠POAは△POCの外角より，∠POA = 60°

これより∠PAC = 180° − 90° − 60° = 30°

(2) (1)より△APOは鋭角が30°と60°の直角三角形

だから，AO = 2 × PO = 12 (cm)

よって，大きい円の直径は12 + 6 = 18 (cm)

これより大きい円の半径は18 ÷ 2 = 9 (cm)

ミス注意

鋭角が30°，60°の直角三角形は，正三角形を頂
角の二等分線で2つの三角形に分けたもの。頂角
の二等分線は底辺を垂直に二等分するから，ここ
ではAO = 2POが成り立つ。

4

(1) 円周角の定理を使う。その際にどの弧に対応する
かは必ず明記すること。

(2) (ア) △ABC ∽△BED より，AB : BC = BE : ED
となるので，1 : 2 = 3 : (2 + AD) より
AD = 4 (cm)

(イ) BE//CDより，
△BED : △BCD = BE : CD = 3 : 5，
△BED : △ABD = DE : AD = 6 : 4 = 3 : 2な
ので，
$$\triangle BCD = \frac{5}{3}\triangle BED$$
$$= \frac{5}{3} \times \frac{3}{2}\triangle ABD = \frac{5}{2}\triangle ABD$$

7 図形編 | **三平方の定理**

標準問題　　　問題 ➡ **本冊 P.123**

解答

1 (1) $3\sqrt{5}$　(2) 13　(3) 7　(4) $2\sqrt{22}$

2 (1) 鋭角三角形　(2) 鈍角三角形
(3) 直角三角形

3 $\sqrt{13}$cm

4 $5\sqrt{10}$cm

5 2

6 (1) $7\sqrt{2}$ cm　(2) $4\sqrt{5}$ cm　(3) $12\sqrt{2}$ cm

7 BC = $10\sqrt{6}$ cm，CD = $5\sqrt{6}$ cm

8 $9\sqrt{3}\ \pi$ cm³

9 $\dfrac{49}{2}$cm²

10 (1) $16\sqrt{3}$ cm²　(2) $\dfrac{\sqrt{3}}{36}a^2$cm²

11 (1) $2\sqrt{34}$cm　(2) $2\sqrt{5}$ cm

12 $\sqrt{13}$cm

13 (1) AB = $2\sqrt{10}$cm，BC = $4\sqrt{5}$ cm，
CA = $2\sqrt{10}$cm
(2) ∠A = 90°，∠B = 45°，∠C = 45°

14

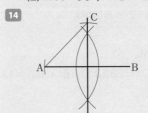

15 5cm

16 $(9\pi - 12\sqrt{3})$ cm²

17 (1) $2\sqrt{29}$cm　(2) $7\sqrt{3}$ cm

18 $8\sqrt{3}$ cm²

19 $0.64\ \pi$ m²

20 (1) $90\ \pi$ cm³　(2) 24 cm³

21 (1) 体積…$\dfrac{8\sqrt{3}}{3}\pi$ cm³，表面積…$12\ \pi$ cm²
(2) $4\sqrt{2}$ cm

22 $4\sqrt{7}$ cm

解説

1

(1) $9^2 = 6^2 + x^2$　　$x^2 = 81 − 36 = 45$
$x > 0$より，$x = 3\sqrt{5}$

(2) $x^2 = 5^2 + 12^2 = 169$
$x > 0$より，$x = 13$

(3) △ABCで，$10^2 = 8^2 + BC^2$
$BC^2 = 100 − 64 = 36$
$BC > 0$より，BC = 6
よって，$x = 13 − 6 = 7$

(4) △ACDで，$8^2 = AC^2 + 5^2$
$AC^2 = 64 − 25 = 39$
△ABCで，$x^2 = 7^2 + AC^2 = 49 + 39 = 88$
$x > 0$より，$x = 2\sqrt{22}$

2

(1) $7^2 + 4^2 = 65$，$8^2 = 64$ より，$7^2 + 4^2 > 8^2$
　　　よって，鋭角三角形。

(2) $7^2 + (\sqrt{30})^2 = 79$，$9^2 = 81$ より，
　　　$7^2 + (\sqrt{30})^2 < 9^2$
　　　よって，鈍角三角形。

(3) $8^2 + 15^2 = 289$，$17^2 = 289$ より，$8^2 + 15^2 = 17^2$
　　　よって，直角三角形。

3

右の図の直角三角形ABC
において，
$AB^2 = AC^2 + BC^2$
$= 2^2 + 3^2 = 13$
$AB > 0$ より，
$AB = \sqrt{13}$ (cm)

4

右の図の直角三角形ABH
において，
$BH = 20 - 15 = 5$ (cm)
よって，
$AB^2 = AH^2 + BH^2$
$= 15^2 + 5^2 = 250$
$AB > 0$ より，$AB = 5\sqrt{10}$ (cm)

5

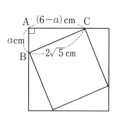

直角三角形ABCにおいて，
$a^2 + (6-a)^2 = (2\sqrt{5})^2$
$a^2 + 36 - 12a + a^2 = 20$
$2a^2 - 12a + 16 = 0$　　$a^2 - 6a + 8 = 0$
$(a-2)(a-4) = 0$
$0 < a < 3$ より，$a = 2$

6

(1) $BD^2 = 7^2 + 7^2 = 98$
　　　$BD > 0$ より，$BD = 7\sqrt{2}$ (cm)

(2) $AC^2 = 4^2 + 8^2 = 80$
　　　$AC > 0$ より，$AC = 4\sqrt{5}$ (cm)

(3)

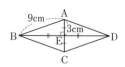

上の図の△ABEで，
$9^2 = BE^2 + 3^2$　　$BE^2 = 81 - 9 = 72$
$BE > 0$ より，$BE = 6\sqrt{2}$
よって，$BD = 2BE = 2 \times 6\sqrt{2} = 12\sqrt{2}$ (cm)

7

$AB : BD = 1 : \sqrt{2}$ より，$BD = \sqrt{2}\,AB = 15\sqrt{2}$ (cm)
$BD : CD = \sqrt{3} : 1$ より，
$CD = \dfrac{1}{\sqrt{3}}BD = \dfrac{1}{\sqrt{3}} \times 15\sqrt{2} = 5\sqrt{6}$ (cm)
$BC : CD = 2 : 1$ より，$BC = 2CD = 10\sqrt{6}$ (cm)

8

$AB : BC = 1 : \sqrt{3}$ より，$BC = \sqrt{3}\,AB = 3\sqrt{3}$ (cm)
できる立体は，底面の円の半径 3cm，高さ $3\sqrt{3}$ cm
の円すいだから，求める体積は，
$\dfrac{1}{3} \times (\pi \times 3^2) \times 3\sqrt{3} = 9\sqrt{3}\,\pi$ (cm³)

9

右の図で，
$AD : BD = 1 : \sqrt{3}$ より，
$AD = \dfrac{1}{\sqrt{3}}BD = 7$ (cm)
△ACDは直角二等辺三角
形だから，斜線部の面積は，
$\dfrac{1}{2} \times AD \times CD = \dfrac{1}{2} \times 7 \times 7 = \dfrac{49}{2}$ (cm²)

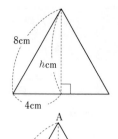

10

(1) 右の図で，
　　　$8^2 = h^2 + 4^2$
　　　$h^2 = 64 - 16 = 48$
　　　$h > 0$ より，$h = 4\sqrt{3}$
　　　面積は，$\dfrac{1}{2} \times 8 \times 4\sqrt{3}$
　　　$= 16\sqrt{3}$ (cm²)

(2) 右の図の△ABMは，
　　　$30°$，$60°$，$90°$ の
　　　直角三角形だから，
　　　$\dfrac{a}{3} : AM = 2 : \sqrt{3}$
　　　$AM = \dfrac{a}{3} \times \dfrac{\sqrt{3}}{2} = \dfrac{\sqrt{3}}{6}a$ (cm)
　　　面積は，$\dfrac{1}{2} \times \dfrac{a}{3} \times \dfrac{\sqrt{3}}{6}a = \dfrac{\sqrt{3}}{36}a^2$ (cm²)

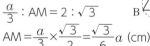
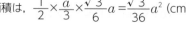

11

(1) APは接線だから，OP⊥AP

 △OAPで，

 $OA^2 = 10^2 + 6^2 = 136$

 $OA > 0$より，

 $OA = 2\sqrt{34}$ (cm)

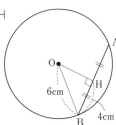

(2) 点Oから弦ABに垂線OH

 を引く。△OBHで，

 $6^2 = OH^2 + 4^2$

 $OH^2 = 36 - 16 = 20$

 $OH > 0$より，

 $OH = 2\sqrt{5}$ (cm)

12

右の図より，

$AC = 2 - (-1) = 3$

$BC = 4 - 2 = 2$

△ABCで，

$AB^2 = 3^2 + 2^2 = 13$

$AB > 0$だから，

$AB = \sqrt{13}$ (cm)

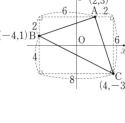

13

(1) $AB^2 = 6^2 + 2^2 = 40$

 $AB > 0$より，

 $AB = 2\sqrt{10}$ (cm)

 $BC^2 = 8^2 + 4^2 = 80$

 $BC > 0$より，

 $BC = 4\sqrt{5}$ (cm)

 $CA^2 = 2^2 + 6^2 = 40$

 $CA > 0$より，$CA = 2\sqrt{10}$ (cm)

(2) $BC^2 = AB^2 + CA^2$だから，∠A = 90°

 また，AB = CAだから，∠B = ∠C = 45°

14

直角をはさむ2辺が1cmの直角二等辺三角形を作図す

ればよい。

①線分ABの垂直二等分線

 をひき，ABとの交点を

 Mとする。

②AM = CMとなるように，

 垂直二等分線上に点Cをとる。

15

△EBGで三平方の定理

を用いる。

BG = $x$cmとおくと，

$EG^2 = BG^2 + EB^2$

$(20 - x)^2 = x^2 + (10\sqrt{2})^2$

$400 - 40x + x^2 = x^2 + 200$

$200 = 40x$ $x = 5$

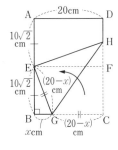

ミス注意

長方形の図形の折り返しでは，折り返した線を対
称の軸として合同な2つの直角三角形が現れるこ
とを忘れないように。したがって，もとの部分と，
辺の長さや角の大きさが等しい。

16

△DOBは正三角形だから，

∠OBC = 30°

よって，OC : OB = $1 : \sqrt{3}$

だから，

$OC = \dfrac{1}{\sqrt{3}}OB = \dfrac{1}{\sqrt{3}} \times 6$

$= 2\sqrt{3}$ (cm)

求める面積は，

(おうぎ形OAB) $- △OBC \times 2$

$= \pi \times 6^2 \times \dfrac{1}{4} - \left(\dfrac{1}{2} \times 6 \times 2\sqrt{3} \right) \times 2$

$= 9\pi - 12\sqrt{3}$ (cm²)

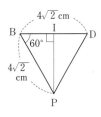

17

(1) $\sqrt{6^2 + 4^2 + 8^2} = \sqrt{116} = 2\sqrt{29}$ (cm)

(2) $\sqrt{7^2 + 7^2 + 7^2} = \sqrt{7^2 \times 3} = 7\sqrt{3}$ (cm)

18

BP = DP，∠BPD = 60°だから，切り口の△BPD
は正三角形である。

AB : BD = $1 : \sqrt{2}$ だから，

BD = $4\sqrt{2}$ cm

右の図の△PIBで，

PB : PI = $2 : \sqrt{3}$ より，

$PI = 4\sqrt{2} \times \dfrac{\sqrt{3}}{2} = 2\sqrt{6}$ (cm)

よって，

$△BPD = \dfrac{1}{2} \times 4\sqrt{2} \times 2\sqrt{6} = 8\sqrt{3}$ (cm²)

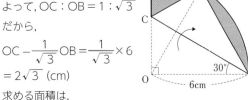

面積を求める円の半径を r m とする。

右の図において，三平方の定理より，

$1^2 = r^2 + 0.6^2$

$r^2 = 1 - 0.36 = 0.64$

よって，求める円の面積は，

$\pi r^2 = 0.64\pi$ （m²）

20

(1) △ABO で，∠AOB = 90° だから，

$AO = \sqrt{9^2 - (3\sqrt{5})^2} = \sqrt{36} = 6$ （cm）

よって，体積は，

$\dfrac{1}{3} \times \pi \times (3\sqrt{5})^2 \times 6 = 90\pi$ （cm³）

(2) $AH = \sqrt{5^2 - 4^2} = \sqrt{9} = 3$ （cm）

△ABH は直角二等辺三角形だから，

$AB = \sqrt{2}\,AH = 3\sqrt{2}$ （cm）

よって，体積は，$\dfrac{1}{3} \times (3\sqrt{2})^2 \times 4 = 24$ （cm³）

21

(1) 高さは，$\sqrt{4^2 - 2^2}$

$= \sqrt{12} = 2\sqrt{3}$ （cm）

よって，体積は，

$\dfrac{1}{3} \times \pi \times 2^2 \times 2\sqrt{3}$

$= \dfrac{8\sqrt{3}}{3}\pi$ （cm³）

また，側面のおうぎ形の中心角を $x°$ とすると，

$2\pi \times 4 \times \dfrac{x}{360} = 2\pi \times 2$ 　$x = 180°$

よって，表面積は，

$\pi \times 2^2 + \pi \times 4^2 \times \dfrac{180}{360} = 4\pi + 8\pi = 12\pi$ （cm²）

(2) 求める長さは，右の

展開図の線分 AB

の長さである。

よって，$4\sqrt{2}$ cm

22

展開図において，M から，DA の延長上に垂線 MH を

ひく。求める長さは，下の図の線分 DM の長さである。

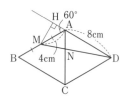

△AMH で，AM：MH = 2：$\sqrt{3}$ より，

$MH = \dfrac{\sqrt{3}}{2}AM = \dfrac{\sqrt{3}}{2} \times 4 = 2\sqrt{3}$ （cm）

AM：AH = 2：1 より，

$AH = \dfrac{1}{2}AM = 2$ （cm）

よって，△DMH で，$DM^2 = MH^2 + DH^2$

$= (2\sqrt{3})^2 + (8+2)^2 = 12 + 100 = 112$

DM > 0 より，$DM = 4\sqrt{7}$ （cm）

ミス注意

最短距離を表す線は，展開図上では折れ曲がらないことに注意。2点間を結ぶ線分となる。

発展問題　　　　　　問題 ⇒ **本冊 P.127**

解答

1 (1) △AOB で，

$AO^2 = 4^2 + 8^2 = 16 + 64 = 80$

$BO^2 = 4^2 + 2^2 = 16 + 4 = 20$

$AB^2 = 8^2 + 6^2 = 64 + 36 = 100$

よって，$AO^2 + BO^2 = AB^2$ が成り立つ。

三平方の定理の逆より，△AOB は

∠AOB = 90° の直角三角形である。

(2) $BE = \dfrac{18}{5}$

2 (1) 6 　(2) 30cm²

3 $\dfrac{31}{11}$ cm

4 $\sqrt{58}$ cm

5 144cm³

6 (1) 6cm 　(2) $\dfrac{24}{5}$ cm 　(3) $\dfrac{144}{25}$ cm²

　　(4) $\dfrac{96}{5}$ cm³ 　(5) $\sqrt{3}$ 倍

7 $\dfrac{16\sqrt{2}}{3}$ cm

解説

1

(1) 3辺のそれぞれの2乗を計算し，一番長い辺がAB

　　であることから，$AO^2 + BO^2$ の値と AB^2 の値が

　　一致することを示す。三平方の定理の逆を利用す

　　る。

(2) 平行四辺形 ABCD の面積は，

　　$6 \times 6 = 36$

　　右の図の△AHBで，

　　$AB = \sqrt{6^2 + 8^2}$

　　$= \sqrt{100} = 10$

　　よって，

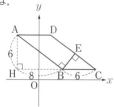

平行四辺形ABCDの面積について，

$10 × BE = 36$　　$BE = \dfrac{36}{10} = \dfrac{18}{5}$

2

(1) 問題の（Ⅰ）より，図にある直角三角形はすべて合同であることから，

EP + PQ + QE = BP + PQ + QA = BA = 6 (cm)

（右の図のように，図形の対称性から△EPQ≡△ARQがいえる。同様にして，△EPQと7個の三角形が合同であることがわかる。）

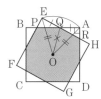

(2)

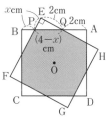

EP = $x$cmとおくと，PQ = 6 − x − 2 = 4 − x (cm)

直角三角形EPQで，

$(4-x)^2 = x^2 + 2^2$　　$16 - 8x + x^2 = x^2 + 4$

$-8x = -12$　　$x = \dfrac{3}{2}$

よって，（八角形の面積）

= （正方形EFGH）−△EPQ×4

$= 6 × 6 - \dfrac{1}{2} × \dfrac{3}{2} × 2 × 4 = 36 - 6 = 30$ (cm²)

3

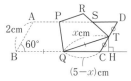

Tから，BCの延長上に垂線THをひき，QT = $x$cmとおく。

△TCHは，∠TCH = 60°の直角三角形だから，

TC : CH = 2 : 1　　$CH = \dfrac{1}{2} TC = \dfrac{1}{2}$ (cm)

CH : TH = 1 : $\sqrt{3}$　　$TH = \sqrt{3} CH = \dfrac{\sqrt{3}}{2}$ (cm)

直角三角形TQHで，$QT^2 = QH^2 + TH^2$ より，

$x^2 = \left(5 - x + \dfrac{1}{2}\right)^2 + \left(\dfrac{\sqrt{3}}{2}\right)^2$

$x^2 = \left(\dfrac{11}{2} - x\right)^2 + \left(\dfrac{\sqrt{3}}{2}\right)^2$

$x^2 = \dfrac{121}{4} - 11x + x^2 + \dfrac{3}{4}$　　$11x = 31$　　$x = \dfrac{31}{11}$

4

頂点Aから辺BCに垂線AHをひき，MH = $x$cmとおく。

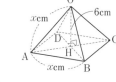

△ACHで，

$AH^2 = AC^2 - CH^2$

$= 10^2 - (8 - x)^2 = 36 + 16x - x^2$

△ABHで，$AH^2 = AB^2 - BH^2 = 12^2 - (8 + x)^2$

$= 80 - 16x - x^2$

よって，$36 + 16x - x^2 = 80 - 16x - x^2$

$32x = 44$　　$x = \dfrac{11}{8}$

また，$AH^2 = 10^2 - \left(8 - \dfrac{11}{8}\right)^2 = 100 - \dfrac{2809}{64}$

$= \dfrac{3591}{64}$

△AMHで，$AM^2 = AH^2 + MH^2$

$= \dfrac{3591}{64} + \left(\dfrac{11}{8}\right)^2 = \dfrac{3712}{64} = 58$

AM > 0より，$AM = \sqrt{58}$ (cm)

5

底面の正方形の対角線の交点をHとする。

AB = OA = $x$cmとおくと，AH : AB = 1 : $\sqrt{2}$ より，

$AH = \dfrac{1}{\sqrt{2}} AB = \dfrac{x}{\sqrt{2}}$ (cm)

よって，△OAHで，$OA^2 = AH^2 + OH^2$

$x^2 = \left(\dfrac{x}{\sqrt{2}}\right)^2 + 6^2$　　$x^2 = \dfrac{x^2}{2} + 36$

$x^2 = 72$

$x > 0$より，$x = 6\sqrt{2}$

したがって，体積は，$\dfrac{1}{3} × (6\sqrt{2})^2 × 6 = 144$ (cm³)

6

(1) $BC = \sqrt{10^2 - 8^2} = \sqrt{36} = 6$ (cm)

(2) △ABC∽△CBHだから，

AB : CB = AC : CH　　10 : 6 = 8 : CH

$CH = \dfrac{6 × 8}{10} = \dfrac{24}{5}$ (cm)

(3)

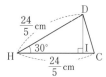

$DH = CH = \dfrac{24}{5}$cmだから，

上の図の△DHIで，DH : DI = 2 : 1より，

$$DI = \frac{1}{2}DH = \frac{1}{2} \times \frac{24}{5} = \frac{12}{5} \text{ (cm)}$$

よって，$\triangle CDH = \frac{1}{2} \times \frac{24}{5} \times \frac{12}{5} = \frac{144}{25}$ (cm²)

(4) $\frac{1}{3} \times \triangle ABC \times DI = \frac{1}{3} \times \frac{1}{2} \times 8 \times 6 \times \frac{12}{5}$

$= \frac{96}{5}$ (cm³)

(5) 三角すい ABCE と三角すい ABCD の底面は共通
だから，体積の比は，高さの比となる。また，三
角すい ABCE の高さは，
右の図の EJ である。
$\triangle EHJ$ で，
EH : EJ = 2 : $\sqrt{3}$ より，
$EJ = \frac{\sqrt{3}}{2}EH$
$= \frac{\sqrt{3}}{2} \times \frac{24}{5} = \frac{12\sqrt{3}}{5}$ (cm)
したがって，(三角すい ABCE) : (三角すい ABCD)
$= EJ : DI = \frac{12\sqrt{3}}{5} : \frac{12}{5} = \sqrt{3} : 1$
よって，$\sqrt{3}$ 倍

7

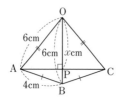

求める長さは，上の展開図の線分 AC の長さである。
OP $= x$cm とすると，
$\triangle OAP$ で，$AP^2 = OA^2 - OP^2 = 6^2 - x^2$
$\triangle BAP$ で，$AP^2 = BA^2 - BP^2 = 4^2 - (6-x)^2$
よって，$6^2 - x^2 = 4^2 - (6-x)^2$
$36 - x^2 = 16 - (36 - 12x + x^2)$　　$56 = 12x$
$x = \frac{14}{3}$
したがって，$AP^2 = 6^2 - x^2 = 36 - \left(\frac{14}{3}\right)^2 = \frac{128}{9}$
AP > 0 より，$AP = \frac{8\sqrt{2}}{3}$ (cm)
よって，$AC = 2AP = \frac{16\sqrt{2}}{3}$ (cm)

標準問題

問題 ➡ 本冊 P.130

解 答

1

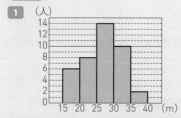

（人）

2 (1) 右の表
  (2) 25%

階級 (m)	度数（人）
10以上～ 15未満	1
15 ～ 20	2
20 ～ 25	5
25 ～ 30	3
30 ～ 35	1
計	12

3 (1) 13人 (2) 40%

4 (1) 45.4回
  (2) 右の度数分布表
    最頻値：47.5回
  (3) 中央値：45回
    範囲：22回

階級 (回)	度数（人）
30以上～ 35未満	1
35 ～ 40	5
40 ～ 45	6
45 ～ 50	7
50 ～ 55	4
55 ～ 60	2
計	25

5 (1)

階級 (kg)	階級値 (kg)	度数（人）	（階級値）×（度数）
30以上～ 40未満	35	2	70
40 ～ 50	45	3	135
50 ～ 60	55	7	385
60 ～ 70	65	4	260
計		16	850

  (2) 53.1kg

6 44.5cm 7 (1) 3人 (2) 21分

8 (1) 24kg以上28kg未満 (2) 25.2kg

9 167cm 10 −2 11 16人

12 (1) 12人 (2) 0.2

13 (1)

記録（秒）	度数（人）	相対度数	累積度数（人）	累積相対度数
6.0以上～ 7.0未満	1	0.05	1	0.05
7.0 ～ 8.0	7	0.35	8	0.40
8.0 ～ 9.0	9	0.45	17	0.85
9.0 ～10.0	3	0.15	20	1.00
合計	20	1.00		

  (2) 8人，40%

14 (1) ア…0.225 イ…14 ウ…1.000
  (2) 39人
  (3) 0.975

15 (1) 0.12
  (2) 0.88

解 説

1

階級ごとの人数を確認しながら柱を1本ずつかいていく。

2

(1) 各階級にあてはまる人数を表に入れていく。度数を足した合計値が，記録の数と一致することを確かめること。

(2) 記録が20m未満なのは，階級が10～15の1人と，15～20の2人の計3人である。したがって，全体の人数に対する割合は，
  (3÷12)×100＝25（%）

3

(1) 体重の軽い階級から属する人数を足していくと，
  45kg未満までの人数が，1＋3＋7＝11（人）
  50kg未満までの人数が，11＋13＝24（人）
  したがって，体重が軽いほうから数えて15番目の生徒の属する階級は45kg以上～50kg未満の階級である。この階級に属する生徒の数は13人。

(2) 体重50kg以上の生徒数は40−24＝16（人）。このとき全体の人数に対する割合は，
  (16÷40)×100＝40（%）

4

(1) 平均値は，データの値の総和を度数の合計で割ると求めることができる。
  55＋34＋47＋…＋48＋42＋56＝1134
  1134÷25＝45.36（回）

(2) 度数がもっとも多い階級は45～50である。最頻値はこの階級の階級値なので，
  (45＋50)÷2＝47.5（回）

(3) 中央値：全部で25個の記録があるので，小さいほうから13番目の値が中央値となる。これは，

45回である。

範囲：記録の最大値は 56 回，最小値は 34 回であるから，範囲は 56 − 34 = 22（回）

5

(1) 階級値は各階級の中央の値のことである。したがって，30kg以上40kg未満の階級値は
(30 + 40) ÷ 2 = 35（kg）

(2) 度数分布表から平均値を求めるには，（階級値）×（度数）の和を，度数の合計で割ればよい。したがって，平均値は，850 ÷ 16 = 53.12…（kg）
小数第2位を四捨五入して，53.1kg

6

各階級値は小さい順に 25，35，45，55，65 となる。
これより平均値は，
(25 × 2 + 35 × 4 + 45 × 8 + 55 × 5 + 65 × 1) ÷ 20
= 44.5（cm）

7

(1) 通学時間が 30 分以上の階級は，30 〜 40，40 〜 50 の 2 つなので，それぞれの階級に属する人数を足し合わせて，2 + 1 = 3（人）

(2) 各階級値は小さい順に，5，15，25，35，45 である。したがって，通学にかかる時間の平均値は
(5 × 3 + 15 × 6 + 25 × 8 + 35 × 2 + 45 × 1) ÷ 20
= 21（分）

8

(1) 一番上の階級と，一番下の階級から，階級の幅は 4kg であることがわかる。したがって，階級の下限および上限の値は，階級値 − 2kg および + 2kg となる。これより，階級値 26kg の階級は 24kg 以上28kg未満である。

(2)

階級 (kg)	階級値 (kg)	度数 (人)	(階級値) × (度数)
16^{以上}〜 20^{未満}	18	2	36
20 〜 24	22	5	110
24 〜 28	26	9	234
28 〜 32	30	3	90
32 〜 36	34	1	34
計		20	504

上の表から，平均の値は，504 ÷ 20 = 25.2（kg）

9

実際の身長ではなく，身長165cmからの差が与えられているので，この差の平均値を求め，この平均値を仮の平均である165cmに足せばよい。

(+ 7 − 5 + 1 − 4 + 11) ÷ 5 = + 2

よって，身長の平均値は，165 + 2 = 167（cm）

ミス注意

この問題では身長の平均値が問われている。身長165cmからの差の平均値を求めたところで，手を止めてしまわないよう注意しよう。

10

平均値を基準としたとき，平均値との違いの値の和は 0 となる。そこで，生徒Cの平均値との違いを x とおくと，
+ 3 − 4 + x + 12 − 9 = 0　　　$x = − 2$

11

（相対度数）＝（その階級の度数）÷（度数の合計）
で表される。したがって，相対度数に度数の合計をかければ，その階級の度数が得られる。
この関係から，60cm以上とんだ生徒の数は，
(0.20 + 0.15 + 0.05) × 40 = 16（人）

ミス注意

問われているのが，ある階級の度数なのか，ある階級以上の度数の合計なのか，よく確認してから問題に取り組もう。ここでは60cm以上とんだ生徒の数が問われている。

12

(1) 記録が330cm以上の人数を数えると，
7 + 4 + 1 = 12（人）

(2) 270cm以上300cm未満の階級に属する生徒は8人である。したがって，
（相対度数）＝（その階級の度数）÷（度数の合計）
= 8 ÷ 40 = 0.2

階級 (cm)	度数 (人)	相対度数
210^{以上}〜 240^{未満}	2	0.050
240 〜 270	5	0.125
270 〜 300	8	0.200
300 〜 330	13	0.325
330 〜 360	7	0.175
360 〜 390	4	0.100
390 〜 420	1	0.025
計	40	1.00

13

(1) 最小の階級から各階級までの度数，相対度数の合計を表に記入していく。

(2) 7.0秒以上8.0秒未満の階級までの累積度数は8人，累積相対度数は0.40である。

14

(1) ア…9 ÷ 40 = 0.225

イ…$40 \times 0.350 = 14$

ウ…相対度数の合計は 1.000 である。

(2) 累積度数は，$40 - 1 = 39$（人）

(3) 累積相対度数は，$39 \div 40 = 0.975$

[別解] $1 - 0.025 = 0.975$

15

(1) 25m 以上 30m 未満の階級の度数は，

$25 \times 0.24 = 6$（人）

30m 以上 35m 未満の階級の度数は，

$25 - (16 + 6) = 3$（人）なので，

$3 \div 25 = 0.12$

(2) $(16 + 6) \div 25 = 0.88$

発展問題

問題 ➡ **本冊 P.134**

解答

1 (1) 3.5点　(2) $x + y = 7$　(3) $5x + 4y = 30$

(4) $x = 2$，$y = 5$

2 (1) 6.4点　(2) 1点が1人と2点が2人，あるいは1点が2人と3点が1人

3 ア…0.325　イ…0.475　ウ…7

エ…0.875　オ…1.000

4 (1) （ア）670円　　（イ）8.5分

(2) サービス利用の場合が 130円安い

解説

1

(1) 階級値はそのまま得点の値を用いればよいので，平均値は

$(5 \times 2 + 4 \times 4 + 3 \times 2 + 2 \times 1 + 1 \times 1 + 0 \times 0) \div 10$

$= 3.5$（点）

(2) Bグループの度数のみに着目するので，Bグループの合計の人数に関して成り立つ式を考える。Bグループには全部で12人の生徒がいるから，各階級の度数の和は12になるはずである。したがって，

$x + y + 3 + 1 + 1 + 0 = 12$

$x + y = 7$ …①

(3) A，B2つのグループの平均値が同じであったことを思い出そう。Aグループの平均値はすでに求めてあるから，これがBグループの平均値と等しいという式を立てると，

$(5 \times x + 4 \times y + 3 \times 3 + 2 \times 1 + 1 \times 1 + 0 \times 0) \div 12$

$= 3.5$

この式を整理して，$\dfrac{5}{12}x + \dfrac{4}{12}y + \dfrac{12}{12} = 3.5$

$5x + 4y = 30$ …②

(4) (2)，(3)で得られた2つの式を連立方程式として解けばよい。まず，$5 \times ① - ②$ を計算して，$y = 5$

これを①に代入して，$x = 2$

2

(1) 教科 A では3点以下の生徒がいなかったので，平均点は

$(1 \times 0 + 2 \times 0 + 3 \times 0 + 4 \times 2 + 5 \times 8$

$+ 6 \times 11 + 7 \times 13 + 8 \times 4 + 9 \times 1 + 10 \times 1)$

$\div 40 = 6.4$（点）

(2) 教科Bで1点，2点，3点であった生徒の数をそれぞれ x，y，z とする。このとき教科Bの平均点は，

$(1 \times x + 2 \times y + 3 \times z + 4 \times 3 + 5 \times 5$

$+ 6 \times 11 + 7 \times 11 + 8 \times 2 + 9 \times 3 + 10 \times 2)$

$\div 40 = 6.2$（点）

この式を整理して，$x + 2y + 3z = 5$

また，生徒数が40人なので，

$x + y + z + 3 + 5 + 11 + 11 + 2 + 3 + 2 = 40$

$x + y + z = 3$

x，y，z はどれも人数を表しているので，0以上の整数である。上の2つの式を満たすような x，y，z を求めると，下の表のように2通りの組み合わせがあることが分かる。

		x	y	z
点		1	2	3
人数		1	2	0
		2	0	1

ミス注意

全体の人数が40人にならなければならないことに注意。平均点に関する式だけからだと，先の2通りの組み合わせに加えて，1点が0人，2点が1人，3点が1人などの組み合わせもあるが，これだと生徒数が合わないので答えにはならない。

3

ア…$13 \div 40 = 0.325$

イ…$0.150 + 0.325 = 0.475$

[別解] $19 \div 40 = 0.475$

ウ…$40 \times 0.175 = 7$

エ…$0.700 + 0.175 = 0.875$

オ…$40 \div 40 = 1.000$

4

(1) （ア）各階級について，1回あたりの料金と度数の積を出し，その合計を求める。

$10 \times 1 + 20 \times 4 + 30 \times 6 + 40 \times 5 + 50 \times 4$

= 670 (円)

（イ）階級値と度数から平均を求める。

$(2.5×4＋7.5×8＋12.5×8)÷20＝8.5$（分）

(2) 度数分布表に10回の記録を追加すると、下のようになる。

A表（通常の場合）

階　級 （分）		階級値 （分）	度数 （回）	一回あたり料金 （3分ごとに10円）
より大	以内			
0〜	3	1.5	3	10円
3〜	6	4.5	7	20円
6〜	9	7.5	7	30円
9〜	12	10.5	8	40円
12〜	15	13.5	5	50円
計			30	

B表（サービス利用の場合）

階　級 （分）		階級値 （分）	度数 （回）	一回あたり料金 （5分ごとに10円）
より大	以内			
0〜	5	2.5	9	10円
5〜	10	7.5	10	20円
10〜	15	12.5	11	30円
計			30	

よって、通常の場合は、

$10×3＋20×7＋30×7＋40×8＋50×5＝950$（円）

サービス利用の場合は、

$10×9＋20×10＋30×11＝620$（円）

サービス利用の場合は定額料の200円も合計するので、$620＋200＝820$（円）

よって、サービス利用の場合が、

$950－820＝130$（円）安い。

2 データの活用編　データのちらばりと箱ひげ図

標準問題
問題 ➡ 本冊 P.137

解 答

1 約0.55

2 0.38

3 第1四分位数　41.5
第2四分位数（中央値）　46.5
第3四分位数　50
四分位範囲　8.5

4 (1) 最小値…10分　最大値…75分
(2) 第1四分位数…20分

第2四分位数…45分
第3四分位数…55分
(3) 35分

5 ⑦, ⑨, ㋕

6

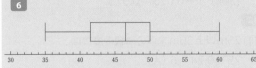

7 (1) $4.45 ≦ A < 4.55$　(2) $19.5 ≦ A < 20.5$
(3) $99.5 ≦ A < 100.5$
(4) $99.95 ≦ A < 100.05$
(5) $95 ≦ A < 105$

8 (1) $3.78 × 10^3 m$　(2) $4.68 × 10^4 m^2$
(3) $3.85 × 10^5 km$

9 (1) $9.1 × \left(\dfrac{1}{10}\right)^2 mm$　(2) $1.0 × \left(\dfrac{1}{10}\right)^3 m$
(3) $3.1 × \left(\dfrac{1}{10}\right)^4 m$

10 (1) $4.88 × 10^4$　(2) $3.47 × \left(\dfrac{1}{10}\right)^5$

解 説

1

投げた回数が多くなるにつれて、裏向きになる割合は0.55に近づいている。

2

投げた回数が多くなるにつれて、裏が出る割合は0.38に近づいている。

3

データを4等分する。

35　39　40　43　45　46　47　47　49　51　55　60
　　　　　↑　　　　　↑　　　　　↑
　　　第1四分位数　中央値　第3四分位数

第1四分位数　$\dfrac{40＋43}{2}＝41.5$

第2四分位数（中央値）　$\dfrac{46＋47}{2}＝46.5$

第3四分位数　$\dfrac{49＋51}{2}＝50$

（四分位範囲）＝（第3四分位数）－（第1四分位数）

よって、$50－41.5＝8.5$

4

(1) 最小値はひげの左端なので、10分
　　最大値はひげの右端なので、75分

(2) 第1四分位数は箱の左端なので、20分
　　第2四分位数は箱の中の線の位置なので、45分
　　第3四分位数は箱の右端なので、55分

(3) 第3四分位数－第1四分位数なので，

55 － 20 ＝ 35(分)

5

㋐箱ひげ図全体の長さは，範囲を表すのであって，データの数（この問題の場合，人数の多さ）を表すものではない。

㋑最小値を表す線と中央値を表す線との間に，データの個数の約半分がふくまれる。

㋒A中学校の最大値は25分である。

㋓左のひげの部分にも，右のひげの部分にも，データの個数の約25％ずつふくまれる。

㋔全体の長さや箱の長さが長いほど，ちらばりが大きい。

ミス注意

> 箱ひげ図では，4つの部分にデータの個数の約25％ずつがふくまれている。
>
>
>
> 25%　　25%　　25%　　25%
>
> 箱やひげが短いとデータの個数が少ないというわけではない。

6

ひげの両端は最小値と最大値，箱の両端は第1四分位数と第3四分位数である。

7

(1) 測定値4.5cmは，0.1cm未満を四捨五入して得られた値。

(2) 測定値20秒は，1秒未満を四捨五入して得られた値。

(3) 測定値100mは，1m未満を四捨五入して得られた値。

(4) 測定値100.0mは，0.1m未満を四捨五入して得られた値。

(5) 測定値1.0×10^2mは，100mのことであるが，有効数字は2桁である。

10m未満を四捨五入して得られた値。

ミス注意

> (3)～(5)は，一見同じ100mを表しているように見えるが，有効数字まで考慮に入れると，表している値は異なっていることに注意。

8

有効数字が3桁ということがわかっているので，
○.○○×$10^○$の形にする。

(1) $3780 = 3.78 \times 1000 = 3.78 \times 10^3$

9

有効数字が2桁ということがわかっているので，
○.○×$\left(\dfrac{1}{10}\right)^○$の形にする。

(1) $0.091 = 9.1 \times 0.01 = 9.1 \times \left(\dfrac{1}{10}\right)^2$

(2) $0.0010 = 1.0 \times 0.001 = 1.0 \times \left(\dfrac{1}{10}\right)^3$

ミス注意

> 小数点以下で，0でない最初に現れた数字から2桁が有効数字となる。2桁目が0の場合でも，省略せずに0をつけることが必要。

10

有効数字が3桁なので，左から4桁目を四捨五入する。

(1) 四捨五入して，$48800 = 4.88 \times 10^4$

(2) 四捨五入して，$0.0000347 = 3.47 \times \left(\dfrac{1}{10}\right)^5$

問題 → **本冊 P.139**

発展問題

解 答

1 (1)

	最小値	最大値
1組	2	19
2組	6	16

(2)

	第1四分位数	第2四分位数	第3四分位数
1組	6	10	15
2組	7.5	14.5	15

(3)

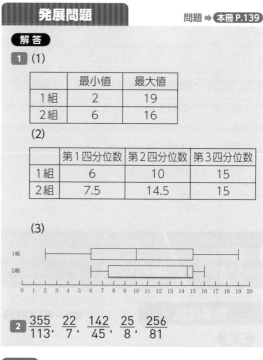

2 $\dfrac{355}{113}, \dfrac{22}{7}, \dfrac{142}{45}, \dfrac{25}{8}, \dfrac{256}{81}$

解 説

1

(1) データを大きさの順に並べかえる。

(2) 第1四分位数

1組…$(5 + 7) \div 2 = 6$

2組…$(7 + 8) \div 2 = 7.5$

第2四分位数

1組…$(9 + 11) \div 2 = 10$

2組…$(14 + 15) \div 2 = 14.5$

データの活用編　**2** データのちらばりと箱ひげ図

第3四分位数
1組…$(14 + 16) \div 2 = 15$
2組…$(15 + 15) \div 2 = 15$

(3) (1)，(2)で調べたそれぞれの値を利用して箱ひげ図をかく。

2

下の表に各分数とその小数第5位までの値，および円周率の近似値3.14159との誤差を示す。

分数	小数値	誤差
$\dfrac{22}{7}$	3.14286	0.00127
$\dfrac{25}{8}$	3.12500	0.01659
$\dfrac{256}{81}$	3.16049	0.01890
$\dfrac{142}{45}$	3.15556	0.01397
$\dfrac{355}{113}$	3.14159	0.00000

これより，誤差の小さい順に分数を並べると，

$$\frac{355}{113}, \ \frac{22}{7}, \ \frac{142}{45}, \ \frac{25}{8}, \ \frac{256}{81}$$

なお，$\dfrac{355}{113}$と円周率との誤差は0となっているが，これはあくまで小数第5位までの値との誤差であり，実際には，

円周率 ＝ 3.1415926535…

$\dfrac{355}{113}$ ＝ 3.1415929203…

と続いていくので，小数第7位以下で誤差が生じている。

3 データの活用編 **場合の数**

標準問題 問題 ➡ **本冊 P.141**

解答

1 (1)

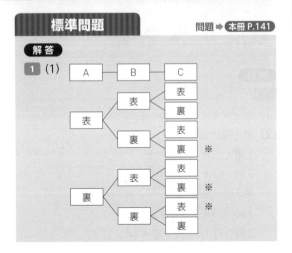

(2) 3通り

2 (1) 9通り　　(2) 6通り

解説

1

(2) 樹形図から1枚のみが表，残り2枚が裏となる組み合わせを数え上げると，※印の3通りとなることがわかる。
　[別解] A, B, Cのどれか1枚だけが表なのだから，表となるコインを1枚選ぶときの組合せを考えればよい。これは明らかに3通りである。

2

(1) 樹形図をかくと右のようになる。数え上げると，全部で9通り。
　[別解]
　家から郵便局へ行く方法は3通りあり，その各々に対して，郵便局から家に戻る方法も3通りある。よって，求める方法の数は，積の法則から，
　　$3 \times 3 = 9$ (通り)

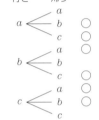

(2) (1)の樹形図において，行きと帰りで違う道を通る方法に〇印をつける。数え上げると6通り。
　[別解]
　郵便局から家に戻る方法は，行きとは違う道を通るので，$3 - 1 = 2$ (通り) である。
　家から郵便局へ行く行き方は3通りあり，その各々に対して，郵便局から家に戻る方法は2通りずつあるから，求める方法の数は，積の法則から，
　　$3 \times 2 = 6$ (通り)

発展問題 問題 ➡ **本冊 P.141**

解答

1 (1) A ─→ C→D→E　(2) 144通り
　(3) 40通り

2 6通り

解説

1

(1) 図から，B駅のみを通過する走らせ方が残っていることがわかる。これより，A ─→ C→D→E

(2) 駅の数が6の場合までの快速電車の走らせ方を次に示す。

駅	1 A	2 B	3 C	4 D	5 E	6 F	...
①	A	B	C	D	E	F	
②	A	→	C	D	E	F	
③	A	B	→	D	E	F	
④	A	B	C	→	E	F	
⑤	A	→	C	→	E	F	
⑥	A	B	C	D	→	F	
⑦	A	→	C	D	→	F	
⑧	A	B	→	D	→	F	

これより，駅の数と快速電車の走らせ方の数を整理すると以下の通りになる。

駅の数	2	3	4	5	6
走らせ方	1	2	3	5	8

この表を見ると，ある駅の数での快速電車の走らせ方の数は，駅の数を n としたときの走らせ方を X 通りとすると，X は駅の数が1つ少ない $n-1$ のときの走らせ方 Y と2つ少ない $n-2$ のときの走らせ方 Z の和であることがわかる。すなわち，$X=Y+Z$ である。この規則にしたがって n を増やしていくと，以下の表のようになる。

駅の数	2	3	4	5	6	7	8	9	10	11	12
走らせ方	1	2	3	5	8	13	21	34	55	89	144

これより，駅の数が12のときの快速電車の走らせ方は144通りである。

(3) G駅が通過駅となる場合，快速電車を走らせる規則からF駅とH駅は必ず停車駅になる。

$$\overset{\overset{\text{6駅}}{\overbrace{\qquad\qquad}}}{A\text{--------}F} \overset{(G)}{\to} \overset{\overset{\text{5駅}}{\overbrace{\qquad\qquad}}}{H\text{--------}L}$$

したがって，G駅が通過駅となる快速電車の走らせ方は，A駅が始発駅でF駅が終着駅となる6駅分の場合の数と，H駅を始発駅としL駅を終着駅としたときの5駅分の場合の数とをかけ合わせたものになる(積の法則)。したがって，

　　8×5＝40（通り）

ちなみに，(2)で得られた $X=Y+Z$ の関係で得られる数字の列を『フィボナッチ数列』と呼ぶ。

2

メニューのBはすでに決まっているので，残りのAとCの組合せの数を樹形図を使って調べる。

右の樹形図を見ると，組合せの数は全部で6通りであることがわかる。

[別解]

Aは2通り，Cは3通りの選び方があり，A，Cを選ぶということがらはともに起こるので，積の法則を用いて，

　　2×3＝6（通り）

標準問題　　問題 ➡ 本冊 P.144

解答

1 $\dfrac{5}{9}$　**2** $\dfrac{5}{12}$　**3** (1) $\dfrac{1}{3}$　(2) $\dfrac{7}{36}$

4 (1) $\dfrac{4}{7}$　(2) $\dfrac{1}{3}$　(3) $\dfrac{5}{7}$　**5** $\dfrac{1}{3}$

6 $\dfrac{2}{9}$　**7** (1) $\dfrac{1}{9}$　(2) $\dfrac{13}{27}$

解説

1

Aさんの取り出したカードの数字がBさんのそれより大きい場合の数は右の樹形図から5通りである。カードの取り出し方は全部で $3\times3=9$（通り）であるから，求める確率は，$\dfrac{5}{9}$

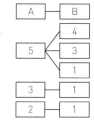

2

出る目の数の2乗の和が25以下であるさいころの目の組合せは，右の樹形図から15通り。

2つのさいころの出る目のすべての場合の数は $6\times6=36$（通り）であるから，求める確率は $\dfrac{15}{36}=\dfrac{5}{12}$

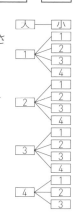

3

(1) さいころを 1 回投げて㋐で止まるには，さいころの目が 1 か 6 であればよい。さいころの目の出方は 6 通りであるから，求める確率は，

$$\frac{2}{6}=\frac{1}{3}$$

(2) ゲームが 2 回目で終わるためには，1 回目で㋒に止まってはならない。したがって，1 回目で出るべきさいころの目は 2 以外の数である。このときに，2 回目で㋒に止まるようなさいころの目の出方の組合せは (1, 1)，(1, 6)，(3, 4)，(4, 3)，(5, 2)，(6, 1)，(6, 6) の 7 通りである。さいころを 2 回投げるときのすべての目の出方は，6 × 6 = 36 (通り) であるから，求める確率は，$\frac{7}{36}$

ミス注意

ゲームが終了する条件をよく読もう。2回目でゲームが終了する確率を求めるので，1回目でゲームが終了してしまう (2, 5) のようなさいころの目の出方は答えにふくまれない。

4

(1) まず，できる整数の組合せの数を考える。取り出した 2 枚のカードのうち，大きいほうのカードの値を n とすると，ありうる小さいほうのカードの値は $n-1$，$n-2$，…，1 の $(n-1)$ 個である。したがって，大きいほうの値を 7 から 2 まで変えながらこの値を足し合わせていくと，

6 + 5 + 4 + 3 + 2 + 1 = 21 (通り)

次に，整数が奇数となるためには，小さいほうのカードの値が奇数，すなわち 5，3，1 のどれかであればよい。大きいほうのカードの値は，小さいほうのカードの値より大きければ何でもよいので，それぞれの場合において 7，6 の 2 通り，7 〜 4 の 4 通り，7 〜 2 の 6 通りである。

これより，求める確率は，$\frac{2+4+6}{21}=\frac{12}{21}=\frac{4}{7}$

(2) 整数が 3 の倍数となるのは 2 桁目と 1 桁目の数の和が 3 の倍数となるときである。このような整数を大きい順に並べると，75，72，63，54，51，42，21 の 7 通りあることがわかる。したがって，求める確率は，$\frac{7}{21}=\frac{1}{3}$

(3) 一の位の数で割り切れるような整数になる場合の樹形図は右のようになる。これより，求める確率は，$\frac{15}{21}=\frac{5}{7}$

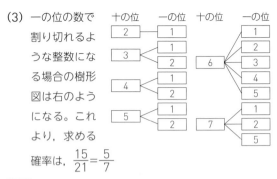

5

封筒へのカードの入れ方は，3 × 2 × 1 = 6 (通り)。
封筒の番号と入るカードの数字がすべて異なる組合せを，以下の場合分けから考える。

（ⅰ）封筒 1 にカード 2 が入るとき
　　封筒 2 →カード 3，封筒 3 →カード 1
（ⅱ）封筒 1 にカード 3 が入るとき
　　封筒 2 →カード 1，封筒 3 →カード 2

これより，条件に一致する組合せは 2 通りであることがわかる。したがって，求める確率は，$\frac{2}{6}=\frac{1}{3}$

6

さいころの目の出方は，全部で 6 × 6 = 36 (通り)。2 回さいころを投げておはじきが点 A の位置にあるさいころの目の出方は，(1, 3)，(3, 1)，(2, 4)，(4, 2)，(5, 5)，(5, 6)，(6, 5)，(6, 6) の 8 通りである。
したがって，求める確率は，$\frac{8}{36}=\frac{2}{9}$

7

(1) 2 つの積木の高さの組合せは全部で，3 × 3 = 9 (通り)。その中で，高さの合計が 9cm になるのは，2 つの積木の高さがともに 4.5cm であるときの 1 通りだけである。したがって，求める確率は，$\frac{1}{9}$

(2) 3 つの積木の高さの組合せは全部で，3 × 3 × 3 = 27 (通り)。高さの合計 h が整数となるときの積木の高さの組合せを樹形図に表すと，右のように 13 通りあることがわかる。これより，求める確率は，$\frac{13}{27}$

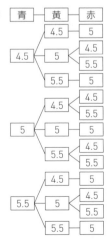

解答

1 (1) $\dfrac{2}{9}$　(2) $\dfrac{7}{9}$

2 (1) $\dfrac{3}{25}$　(2) $\dfrac{21}{100}$　(3) 次郎, $\dfrac{7}{20}$

解説

1

(1) スタートして1秒後に, 球Pが頂点Bに移った場合の樹形図を次に示す。このとき, 3秒後までの経路は全部で9通り存在し, そのうち頂点Aに戻る経路は2通り存在する。

ここで, スタートして1秒後に頂点C, Dに移った場合の数は, スタートして1秒後に頂点Bに移った場合の数と同じである。したがって,

スタート	1秒後	2秒後	3秒後
A	B	C	B
			C
			D
		A	A
			B
			D
		D	A
			B
			C

全体の球Pの移り方の経路は, $9 \times 3 = 27$ (通り) 存在し, 点Aに戻る経路は, $2 \times 3 = 6$ (通り) 存在する。

これより, 求める確率は, $\dfrac{6}{27} = \dfrac{2}{9}$

(2) 2つの球の動き方は全部で $3 \times 3 = 9$ (通り)。1秒後に球P, Qが重ならないような球Qの移り方は, 球Pが1秒後に

　① Bに移ったとき　…　A, D, C
　② Cに移ったとき　…　A, D
　③ Dに移ったとき　…　A, C

以上の7通りである。

よって, 求める確率は, $\dfrac{7}{9}$

[別解] P, Qが1秒後にいる頂点は, それぞれ3通りだから, 全部で $3 \times 3 = 9$ (通り) である。そのうち, P, Qが同じ頂点にいるのは, ともにCかDのときだから2通り。よって, P, Qが重ならないのは, $9 - 2 = 7$ (通り)。求める確率は $\dfrac{7}{9}$

2

(1) 袋A, Bの中の玉にそれぞれ1〜10までの番号を付けて考えるとわかりやすい。

まず, 太郎と次郎が1つずつ玉を取り出すときのすべての場合の数は, $10 \times 10 = 100$ (通り)。そのうち, 太郎と次郎がともに黒玉を取り出すのは,

$4 \times 3 = 12$ (通り)。したがって, 求める確率は, $\dfrac{12}{100} = \dfrac{3}{25}$

(2) 場合分けをして考える。

（ⅰ）太郎が赤玉で勝つとき
　太郎は赤玉, 次郎は白玉を取り出すことになるので, $3 \times 5 = 15$ (通り)。

（ⅱ）次郎が赤玉で勝つとき
　太郎は白玉, 次郎は赤玉を取り出すことになるので, $3 \times 2 = 6$ (通り)。

（ⅰ）,（ⅱ）より赤玉で勝ちが決まるのは $15 + 6 = 21$ (通り) ある。したがって, 求める確率は, $\dfrac{21}{100}$

(3) (2)と同様にして, 場合分けをして考える。

（ⅰ）太郎が勝つとき
　（ア）赤玉で勝つとき
　　(2)の（ⅰ）から15通り
　（イ）白玉で勝つとき
　　次郎は黒玉であるから, $3 \times 3 = 9$ (通り)
　（ウ）黒玉で勝つとき
　　次郎は赤玉であるから, $4 \times 2 = 8$ (通り)
　（ア）〜（ウ）より, 太郎が勝つのは全部で,
　$15 + 9 + 8 = 32$ (通り)。よって, 太郎が勝つ確率は, $\dfrac{32}{100}$　…①

（ⅱ）次郎が勝つとき
　（ア）赤玉で勝つとき
　　(2)の（ⅱ）から6通り
　（イ）白玉で勝つとき
　　太郎は黒玉であるから, $5 \times 4 = 20$ (通り)
　（ウ）黒玉で勝つとき
　　太郎は赤玉であるから, $3 \times 3 = 9$ (通り)
　（ア）〜（ウ）より, 次郎が勝つのは全部で,
　$6 + 20 + 9 = 35$ (通り)。よって, 次郎が勝つ確率は, $\dfrac{35}{100}$　…②

①, ②より次郎の方が高く, その確率は, $\dfrac{35}{100} = \dfrac{7}{20}$

$$362.5 \leqq 1000 \times \dfrac{x+27}{80} < 363.5$$

$1000 \times \dfrac{x+27}{80} = 362.5$ を解くと，$x = 2$

$1000 \times \dfrac{x+27}{80} = 363.5$ を解くと，$x = 2.08$

x は整数なので，$x = 2$

---

5 データの活用編 標本調査

標準問題 問題 → **本冊 P.148**

解答

1 (1) 標本調査　(2) 全数調査　(3) 標本調査
　　(4) 標本調査　(5) 全数調査

2 およそ120個

解説

1

調査の対象となる母集団のすべてのデータについても れなく調べなければ意味のない選挙や健康診断などは **全数調査**となる。すべてのデータを調べることが困難 な視聴率や世論調査，すべてのデータを**調べることが できない**かんづめの品質などは，母集団からデータの 一部を取り出した**標本調査**を行う。

2

8回のくり返しで得られた80個のご石について，白黒 の数を合計すると次のようになる。

回	1	2	3	4	5	6	7	8	合計
白	5	4	3	5	4	4	4	3	32
黒	5	6	7	5	6	6	6	7	48

したがって，白いご石は全体のおよそ $\dfrac{32}{80} = \dfrac{2}{5}$ であると

考えられる。よって，$300 \times \dfrac{2}{5} = 120$ (個)

発展問題 問題 → **本冊 P.148**

解答

1 1.3×10^3個　**2** 2

解説

1

すべての豆の個数を x 個とすると，$x : 100 = 200 : 15$ とおける。これを解いて，$x = 1333.\cdots$，有効数字が2 桁なので，1300個となる。

2

表の空欄にあてはまる数を x とすると，取り出された 合計80個のうち，赤色のおはじきは，

$3 + 5 + x + 4 + 3 + 3 + 4 + 5 = x + 27$ (個)

したがって，1000個のおはじきのうち，赤色のおは じきは，$1000 \times \dfrac{x+27}{80}$ (個) と考えられる。よって，

総合問題

問題 ➡ **本冊 P.149**

解答

1. (1) 299　　(2) 9種類　　(3) $n = 5$
2. ア c　イ b　ウ a　エ 100001
　　オ 10010　カ 1100　キ 41　ク 80
　　ケ 5　コ 17　サ 41　シ 13　ス 1
　　セ 3　ソ 513315
3. (1) 12分後
　(2) ア 6　イ 22　ウ $22n - 16$　エ 13
　(3) $\begin{cases} x + y = 32 \\ 400 \times \frac{1}{4}x + 240 \times \frac{3}{4}x + 120y = 7040 \end{cases}$
　　大人全員20人，子ども全員12人
4. (1) $(a^2 + b^2)^2$　　(2) $a = 5$, $b = 6$
　(3) $\ell = 11$, $m = 60$
5. (1) 12枚　　(2) 128枚　　(3) 833枚
6. (1) 72°
　(2) 辺BDの長さ…$2 + 2\sqrt{5}$
　　　辺DEの長さ…$6 + 2\sqrt{5}$
　(3) 108°
　(4) $12 + 8\sqrt{5}$
7. (1) $\sqrt{10}$　　(2) $k = \sqrt{3}$
8. (1) 1, $\sqrt{2}$　　(2) 5π　　(3) $\frac{\sqrt{14}}{2}$
9. (1) ($\sqrt{3}$, 1)　　(2) $a = \frac{1}{3}$
　(3) (ア) ($4\sqrt{3}$, 16)　　(イ) 9本
10. (1) $\frac{1}{2}$　　(2) $\left(\frac{9}{4}, \frac{27}{8} \right)$　　(3) $3\sqrt{2}$cm
11. (1) [証明] $\angle MFE = \angle BFE = \frac{1}{2}\angle MFB$,
　$\angle FMG = \angle DMG = \frac{1}{2}\angle FMD$
　AD//BCより，$\angle MFB = \angle FMD$
　よって，$\angle MFE = \angle FMG$
　錯角が等しいから，EF//MG
　(2) 1 : 3　　(3) 3 : 8
12. (1) 200秒　　(2) 8回，16m²
13. (1) 辺CG, FG, DH, EHのうち1つ。
　(2) 右図
　(3) (ア) y, x, z, y
　　(イ) $\frac{1}{3}$　　(ウ) $\frac{4}{9}$

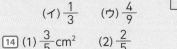
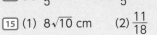

14. (1) $\frac{3}{5}$cm²　　(2) $\frac{2}{5}$
15. (1) $8\sqrt{10}$ cm　　(2) $\frac{11}{18}$　　(3) 72通り

解説

1

(1) 各桁の数字は最大で9だから，和が20になるのは3桁以上のとき。$20 = 9 + 9 + 2$より，3桁で最小なのは299である。

(2) xが3の倍数なので，各桁の数字の和yは3の倍数になる。よってyは，最小で3（$x = 102$など），最大で27（$x = 999$）で，この間の3の倍数を全部とれる。したがって，$27 \div 3 = 9$（種類）

(3) $10^n - 1$の値を小さい順に求めると，
　$n = 1$のとき，　　$10 - 1 = 9$
　$n = 2$のとき，　$100 - 1 = 99$
　$n = 3$のとき，$1000 - 1 = 999$
　　　　　　　　　⋮
となり，$10^n - 1$は，各桁に9が並ぶn桁の整数だとわかる。
$y = 45$より，$n = 45 \div 9 = 5$

2

この回文数は，
　$100000a + 10000b + 1000c + 100c + 10b + a$
$= 100001a + 10010b + 1100c$
　（各係数を85で割った商，余りを求めて）
$= (85 \times 1176 + 41)a + (85 \times 117 + 65)b + (85 \times 12 + 80)c$
$= 85(1176a + 117b + 12c) + (41a + 65b + 80c)$
これが85で割り切れるとき，$41a + 65b + 80c$は85の倍数である。よって，$85k = 41a + 65b + 80c$　…①
すなわち，$41a = 85k - 65b - 80c$　…(A)
(A)は，$41a = 5(17k - 13b - 16c)$となり，各文字が整数で41と5が共通の素因数をもたないことから，左辺のaは5の倍数である。さらに，aは9以下の自然数なので，$a = 5$となる。
$a = 5$を①に代入して，両辺を5で割ると，
　$17k = 41 + 13b + 16c$　…(B)
これは，$k = 6$のとき次のようになる。
　$13b + 16c = 61$
$c = 0$, 1, 2, 3について調べればよい。$b = 1$, $c = 3$となるので，このときの回文数は，513315

3

(1) $4800 \div 400 = 12$（分後）
(2) ア　$12 \div 2 = 6$（分後）
　　イ　$6 + 10 + 6 = 22$（分間隔）
　　ウ　n回目のすれ違いは，1回目のすれ違いから$22(n - 1)$分たったときで，
　　　　$6 + 22(n - 1) = 22n - 16$（分後）

エ　午前9時から午後1時30分までは270分。
　　$22n - 16 = 270$ より，$n = 13$

(3) 2番目の式を整理すると，$280x + 120y = 7040$

4

(1)　$(a^2 - b^2)^2 + 4a^2 b^2 = a^4 - 2a^2 b^2 + b^4 + 4a^2 b^2$
　　$= a^4 + 2a^2 b^2 + b^4 = (a^2 + b^2)^2$

(2) 三平方の定理から，$a^2 + b^2 = (\sqrt{61})^2$
　　すなわち，$a^2 + b^2 = 61$
　　$a \le b$ より，$2a^2 \le 61$，$a^2 \le \dfrac{61}{2} = 30\dfrac{1}{2}$
　　a は自然数なので，$a = 1$，2，3，4，5について
　　調べればよい。$a = 5$，$b = 6$

(3) 三平方の定理から，$\ell^2 + m^2 = 61^2$
　　ここで(2)のa, bを使うと，$\ell^2 + m^2 = (a^2 + b^2)^2$
　　さらに，(1)の結果と $4a^2 b^2 = (2ab)^2$ を使うと，
　　　$\ell^2 + m^2 = (a^2 - b^2)^2 + (2ab)^2$
　　$a = 5$，$b = 6$ なので，代入すると，
　　　$\ell^2 + m^2 = 11^2 + 60^2$
　　$\ell \le m$ を満たす自然数として，$\ell = 11$，$m = 60$
　　(補足) ここで得られた数の他に解はないことが一
　　般に知られている。詳しいことは『ピタゴラス数』
　　を本やインターネットで調べてみよう。

5

1辺が1cmの正三角形⑦の
面積Sを単位にして考える。
タイル1枚の面積は$3S$とな
る。

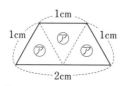

(1) 1辺6cmの正三角形は，⑦の6倍の拡大図で，面
　　積は，$S \times 6^2 = 36S$
　　よって，$36S \div 3S = 12$（枚）
　　並べ方：例えば，タイル3枚で後の図の正三角形
　　　　　　①ができるので，これを4枚使って⑨の
　　　　　　ようにしきつめられる。
　　したがって，12枚。

(2) 1辺8cmの正六角形は，1辺8cmの正三角形6個
　　からできており，面積は，$S \times 8^2 \times 6 = 384S$
　　よって，$384S \div 3S = 128$（枚）
　　並べ方：例えば，後の図の⑨を使って台形①をつ
　　　　　　くり，⑦のように並べて中央にタイルを
　　　　　　2枚置けば1辺8cmの正六角形ができる。
　　したがって，128枚。

(3) 1辺50cmの正三角形の面積は，$S \times 50^2 = 2500S$
　　$2500S \div 3S = 833$ あまりS より，833枚。
　　並べ方：①でしきつめていった場合，⑨の台形が

残る。これを，タイル4枚でできる⑨の
平行四辺形でしきつめていくと⑦の正三
角形が残り，ここにタイルを1枚置くと
⑦の1つ分が残る。これが上の式のあま
りSにあたるので，833枚までしくこと
ができる。
したがって，833枚。

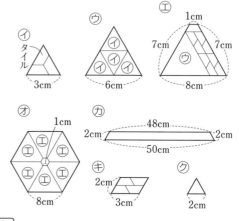

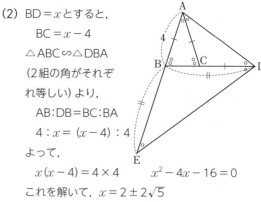

6

(1) $\angle BAC = a^\circ$ とすると，
　　　$\angle CDA = \angle CAD = a^\circ$
　　　$\angle ABC = \angle ACB = a^\circ + a^\circ = 2a^\circ$
　　より，$\triangle ABC$ の内角の和について，
　　　$a^\circ + 2a^\circ + 2a^\circ = 180^\circ$ となり，$a^\circ = 36^\circ$
　　よって，$\angle BAD = 36^\circ \times 2 = 72^\circ$

(2) $BD = x$ とすると，
　　　$BC = x - 4$
　　　$\triangle ABC \backsim \triangle DBA$
　　　(2組の角がそれぞ
　　れ等しい) より，
　　　$AB : DB = BC : BA$
　　　$4 : x = (x - 4) : 4$
　　よって，
　　　$x(x - 4) = 4 \times 4$　　　$x^2 - 4x - 16 = 0$
　　これを解いて，$x = 2 \pm 2\sqrt{5}$
　　$x > 0$ だから，$BD = 2 + 2\sqrt{5}$
　　さらに，36° を○で表すと，図のようになり，
　　$\triangle EDA$ は $DE = AE$ の二等辺三角形で，
　　　$DE = AE = AB + BE = AB + BD = 4 + (2 + 2\sqrt{5})$
　　　$= 6 + 2\sqrt{5}$

(3) CF ＝ BD ＝ BE より，
　　AF ＝ AE で，△AEF
　　は二等辺三角形であ
　　る。さらに，
　　　△AEF ≡ △EAD
　　（2辺とその間の角
　　がそれぞれ等しい）と
　　なり，
　　　EF ＝ AD ＝ BD　　また，BD//EF
　　よって，四角形BEFDは平行四辺形で，
　　BD ＝ BE より，ひし形である。
　　したがって，∠EDF ＝ ∠EDB ＝ 36° であり，
　　　∠ADF ＝ 36° × 3 ＝ 108°

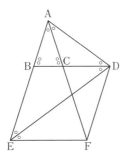

(4) $(6＋2\sqrt{5})＋(2＋2\sqrt{5})×3 ＝ 12＋8\sqrt{5}$

7

(1) 直線OA，OBについ
　　て点Rと対称な点をそ
　　れぞれS，Tとする。
　　ℓ が最小になるのは，
　　右の図のように，線分
　　STと辺OA，OBとの
　　交点にそれぞれP，Q
　　が一致するときである。
　　このとき，S(2，－1)，T(1，2)より，
　　　$\ell ＝ PQ＋QR＋RP ＝ PQ＋QT＋SP$
　　　$＝ ST ＝ \sqrt{(1－2)^2＋(2＋1)^2} ＝ \sqrt{10}$

(2) (1)と同様にすると，S(2，－k)，T(k，2)より，
　　　$\ell^2 ＝ (k－2)^2＋(2＋k)^2 ＝ 2k^2＋8$
　　よって，$2k^2＋8 ＝ 14$ より，$k^2 ＝ 3$
　　$0 \leqq k \leqq 2$ だから，$k ＝ \sqrt{3}$

8

(1) それぞれ，2点A，E間の距離，2点B，E間の距
　　離になる。

(2) 長さ1の線分をSTとする。
　　点Sが図の点Fにあると
　　き，点Tは，中心Fの半
　　円弧GH上にある。
　　TがOから最も遠くなるのは，$\overarc{GH}$の中点Iにきた
　　ときでOT ＝ 3である。また，S，T以外の点がOか
　　ら2の距離にあるときは，線分STは図の線分
　　GH上にある。以上から，線分ST上の点は，Oか
　　らの距離が2以上3以下であり，求める図形は，
　　Oを中心とする半径2の円と半径3の円の間の部
　　分である。面積は，

　　$\pi×3^2－\pi×2^2 ＝ 5\pi$

(3) 線分MNは，右
　　図の2つの円
　　と点を共有し，
　　円の内部に入
　　らない。

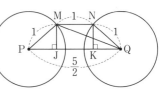

　　さらに MN//PQ より，図の位置にあり，四角形
　　MPQNは等脚台形である。
　　$PJ ＝ QK ＝ \dfrac{3}{4}$ で，$MJ^2 ＝ 1^2－\left(\dfrac{3}{4}\right)^2 ＝ \dfrac{7}{16}$
　　$JQ ＝ \dfrac{7}{4}$ で，$MQ ＝ \sqrt{\dfrac{7}{16}＋\left(\dfrac{7}{4}\right)^2} ＝ \dfrac{\sqrt{14}}{2}$

9

(1) OAの中点をCとすると，
　　△ABCは∠C ＝ 90°の直角三
　　角形である。BC ＝ x とすると，
　　三平方の定理より，
　　　$1^2＋x^2 ＝ 2^2$　　$x^2 ＝ 3$
　　$x ＞ 0$ より，$x ＝ \sqrt{3}$
　　よって，Bの x 座標は，$\sqrt{3}$
　　Bの y 座標は，Cの y 座標と等しく1
　　よって，Bの座標は，$(\sqrt{3}，1)$

(2) $x ＝ \sqrt{3}$，$y ＝ 1$ を $y ＝ ax^2$ に代入すると，
　　　$1 ＝ a×(\sqrt{3})^2$　　よって，$a ＝ \dfrac{1}{3}$

(3) （ア）正三角形の頂点のうち，Bより右のものの
　　　　x 座標は，$2\sqrt{3}$，$3\sqrt{3}$，$4\sqrt{3}$，…となる。こ
　　　　れらを $y ＝ \dfrac{1}{3}x^2$ に代入して，
　　　　$B_2(2\sqrt{3}，4)$，$B_3(3\sqrt{3}，9)$，$B_4(4\sqrt{3}，16)$
　　（イ）B_1B_2間に1本，B_2B_3間に3本，B_3B_4間に5
　　　　本で，合計9本。

10

(1) $y ＝ ax^2$ のグラフ上の異なる2点 $(p，ap^2)$，
　　$(q，aq^2)$ を通る直線の傾きは，
　　　$\dfrac{aq^2－ap^2}{q－p} ＝ \dfrac{a(q＋p)(q－p)}{q－p} ＝ a(p＋q)$
　　だから，$\dfrac{1}{2}×\left(－\dfrac{1}{2}＋\dfrac{3}{2}\right) ＝ \dfrac{1}{2}$

(2) $y ＝ ax^2$ に $x ＝ －1$，$y ＝ \dfrac{2}{3}$ を代入して a の値を求
　　めると，$a ＝ \dfrac{2}{3}$
　　$Q\left(q，\dfrac{2}{3}q^2\right)$ とする。
　　右図のようになり，
　　△OPR ∽ △QOSより，
　　$\dfrac{2}{3}：q ＝ 1：\dfrac{2}{3}q^2$

総合問題編

総合問題

よって，$\frac{4}{9}q^2 = q$

$q > 0$ より $q = \frac{9}{4}$ だから，Q$\left(\frac{9}{4},\ \frac{27}{8}\right)$

(3) $y = ax^2$ に $x = -1$，$x = 2$ をそれぞれ代入して，
P$(-1,\ a)$，Q$(2,\ 4a)$

よって，OP$^2 = 1 + a^2$，OQ$^2 = 4 + 16a^2$

PQ$^2 = (2+1)^2 + (4a-a)^2 = 9 + 9a^2$

直角三角形OPQで三平方の定理より，

$(1 + a^2) + (9 + 9a^2) = 4 + 16a^2$

ここから，$a^2 = 1$　　$a > 0$ より，$a = 1$

このとき，PQ $= \sqrt{9 + 9a^2} = \sqrt{9 + 9} = 3\sqrt{2}$(cm)

11

(2) AB $= 1$，AD $= \sqrt{2}$，AE $= x$ とすると，

AM $= \frac{\sqrt{2}}{2}$，EM $=$ EB $= 1 - x$

直角三角形AEMで三平方の定理から，

$x^2 + \left(\frac{\sqrt{2}}{2}\right)^2 = (1 - x)^2$

$x^2 + \frac{1}{2} = 1 - 2x + x^2$　　よって，$x = \frac{1}{4}$

AE : EB $= \frac{1}{4} : \left(1 - \frac{1}{4}\right) = 1 : 3$

(3) 右図で，N は辺 BC の
中点で，J は MN と EF
との交点とする。この
とき，AB//MN である。
よって・の角は4つと

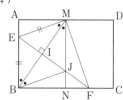

も等しく，EM//BJ となるから，四角形 EBJM はひ
し形。

JN $=$ AE より，相似な
三角形 △EBF と △JNF
の相似比は 3：1 であ
る。

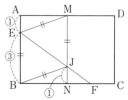

BF : NF $= 3 : 1$ なので，
BN : NF $= 2 : 1$ となり，F は NC の中点。

また，EI $=$ IJ $=$ JF

さらに，
△EBF ∽ △GDM で，
相似比3：2より，
MG $=$ IF である。

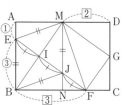

MG//EF より，四角形
MIFG の面積は，△MIJ の面積の4倍であり，こ
れは，ひし形 EBJM の面積と等しい。ひし形
EBJM と長方形 ABNM の面積の比は 3：4 だから，
答えは3：8

12

(1) Pの方が速いとして，P，Q が1秒間に回る中心角
を，それぞれ $x°$，$y°$ とする。

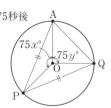

図から，$60(x+y) = 180$，$75x \times 2 + 75y = 360$

これを解いて，$x = \frac{9}{5}$，$y = \frac{6}{5}$

よって，$360 \div \frac{9}{5} = 200$(秒)

(2) $360 \div \frac{6}{5} = 300$(秒)より，はじめて同時にAに到
着するのは600秒後である。それまでに，
PQ が直径になる（60秒の奇数倍）のは，
　60，180，300，420，540秒後
AP が直径になる（100秒の奇数倍）のは，
　100，300，500秒後
AQ が直径になる（150秒の奇数倍）のは，
　150，450秒後
ただし，2回出てくる300秒後はQがAに重なる
ので適さない。他は適し，直角三角形は8回。
また AQ が直径になる150，
450秒後に，Pは $\overset{\frown}{\text{AQ}}$ の
中点にあり，右図のよ
うになる。直径AQを底
辺とすると，この場合
に高さが最大で，面積
も最大となる。

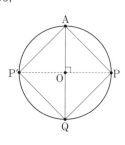

$8 \times 4 \div 2 = 16$(m^2)

13

(1) 辺ABと交わらず平行でもない辺。

(3) (イ) 2回のカードの取り出し方は全部で，$3 \times 3 = 9$
（通り）あり，同様に確からしい。
同じ辺上を往復するので,同じカードを取り出
した場合である。3通りあり,確率は，$\frac{3}{9} = \frac{1}{3}$

(ウ) z を1回取り出し，他のカードを1回取り出し
た場合である。〔1回目，2回目〕として，〔x, z〕，
〔y, z〕，〔z, x〕，〔z, y〕の4通り。確率は，
$\frac{4}{9}$

14

(1) 右図のようになる。

$\triangle$FAC$\backsim$$\triangle$FDBで，

相似比$2:8=1:4$

より，

$\quad$AF：FD$=1:4$

求める面積は，

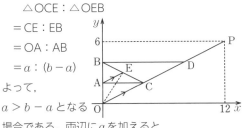

$$\triangle\text{DAC}\times\frac{1}{1+4}=\frac{1}{2}\times2\times3\times\frac{1}{5}=\frac{3}{5}\ (\text{cm}^2)$$

(2) a，bの値の組は，aの値$1\sim5$についてbの値を調べて，$5+4+3+2+1=15$（通り）で，これらは同様に確からしい。下図で，

$\quad\triangle$OCE：$\triangle$OEB

$\quad=$CE：EB

$\quad=$OA：AB

$\quad=a:(b-a)$

よって，

$a>b-a$となる

場合である。両辺にaを加えると，

$2a>b$となり，aの値$1\sim5$についてbの値（aより大きい）を調べて，$0+1+2+2+1=6$（通り）

したがって，確率は，$\dfrac{6}{15}=\dfrac{2}{5}$

15

(1) 点PはA_1に，点QはC_5にきている。3点G，A，Cを通る平面で正四角すいを切った断面を考える。

AC$=28\sqrt{2}$cm，AG$=$CG$=28$cm

より，$\triangle$GCAは$\angle$G$=90°$の直角二等辺三角形である。

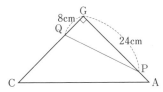

GP$=28\times\dfrac{6}{7}=24$（cm），GQ$=28\times\dfrac{2}{7}=8$（cm）

直角三角形GPQで三平方の定理より，

$\quad$PQ$=\sqrt{8^2+24^2}=8\sqrt{10}$（cm）

(2) 大小のさいころの目の出方は，$6\times6=36$（通り）

これらは同様に確からしい。

$\triangle$GB$_3$C$_3$の周上の点のうち点PがG以外の点にくるのは，大の目が1か2か3か6で，それぞれに対して小の目が2か3か4か5のときで，$4\times4=16$（通り）。また，点Gにくるのは，小の目が6のとき（大の目はどれでもよい）で，6通り。

求める確率は，$\dfrac{16+6}{36}=\dfrac{11}{18}$

(3) 3回目でPはB$_2$にきている。

4回目にQはGに達していないから，小の目は1（大の目はどれでもよい）で，出方は6通り。

5回目にPはGに達したから，小の目は5か6（大の目はどれでもよい）で，出方は，$2\times6=12$（通り）

4回目の6通りそれぞれに対して5回目の12通りがあるので，$6\times12=72$（通り）

解答

1. (1) 44　(2) $\dfrac{2}{5}ab^3$　(3) $7\sqrt{2}$　(4) $(x+8)(x-7)$

　(5) $x=\dfrac{-3\pm\sqrt{29}}{2}$　(6) $125°$

2. (1) 3π cm　(2) $\dfrac{1}{2}$　(3) $x=4$, $y=0.225$

3. (1) 子ども10人，大人5人

　(2) 子ども37人，大人17人　(3) 13人目

4. (1) 12秒後　(2) 15cm²

　(3) ① $y=x^2$ $(0\leqq x\leqq 3)$　② $x=2\sqrt{2}$

　(4) $x=4$

5. (1) [証明]　△AFBと△DEFにおいて，

　　$\angle FAB=\angle EDF=90°$

　　$\angle ABF=180°-90°-\angle AFB=\angle DFE$

　　よって，2組の角がそれぞれ等しいので，

　　△AFB∽△DEF

　(2) $\dfrac{20}{3}$ cm

6. (1) 4枚　(2) 2枚　(3) 4回　(4) 1, 4, 9

解説

1

(1) $5-4\times(-8)+7=5+32+7=44$

(2) $\dfrac{6}{5}a^3b^2\times\dfrac{b}{3a^2}=\dfrac{6a^3b^2\times b}{5\times 3a^2}=\dfrac{2}{5}ab^3$

(3) $3\sqrt{2}+\dfrac{8\sqrt{2}}{2}=3\sqrt{2}+4\sqrt{2}=7\sqrt{2}$

(4) $x^2+x-56=(x+8)(x-7)$

(5) $x^2+7x+10=4x+15$, $x^2+3x-5=0$ となり，

　　解の公式より，

　　$x=\dfrac{-3\pm\sqrt{29}}{2}$

(6) $\angle BCE+\angle CBE=40°+\angle CBE=75°$

　　$\angle CBE=35°$

　　$\angle x=35°+90°=125°$

2

(1) $2\times\pi\times4\times\dfrac{135}{360}=3\pi$ (cm)

(2) $2a+b$ が偶数となるのは，

　　$(a, b)=$（偶数，偶数），（奇数，偶数）

　　のときであり，偶数，奇数ともに3通りであるか

　　ら，求める確率は，$\dfrac{3^2+3^2}{6^2}=\dfrac{1}{2}$

(3) $2:0.05=x:0.1$, $2:0.05=9:y$ より，

$x=4$, $y=0.225$

3

(1) 子どもと大人の人数の割合は，2：1

　　子どもの人数は，$15\times\dfrac{2}{2+1}=10$（人）

　　大人の人数は，$15\times\dfrac{1}{2+1}=5$（人）

(2) 団体割引でない子どもと大人の見学者数をそれぞ

　　れ x, y とすると，

　　$x+y=54-15=39$

　　$x:y=9:4$ より，

　　$x=39\times\dfrac{9}{9+4}=27$, $y=39\times\dfrac{4}{9+4}=12$

　　となり，子どもと大人の全見学者数は，それぞれ

　　$27+10=37$（人），$12+5=17$（人）

(3) 試食した人の数を a 人とすると，

　　$120a\geqq 10000-8475$

　　$120a\geqq 1525$

　　$a\geqq\dfrac{1525}{120}=\dfrac{305}{24}=12\dfrac{17}{24}$（12.708333…）

　　となり，13人目

4

(1) $AB+BC+CD=24$cm より，

　　$24\div 2=12$（秒後）

(2) 5秒後には，$AP=10$, $AQ=5$ より，点Pは辺

　　BC上にあるから，

　　$\triangle APQ=\dfrac{1}{2}\times 5\times 6=15$ (cm²)

(3) ① $AP=2x$, $AQ=x$ より，

　　$y=\dfrac{1}{2}\times 2x\times x=x^2$

　　② $x^2=8$

　　$x>0$ より，$x=\sqrt{8}=2\sqrt{2}$

(4) 条件より，△APQ は $AP=PQ$ となる二等辺三角

　　形である。

　　このとき，$BP=\dfrac{1}{2}AQ$

　　$2x-6=\dfrac{1}{2}x$　これを解いて，$x=4$

5

(1) 三角形の相似条件を用いる。

(2) $BF=BC=AD=4+16=20$ より，

　　$AB:DF=FB:EF$

　　$12:4=20:EF$

　　$EF=\dfrac{20}{3}$ (cm)

	太郎	直子
1回目		1, 2, 3, 4, 5, 6, 7, 8, 9, 10
2回目	2, 4, 6, 8, 10	1, 3, 5, 7, 9
3回目	2, 3, 4, 8, 9, 10	1, 5, 6, 7
…	…	…
10回目	2, 3, 5, 6, 7, 8, 10	1, 4, 9

(1) 1回目ですべてのカードが直子さんに移動し，2回目で偶数のカードが太郎さんへ移動する。3回目で3の倍数のカードがそれぞれ移動するので，直子さんのカードは1，5，6，7の4枚

(2) 4と8が移動するので，2枚

(3) 8の約数の数だけ移動する。
8の約数は，1，2，4，8なので4回

(4) 10回のうち奇数回移動したカードが直子さんの手元にある。それぞれのカードは約数の数だけ移動するので，直子さんが持っているカードは，約数が奇数個あるものである。
約数が奇数個あるのは，1，4，9

入試予想問題
第2回

問題 ➡ **本冊 P.163**

解答

1 (1) -32 (2) $\dfrac{4x+11y}{12}$ (3) $3\sqrt{6}-2\sqrt{3}$

(4) $8\sqrt{3}$ (5) $x=-4,\ 6$ (6) ウ (7) 0.24

(8)

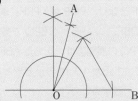

2 (1) $x+y=600$ (2) 32円
(3) $30x+32y=18440$
(4) A…380個，B…220個

3 (1) $a=0,\ b=16$ (2) ① $y=2x+3$ ② 6
(3) $\mathrm{P}(-t,\ 0)$

4 (1) [証明] △ABEと△FCEにおいて，
BCは直径より，$\angle\mathrm{CEF}=90°$

$\angle\mathrm{BEA}=180°-90°=90°$
よって，$\angle\mathrm{BEA}=\angle\mathrm{CEF}$…①
弧DEの円周角より，$\angle\mathrm{ABE}=\angle\mathrm{FCE}$…②
①，②より，2組の角がそれぞれ等しいから，
△ABE∽△FCE

(2) $2\sqrt{3}$ cm (3) $3\sqrt{3}$ cm (4) $\dfrac{4\sqrt{3}}{3}$ cm²

5 (1) $\dfrac{125}{3}$ cm³ (2) 100cm² (3) $\dfrac{10}{3}$ cm

解説

1

(1) $-9-7-16=-32$

(2) $\dfrac{6x+9y-(2x-2y)}{12}=\dfrac{4x+11y}{12}$

(3) $\sqrt{3}\times3\sqrt{2}-\dfrac{4\sqrt{3}}{2}=3\sqrt{6}-2\sqrt{3}$

(4) $x+y=4$，$x-y=2\sqrt{3}$であるから，
$x^2-y^2=(x+y)(x-y)=4\times2\sqrt{3}=8\sqrt{3}$

(5) 両辺を-4倍する。
$x^2-2x-24=0$
$(x+4)(x-6)=0$
$x=-4,\ 6$

(6) 1次関数で，$x>0$の範囲で常に$y<0$となるのは，右の図のように傾きが負で，かつ切片が負の値のときである。$a<0$より傾きが負になるのはア，ウ
$b>0$より切片が負の値になるのはウ，エ
よって，ウが条件を満たす。

(7) 0分以上5分未満の階級の度数と相対度数から，
度数の合計は，$2\div0.08=25$（人）
よって，10分以上15分未満の階級の度数は，
$25\times0.28=7$（人）
25分以上30分未満の階級の度数は，
$25\times0.12=3$（人）
したがって，15分以上20分未満の階級の度数は，
$25-(2+5+7+2+3)=6$（人）なので，
$6\div25=0.24$

(8) まず，点Oを通る直線OBの垂線と1つの頂点が点Oと重なり，1つの辺が直線OBと重なる正三角形を作図し，90°と60°を作図する。すると，垂線と直線OBのつくる角（90°）は60°と30°に分かれる。次に30°の二等分線を作図し，15°をつくる。
$60°+15°=75°$となるので，この二等分線を直

線OAとすればよい。

2

(2) 120円の30%は36円であり，その10円引きは26円である。問題文より，Bは，36円の利益で60%，26円の利益で40%を売り，完売したので，
$36 \times 0.6 + 26 \times 0.4 = 21.6 + 10.4 = 32$ （円）

(3) Aは，1個あたりの利益は100円の30%で30円，Bは，1個あたりの利益は(2)より32円なので
$30x + 32y = 18440$

(4) (1)と(3)より，
$$\begin{cases} x + y = 600 \\ 30x + 32y = 18440 \end{cases}$$
これを解くと，$x = 380$，$y = 220$

3

(1) $-1 \leqq x \leqq 4$ のとき，
最小値は $x = 0$ のとき $y = 0$
最大値は $x = 4$ のとき $y = 16$
となるので $0 \leqq y \leqq 16$

(2) ① A$(-1, 1)$，B$(3, 9)$ より，
求める直線の式を
$y = ax + b$
とおくと，
$$\begin{cases} 1 = -a + b \\ 9 = 3a + b \end{cases}$$
これを解くと，$a = 2$，$b = 3$
② $\triangle OAB = \triangle OAC + \triangle OBC$
$$= \frac{1}{2} \times 3 \times 1 + \frac{1}{2} \times 3 \times 3 = 6$$

(3) $\triangle OBC$ と $\triangle OCP$ の底辺をOCとすると，
Pのx座標とBのx座標の絶対値は一致する。
Pのx座標は負の数であり，$t > 0$であるから，
Pのx座標は$-t$となり，P$(-t, 0)$

4

(2) $\triangle ABE$ は，辺ABを斜辺とする直角三角形なので，
$BE = \sqrt{4^2 - 2^2} = 2\sqrt{3}$ (cm)

(3) $AC = AE + EC = 6$
$\triangle ABC = \frac{1}{2} \times 6 \times 2\sqrt{3} = 6\sqrt{3}$ (cm²)
円周角の定理より，$\angle BDC = 90°$ である。
よって，線分CDは，$\triangle ABC$ において，辺ABを底辺としたときの高さなので，
$\frac{1}{2} \times 4 \times CD = 6\sqrt{3}$ より，$CD = 3\sqrt{3}$ (cm)
[別解] $\angle BDC = 90°$ より$\angle ADC = 90°$
よって，$\triangle ABE \backsim \triangle ACD$

$CD : CA = BE : BA$
$CD : 6 = 2\sqrt{3} : 4$ となり，$CD = 3\sqrt{3}$cm

(4) $\triangle CEF$ は，$\angle ECF = 30°$，$\angle EFC = 60°$となる直角三角形なので，
$EF = \frac{1}{\sqrt{3}}CE = \frac{4}{\sqrt{3}} = \frac{4\sqrt{3}}{3}$ (cm)
$BF = BE - EF = 2\sqrt{3} - \frac{4\sqrt{3}}{3} = \frac{2\sqrt{3}}{3}$ (cm)
$\triangle BCF = \frac{1}{2} \times BF \times CE = \frac{1}{2} \times \frac{2\sqrt{3}}{3} \times 4$
$= \frac{4\sqrt{3}}{3}$ (cm²)

5

(1) $\frac{1}{3} \times \frac{1}{2} \times 5 \times 5 \times 10 = \frac{125}{3}$ (cm³)

(2) $\triangle FPQ$ の面積は，三平方の定理より，
$PQ = \sqrt{5^2 + 5^2} = 5\sqrt{2}$ (cm)
$PF = QF = \sqrt{5^2 + 10^2} = 5\sqrt{5}$ (cm)
PQの中点をIとすると，
$FI = \sqrt{125 - \frac{50}{4}} = \frac{15\sqrt{2}}{2}$ (cm)
となり，$\triangle FPQ = \frac{1}{2} \times 5\sqrt{2} \times \frac{15\sqrt{2}}{2} = \frac{75}{2}$ (cm²)
よって，求める面積は
$\frac{1}{2} \times 5 \times 5 + \frac{1}{2} \times 5 \times 10 + \frac{1}{2} \times 5 \times 10 + \frac{75}{2}$
$= 100$ (cm²)

[別解]

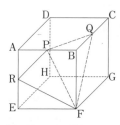

図のように，辺AEの中点をRとすると，PQ = PR，QF = RFとなり$\triangle PQF \equiv \triangle PRF$。また，
$\triangle REF \equiv \triangle QBF$，$\triangle APR \equiv \triangle BPQ$ であるから三角すいB - FPQの展開図は，正方形ABFEと一致する。よって，1辺が10cmの正方形となり，求める表面積と一致する。
よって，求める面積は
$10 \times 10 = 100$ (cm²)

(3) 求める高さを$x$cmとすると，(1)，(2)より，
$\frac{1}{3} \times \frac{75}{2} \times x = \frac{125}{3}$ (cm³)
$\frac{75}{6}x = \frac{125}{3}$
$x = \frac{125}{3} \times \frac{6}{75} = \frac{10}{3}$ (cm)